网络通信编程

刘金江　齐庆磊　李贺 ◎ 主编

段利国　叶树华 ◎ 副主编

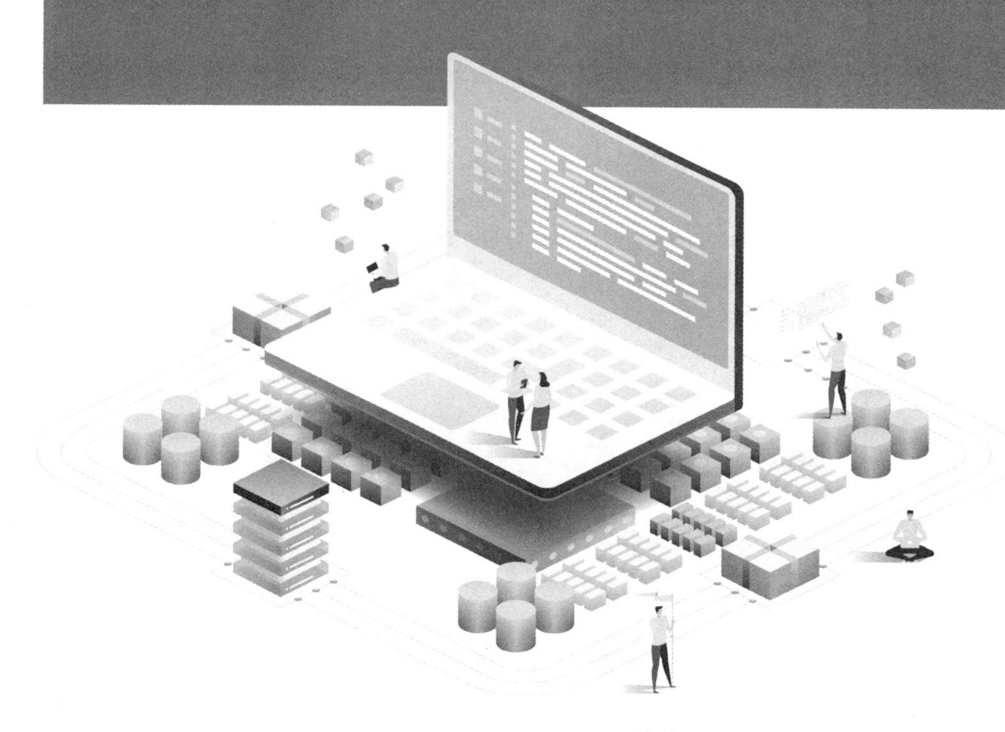

人民邮电出版社

北　京

图书在版编目（CIP）数据

网络通信编程 / 刘金江，齐庆磊，李贺主编. 北京 ： 人民邮电出版社，2025. -- ISBN 978-7-115-65831-9

Ⅰ. TN915

中国国家版本馆 CIP 数据核字第 20251PL035 号

内容提要

本书结构清晰、讲解细致、通俗易懂，全面深入地介绍基于套接字和软件定义网络的编程技术。全书共 9 章，主要内容包括概述、套接字网络编程基础、Winsock 编程、Winsock 的 I/O 模型、CAsyncSocket 类编程、CSocket 类编程、WinInet 编程、电子邮件协议与编程、SDN 网络编程。各章都配有习题，让读者能够理解、掌握所学内容，从而提升网络编程能力。

本书可以作为高等院校网络通信编程及相关专业的教材，也可以作为相关培训机构的教材，是网络研究和开发人员的参考书。

◆ 主　　编　刘金江　齐庆磊　李　贺
　副 主 编　段利国　叶树华
　责任编辑　王梓灵
　责任印制　马振武

◆ 人民邮电出版社出版发行　　北京市丰台区成寿寺路 11 号
　邮编　100164　　电子邮件　315@ptpress.com.cn
　网址　https://www.ptpress.com.cn
　三河市君旺印务有限公司印刷

◆ 开本：787×1092　1/16
　印张：18.5　　　　2025 年 2 月第 1 版
　字数：439 千字　　2025 年 2 月河北第 1 次印刷

定价：79.80 元

读者服务热线：(010)53913866　印装质量热线：(010)81055316
反盗版热线：(010)81055315

前言

在数字化和智能化日益普及的今天，网络通信编程已经成为软件开发中不可或缺的一部分。随着互联网的飞速发展，互联网用户需求的多样化和复杂化，使网络通信编程的重要性越发凸显。它不仅关系到信息的高效传递，还是连接不同设备、不同应用、不同用户的桥梁。

网络通信编程是一个综合性极强的技术领域，涉及计算机网络、操作系统、高级语言编程等多方面的知识。其中，套接字作为网络通信编程的基石，为开发者提供了强大的通信功能，使不同设备、不同应用程序之间能够实现高效、稳定的数据交换和信息传输。

编者结合自己多年讲授网络通信编程课程的经验和体会，在深入研究和搜集大量资料的基础上，编写了本书。全书分为 9 章，从网络编程的基本概念讲起，逐步深入 Winsock 编程、I/O 模型、WinJnet 编程以及 SDN 环境下的网络编程等内容，旨在为读者提供一个清晰、完整、深入的网络通信编程知识体系。

在编写本书的过程中，编者特别注意以下几个方面。

1. 强调知识点的内在逻辑结构：内容安排由浅入深，循序渐进，以适合教学的顺序，全面地介绍套接字网络编程的理论和应用知识，使读者能够系统地掌握网络通信编程的各个方面。

2. 知识与能力的结合：本书不仅注重理论知识的讲解，更强调实践能力的培养。各章增加大量的编程实例，使读者能够在实践中学习和掌握网络通信编程技术，提高解决实际问题的能力。

3. 强调网络应用层协议的重要性：网络通信编程不仅涉及底层技术的运用，更重要的是对网络应用层协议的理解和掌握。本书在介绍网络通信编程技术的同时，也深入讲解 SMTP、POP3 等常见的网络应用层协议，并提供了实现这些协议的编程实例，帮助读者快速掌握网络协议并具备自主开发网络协议的能力。

4. 编程技术与计算机网络体系结构原理的结合：网络通信编程与计算机网络体系结构原理密切相关。在介绍网络通信编程技术的同时，编者特别强调与计算机网络体系结构原理的结合，使读者能够更深入地理解网络通信编程的本质和原理。

本书得到了南阳师范学院校本教材专项项目、河南省高等教育教学改革研究与实践重大项目（2024SJGLX0002）、河南省高等教育教学改革研究与实践项目（研究生教育类）（2023SJGLX296Y）、南阳师范学院教学改革研究项目（2024-JXYJYB-3） 的资助。在编写本书的过程中，田孝、炊盼盼、韩泽涛三位研究生参与了校对工作，在此对他们表示感谢。

由于编者水平所限，书中难免存在不足之处。我们真诚地希望广大读者能够提出宝贵的意见和建议，共同推动网络通信编程技术的发展。如有任何疑问或建议，请随时通过编者的邮箱 nytc@sina.com 与我们联系。

本书代码中的英文注释由编译器自动生成，编者对重要注释进行了翻译，其他注释保持不变。

为了便于学习和使用，我们提供了本书的配套资源。读者可以扫描下方的二维码关注“信通社区”公众号，回复数字 65831 获得配套资源。

“信通社区”二维码

编者

2024 年 10 月

目　录

第 1 章

概　述

本章首先介绍网络编程相关的基本概念，重点分析进程通信、互联网中网间进程的标识方法以及网络协议的特征。接着从网络编程的角度，分析 TCP/IP 协议簇中高效的用户数据报协议（UDP）和可靠的传输控制协议（TCP）的特点。最后详细说明网络应用程序的客户端/服务器交互模式。

透彻地理解这些网络编程相关的基本概念十分重要，它将帮助读者从过去所学的网络构造原理知识转移到网络的应用层面上来，为理解后续章节的内容打下基础。

1.1 网络编程相关的基本概念

1.1.1 网络编程与进程通信

1. 进程与线程的基本概念

进程是操作系统理论中最重要的概念之一，简单地说，进程是处于运行过程中的程序实例，是操作系统进行调度和资源分配的基本单位。

一个进程实体由程序代码、数据和进程控制块 3 个部分构成。程序代码规定了进程执行的计算；数据是计算的对象；进程控制块是操作系统内核为了控制进程所建立的数据结构，是操作系统用来管理进程的内核对象，也是系统用于存储关于进程的统计信息的地方。系统给进程分配一个地址空间，用于加载进程的所有可执行模块或动态链接库模块的代码和数据。进程还包含动态分配的内存空间，如线程堆栈和堆分配空间。在操作系统的协调下，多个进程可以在内存中并发地运行。

各种计算机应用程序在运行时，都以进程的形式存在。网络应用程序也不例外。我们在 Windows 操作系统中，可能同时打开多个浏览器的窗口访问不同的网站，有时查看自己的邮箱，有时下载文件。这些应用程序都会在 Windows 的桌面上打开一个窗口；每一个窗口中运行的网络应用程序，都是一个网络应用进程。网络编程就是要开发网络应用程序，所以了解进程的概念是非常重要的。

Windows 操作系统不但支持多进程，还支持多线程。在 Windows 操作系统中，进程是分配资源的单位，但不是执行和调度的单位。若要使进程执行特定操作，它必须拥有一个在它的环境中运行的线程，该线程负责执行在进程的地址空间中的代码。实际上，单个进程可能包含若干个线程，这些线程都“同时”执行进程地址空间中的代码。为此，每个线程都有它自己的一组 CPU 寄存器和它自己的堆栈。每个进程至少拥有一个线程，来执行进程的地址空间中的代码。如果没有线程来执行进程的地址空间中的代码，那么进程就没有存在的意义了，系统就会自动撤销该进程和它的地址空间。若要使所有这些线程都能运行，操作系统就要为每个线程安排一定的 CPU 时间。它通过一种循环方式为线程提供时间片（称为量程），营造仿佛所有线程都在同时运行的假象。

当创建一个进程时，系统会自动创建它的第一个线程，即主线程。然后，该线程可以创建其他线程，而这些线程又能创建更多的线程。

图 1.1 所示为在单核 CPU 的计算机上，CPU 如何分时地运行各个线程。如果计算机拥有多个 CPU，那么操作系统就要使用更复杂的算法来实现 CPU 上线程负载平衡。

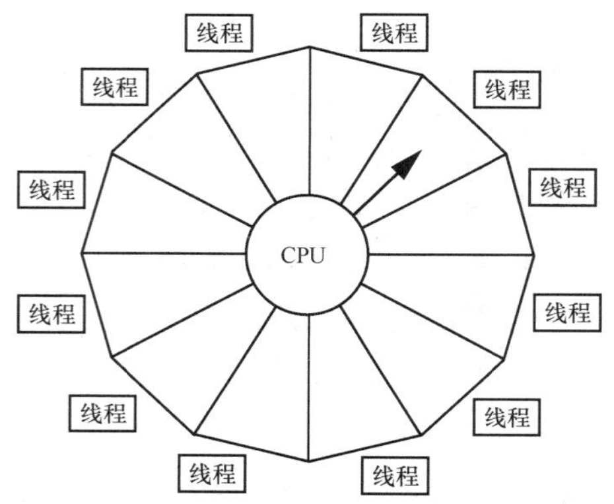

图 1.1　单核 CPU 分时地运行进程中的各个线程

目前常见的 Windows 操作系统不仅可以在拥有多个 CPU 的计算机上运行，还可以在每个 CPU 上运行不同的线程，使多个线程真正实现同时运行。Windows 操作系统的内核能够在这种类型的系统上进行所有线程的管理和调度，不必在代码中进行任何特定的设置，就能利用多处理器提供的各种优点。而早期的操作系统只能在单处理器计算机上运行；即使计算机配有多个处理器，操作系统每次也只能在每个处理器上依次安排一个线程运行，其他处理器则处于空闲状态。

2. 网络应用进程在网络体系结构中的位置

从计算机网络体系结构的角度来看，网络应用进程处于网络层次结构的最上层。图 1.2 所示为网络应用程序在网络体系结构中的位置示意。

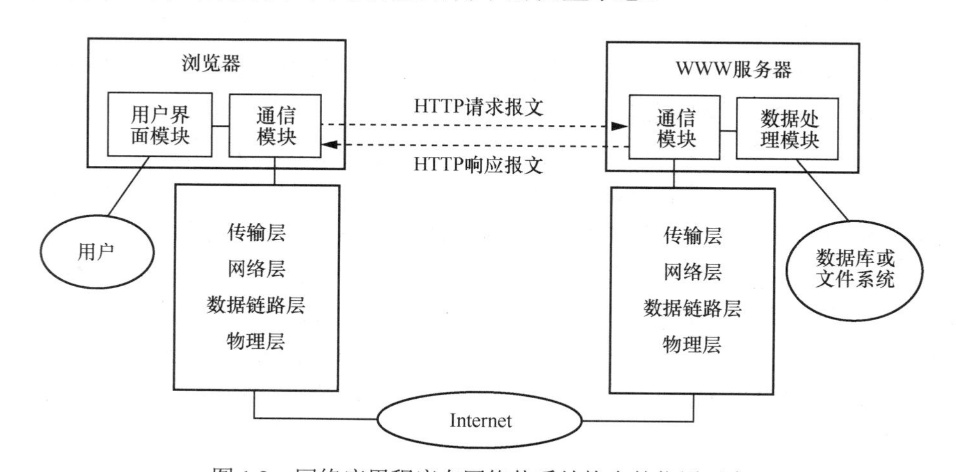

图 1.2　网络应用程序在网络体系结构中的位置示意

从功能上可以将网络应用程序分为两部分：一部分是专门负责网络通信的模块，

它们与网络协议簇相连接，借助网络协议簇提供的服务完成网络上数据信息的交换；另一部分是面向用户或者其他处理的模块，它们用于接收用户的指令，或者对借助网络传输过来的数据进行加工。这两部分模块相互配合，实现了网络应用程序的功能。例如，在图 1.2 中，浏览器就分为用户界面模块和通信模块。用户界面模块接收用户输入的网址，并把它转交给通信模块；通信模块按照网址与目标服务器连接，按照 HTTP 协议和对方通信，接收服务器返回的网页，然后把它传递给浏览器的用户界面部分。用户界面模块解析网页中的超文本标记，把页面显示给用户。WWW 服务器同样分为两部分，通信模块负责与客户端进行通信，数据处理模块负责操作服务器的文件系统或数据库部分。

要注意通信模块是网络分布式应用的基础，其他模块则用于对网络交换的数据进行加工，从而满足用户的种种需求。网络应用程序最终要实现网络资源的共享，共享的基础就是必须能够通过网络轻松地传递各种信息。

由此可见，网络编程首先要解决网间进程通信的问题，然后才能在通信的基础上开发各种应用功能。

3．实现网间进程通信必须解决的问题

进程通信的概念最初来源于单机系统。由于每个进程都在自己的地址范围内运行，为了保证两个相互通信的进程之间既不互相干扰，又能协调一致地工作，操作系统为进程通信提供了相应的设施。例如，UNIX 系统中的管道、命名管道和软中断信号，UNIX System V 中的消息、共享存储区和信号量等，但它们都仅限于本机进程之间的通信。

网间进程通信是指网络中不同主机中的应用进程之间的相互通信，当然，可以把同机进程间的通信看作网间进程通信的特例。网间进程通信必须解决以下问题。

（1）网间进程的标识问题。在同一台主机中，不同的进程可以用进程号唯一标识。但在网络环境下，各主机独立分配的进程号已经不能唯一地标识一个进程。例如，主机 A 中某进程的进程号是 5，主机 B 中也可以存在进程号为 5 的进程，因此，在网络环境下，“5 号进程”失去唯一性。

（2）与网络协议簇连接的问题。网间进程的通信实际是借助网络协议簇实现的。应用进程把数据交给下层的传输层协议实体，并调用传输层提供的传输服务；传输层及其下层协议将数据逐层向下递交，最后由物理层将数据变为信号，发送至网络。数据在网络中经过各种网络设备的路径选择和存储转发，才能到达目的端主机。目的端主机的网络协议簇再将数据逐层上传，最终将数据送达接收端的应用进程，这个过程是非常复杂的。但是对于网络编程来说，必须有一种非常简单的方法，来与网络协议簇建立连接。这个问题是通过定义套接字网络编程接口来解决的。

（3）多重协议的识别问题。现行的网络体系结构有很多，如 TCP/IP、IPX/SPX 等，操作系统往往支持多种网络协议。不同协议的工作方式不同，地址格式也不同，因此网间进程通信还要解决多重协议的识别问题。

（4）不同通信服务的问题。网络应用场景不同，网间进程通信所要求的通信服务也有所不同。例如，文件传输服务，传输的文件可能很大，要求传输非常可靠，无差错，无乱序，无丢失，无重复；下载了一个程序，如果丢了几个字节，这个程序可能就不能用了。但对于网络聊天等应用，对通信服务要求就不高。因此，网络应用程序要能够有

选择地使用网络协议簇提供的网络通信服务功能。在 TCP/IP 协议簇中，传输层有 TCP 和 UDP 这两个协议，TCP 提供可靠的数据流传输服务，UDP 提供不可靠的数据报传输服务。深入了解它们的工作机制，对于网络编程来说是非常必要的。

以上问题的解决方案将在后续内容中详细讲述。

1.1.2 互联网中网间进程的标识

1. 传输层在网络通信中的地位

图 1.3 所示为基于 TCP/IP 协议簇的进程间的通信情况。

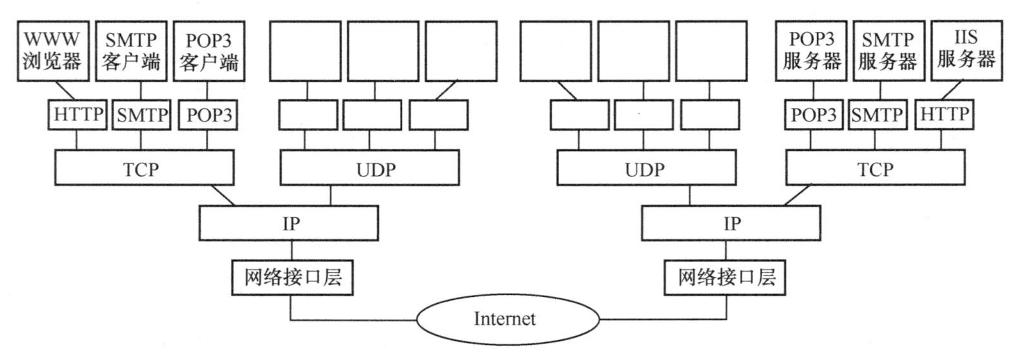

图 1.3 基于 TCP/IP 协议簇的进程间的通信情况

互联网基于 TCP/IP 协议簇，TCP/IP 协议簇的特点是“两头大、中间小”。在应用层，有多种应用进程，分别使用不同的应用层协议；在网络接口层，有多种数据链路层协议，可以和各种物理网相接；在网络层，只有一个 IP 实体。在发送端，所有上层的应用进程的信息都要汇聚到 IP 层；在接收端，下层的信息又从 IP 层分流到不同的应用进程。

网络层的 IP，在互联网中起着非常重要的作用。它通过 IP 地址统一互联网中各种主机的物理地址，通过 IP 数据报统一各种物理网的帧，实现了异构网的互联。简而言之，在互联网中，每一台主机都有一个唯一的 IP 地址，利用 IP 地址可以唯一地定位互联网中的一台计算机，实现计算机之间的通信。但是最终进行网络通信的不是整台计算机，而是计算机中的某个应用进程。每台主机中有许多应用进程，仅凭 IP 地址无法区分一台主机中的多个应用进程。从这个意义上讲，网络通信的最终地址就不仅包括主机的 IP 地址，还必须包括描述应用进程的某种标识符。

按照 OSI 七层模型，传输层与网络层在功能上的最大区别是传输层提供了进程通信的能力。TCP/IP 协议簇提出了传输层协议端口的概念，成功地解决了通信进程的标识问题。

传输层，也称传送层，是对计算机网络中的通信主机内部进行独立操作的第一层，是支持端到端进程通信的关键一层。如图 1.3 所示，应用层的多个进程通过各自的端口复用 TCP 或 UDP，TCP 或 UDP 再复用网络层的 IP，经过通信子网的存储转发，将数据传送到目的端主机。而在目的端主机中，IP 将数据分发给 TCP 或 UDP，再由 TCP 或 UDP 通过特定的端口传送给相应的进程。对于网络协议簇来说，发送端是自上而下复用，接收端是自下而上分用，从而实现网络中应用进程之间的通信。

2．端口的概念

端口是 TCP/IP 协议簇中，应用进程与传输层协议实体间的通信接口。在 OSI 七层模型中，将端口称为应用进程与传输层协议实体间的服务访问点（SAP）。应用进程通过系统调用与某个端口进行绑定，然后就可以通过该端口接收或发送数据。由于每个应用进程在通信时必须通过一个端口，因此端口号可以唯一标识正在通信的网络应用进程。在 TCP/IP 中，端口号与 IP 地址的结合可唯一标识网络中某一特定的进程，确保数据报能够准确地传递到对应的应用进程。

类似于文件描述符，每个端口都拥有一个叫作端口号的整数型标识符，用于区别不同的端口。由于 TCP/IP 协议簇传输层中的两个协议，即 TCP 和 UDP，是完全独立的两个软件模块，因此各自的端口号也相互独立。例如 TCP 有一个编号为 255 的端口，UDP 也可以有一个编号为 255 的端口，二者并不冲突。图 1.4 所示为 UDP 和 TCP 的报头格式。

源端口	目的端口
UDP长度	UDP校验和

<table>
<tr><td colspan="8">源端口</td><td>目的端口</td></tr>
<tr><td colspan="9">序号</td></tr>
<tr><td colspan="9">确认号</td></tr>
<tr><td>数据偏移</td><td>保留</td><td>URG</td><td>ACK</td><td>PSH</td><td>RST</td><td>SYN</td><td>FIN</td><td>窗口</td></tr>
<tr><td colspan="8">校验和</td><td>紧急指针</td></tr>
<tr><td colspan="8">选项</td><td>填充</td></tr>
</table>

图 1.4　UDP 和 TCP 的报头格式

图 1.4 所示的上半部分是 UDP 的报头格式，下半部分是 TCP 的报头格式。从 TCP 或 UDP 的报头格式来看，“源端口”和“目的端口”字段的长度均为 16 位（二进制数），即占 2 字节，因此端口标识符是一个 16 位的整数，所以，TCP 和 UDP 都可以提供 65535 个端口，供应用层的进程使用，这个数量是相当可观的。端口与传输层的协议是密不可分的，必须区分是 TCP 的端口，还是 UDP 的端口，因为这两种协议的端口之间没有任何联系。端口是操作系统可分配的一种资源。

从实现的角度讲，端口是一种抽象的软件机制，包括一些数据结构和 I/O 缓冲区。应用程序（即进程）通过系统调用与某端口建立绑定关系后，传输层传给该端口的数据都被相应进程接收，相应进程发给传输层的数据都通过该端口输出。在 TCP/IP 的实现中，端口操作类似于一般的 I/O 操作，进程获取一个端口，相当于获取本地唯一的 I/O 文件，可以通过常规的读写操作访问它。

3．端口号的分配机制

端口号的分配是一个重要问题。假如网络中两台主机上的两个进程甲、乙要通信，并且甲首先向乙发送信息，那么，甲进程必须知道乙进程的地址，包括网络层地址和传输层的端口号。IP 地址是全局分配的，能保证全网的唯一性，在通信之前，甲进程就能知道乙进程的 IP 地址；但端口号是由每台主机自己分配的，只有本地意义，无法保证全网唯一，所以甲进程在通信之前是无法知道乙进程的端口号的。这个问题如何解决呢？

一方面，在互联网应用程序的开发中，大多数采用客户端/服务器（C/S）的模式。在这种模式下，客户端与服务器的通信总是由客户端进程首先发起，因此只需要让客户端进程事先知道服务器进程的端口号就行了。另一方面，在互联网中，众所周知，被大家接收的服务是有限的。基于这两方面的考虑，TCP/IP 采用了全局分配（静态分配）和本地分配（动态分配）相结合的方法。对于 TCP 或者 UDP，将它们的全部 65535 个端口号分为保留端口号和自由端口号两部分。

保留端口号的范围是 0～1023，它们又被称为众所周知的端口或熟知端口。这些端口数量较少，采用全局分配或集中控制的方式进行管理。由一个公认的中央机构根据需要对这些端口进行统一分配，并将它们静态地分配给互联网上众所周知的服务器进程，并将分配结果公布于众。由于每种服务使用一种应用层协议，也可以说把保留端口号分配给了一些特定应用层协议。表 1.1 列出了一些典型的应用层协议分配到的保留端口号。

表 1.1　一些典型的应用层协议分配到的保留端口号

TCP 的保留端口号		UDP 的保留端口号	
FTP	21	DNS	53
HTTP	80	TFTP	69
SMTP	25	SNMP	161
POP3	110	……	……

这样，每一个标准的服务器都拥有了一个全网公认的端口号，在不同的服务器类主机上，使用相同应用层协议的服务器的端口号也相同。例如，所有的 HTTP 服务器默认的端口号都是 80，FTP 服务器默认的端口号都是 21。

其余的端口号的范围是 1024～65535，被称为自由端口号，它们采用本地分配（又称为动态分配）方式，由每台计算机在网络进程通信时，动态地、自由地分配给要进行网络通信的应用层进程。具体来说，当应用进程需要访问传输层服务时，它会向本地操作系统申请一个端口号，操作系统返回一个本地唯一的端口号，进程再通过合适的系统调用将自己与该端口号联系起来（绑定），然后通过它进行网络通信。

具体来说，TCP 或 UDP 端口号的分配规则如下。

① 端口号 0：不使用或者作为特殊的用途。

② 端口号 1～255：保留给特定的服务。TCP 和 UDP 均规定，小于 256 的端口号才能分配给网上众所周知的服务。

③ 端口号 256～1023：保留给其他的服务，如路由。

④ 端口号 1024～4999：可以用作任意客户的端口。

⑤ 端口号 5000～65535：可以用作用户的服务器口。

下面描述在这样的端口号分配机制下，客户端进程 C 与服务器进程 S 第一次通信的情况，如图 1.5 所示。

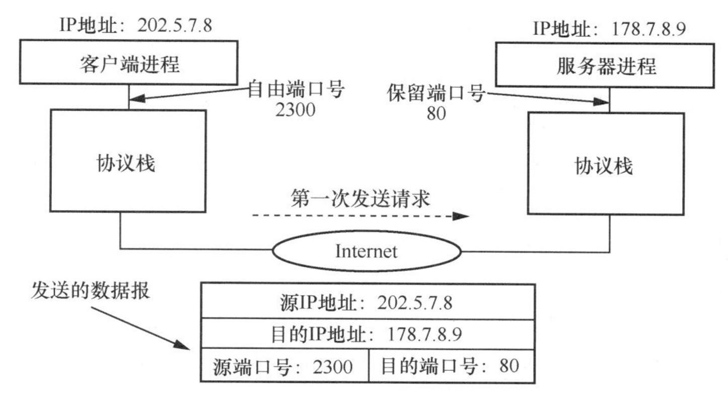

图 1.5　客户端进程与服务器进程第一次通信的情况

C 要与 S 通信，C 首先向操作系统申请一个自由端口号，因为每台主机都要进行 TCP/IP 的配置，其中主要的一项就是配置 IP 地址，所以 C 的 IP 地址是已知的。C 使用的传输层协议是已经确定的，这样，通信的一端就完全确定了。S 的端口号是保留端口号，是众所周知的，C 当然也知道，S 的 IP 地址也是已知的（在客户端输入网址请求访问一个网站时，网址中就包含对方的主机域名），S 采用的传输层协议必须与 C 一致，这样，通信的另一端也就完全确定了，C 便可以向 S 发起通信。

如此看来，这种端口号分配机制能够保证客户端第一次通信就能成功地将信息发送到服务器，但是接着又有另一个问题：服务器进程是要为多个客户端进程服务的，如果某个客户端第一次成功地连接到服务器后，服务器就接着用这个保留端口号继续与该客户端通信，那么其他申请连接的客户端就只能等待了，这就无法实现服务器进程同时为多个客户端服务。但实际的情况是，一个网站的 WWW 服务器，可以同时为千百个人服务，这是如何实现的呢？

原来，在 TCP/IP 的端口号分配机制中，服务器的保留端口号专门用于监听客户端的连接请求。服务器从保留端口收到一个客户端的连接请求后，它会立即创建另外一个线程，并为这个线程分配一个服务器的自由端口号，然后用这个线程继续与该客户端进行通信；而服务器的保留端口号就又可以接收另一个客户端的连接请求了，这就是所谓的"偷梁换柱"策略。

4．进程的网络地址的概念

网络通信中通信的两个进程分别位于不同的计算机上。在互联网中，两台主机可能位于不同的网络中，这些网络通过网络互联设备（如网关、网桥和路由器等）连接。因此要在互联网中定位一个应用进程，需要以下三级寻址。

（1）某一台主机总是与某个网络相连，必须指定主机所在的特定网络地址，称为网络 ID。

（2）网络上每一台主机应有其唯一的地址，称为主机 ID。

（3）每一台主机上的每一个应用进程应有在该主机上的唯一标识符。

在 TCP/IP 中，主机 IP 地址就是由网络 ID 和主机 ID 组成的，在 IPv4 中用 32 位二进制数值表示；应用进程则用 TCP 或 UDP 的 16 位端口号来标识。

综上所述，在互联网中，用一个三元组可以在全局中唯一地标识一个应用层进程：

应用层进程=(传输层协议,主机的 IP 地址,传输层的端口号)。这样一个三元组，叫作一个半相关，它标识了互联网中进程间通信的一个端点，也把它称为进程的网络地址。

5．网络中进程通信的标识

在互联网中，一个完整的网间进程通信需要由两个进程组成，它们分别是通信的两个端点，并且只能使用同一种传输层协议。也就是说，不可能通信的一端用 TCP，而另一端用 UDP。因此一个完整的网间通信需要一个五元组在全局中唯一标识——传输层协议、本地机 IP 地址、本地机传输层端口、远程机 IP 地址和远程机传输层端口。

一个五元组称为一个全相关，即两个协议相同的半相关才能组合成一个合适的全相关，或完全指定一对进行网间通信的进程。

1.1.3　网络协议的特征

在网络分层体系结构中，各层之间是严格单向依赖的，各层次的分工和协作集中体现在相邻层之间的接口上。“服务”是描述相邻层之间关系的抽象概念，是网络中各层向紧邻上层提供的一组服务。下层是服务的提供者，上层是服务的请求者和使用者。服务的表现形式是原语操作，一般以系统调用或库函数的形式提供。系统调用是操作系统内核向网络应用程序或高层协议提供的服务原语。网络中的 n 层总要向 $n+1$ 层提供比 $n-1$ 层更完备的服务，否则 n 层就没有存在的价值。

在 OSI 的术语中，网络层及其以下各层又称为通信子网，它们只提供点到点通信，没有程序或进程的概念。而传输层实现的是“端到端”通信，引进了网间进程通信的概念，同时也用于差错控制、流量控制、报文排序和连接管理。因此，传输层以不同的方式向应用层提供不同的服务。

程序员应了解常用网络传送协议的基本特征，掌握与协议行为类型有关的背景知识，了解特定协议在程序中的行为方式。

1．面向消息的协议与基于流的协议

（1）面向消息的协议。面向消息的协议以消息为单位在网上传送数据，消息在发送端一条一条地发送，在接收端也只能一条一条地接收，每一条消息都是独立的，消息之间存在边界。例如，在图 1.6 中，甲工作站向乙工作站发送了 3 条消息，分别是 128、64 和 32 字节；乙作为接收端，尽管缓冲区是 256 字节，足以接收甲的 3 条消息，并且这 3 条消息已经全部到达了乙的缓冲区，乙仍然必须发出 3 条读取命令，分别返回 128、64 和 32 字节这 3 条消息，而不能一次读取并返回这 3 个数据报。上述过程称为“保护消息边界”,即传输协议把数据当作一条独立的消息在网上传输,接收端只能接收独立的消息。也就是说，存在保护消息边界，接收端一次只能接收发送端发出的一个数据报。UDP 就是一个面向消息的协议。面向消息的协议适用于交换结构化数据，网络游戏就是一个很好的例子，玩家们交换的是一个个带有地图信息的数据报。

（2）基于流的协议。基于流的协议不保护消息边界，将数据当作字节流连续地传输，不管实际消息边界是否存在。如果发送端连续发送数据，接收端可能会在一次接收动作中接收两个或者更多的数据报。发送端允许系统将原始消息分解成几条小消息分别发送；或把几条消息积累在一起，形成一个较大的数据报，一次送出。对多次发送的数据统一编号，从而把它们联系在一起。接收端会尽量读取有效数据。只要数据一到达，网络堆栈就开始读取它，并将它缓存下来等候进程处理。当进程读取数据时，系统会尽量返回更多的数据。在图 1.7 中，甲发送了 3 个数据报：分别是 128、64 和 32 字节，甲的网络堆栈可以把这些数据聚合在一起，分两次发送出去。是否将各个独立的数据报累积在一起，受许多因素的影响，如网络允许的最大传输单元和发送的算法。在接收端，乙的网络堆栈把所有接收的数据报聚集在一起，放入堆栈的缓冲区，等待应用进程读取。进程发出读取命令，并指定了进程的接收缓冲区。如果进程的缓冲区有 256 字节，系统就会立即返回全部 224（128+64+32）字节。如果接收端只要求读取 20 字节，系统就会只返回 20 字节。

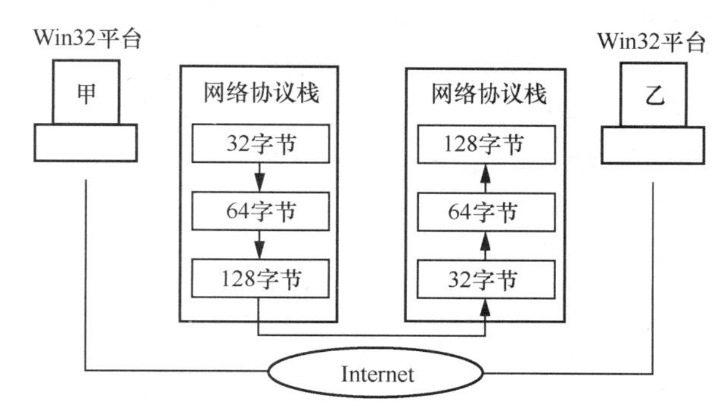

图 1.6 保护消息边界的数据报传输服务

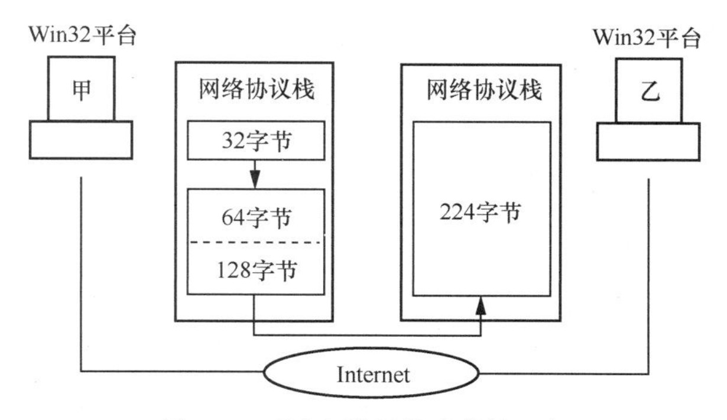

图 1.7 无消息边界的流传输服务

TCP 是一种基于流的协议。流传输技术，把数据当作一串数据流，而不是独立的消息。但是有很多人在使用 TCP 通信时，并不清楚 TCP 是基于流的传输，当连续发送数据时，他们错误地认为 TCP 会丢包。其实不然，因为当他们使用的缓冲区足够大时，就有可能一次接收到两个甚至更多个数据报，而很多人往往会忽视这一点，只解析检查第一个数据报，而其他已经接收的数据报却被忽略了。在做这类的网络编程时，我们必须注意这一点。

2．面向连接的服务和无连接的服务

传输层可以向应用层提供面向连接的服务和无连接的服务。

面向连接的服务是电话系统服务模式的抽象，即每一次完整的数据传输都要经过建立连接、使用连接和终止连接的过程。在数据传输过程中，各数据分组不携带目的地址，而是使用连接号。本质上，连接就像一个管道，收发数据顺序和内容都保持一致。TCP提供面向连接的虚电路传输服务，使用面向连接的协议，通信的对等实体必须在数据交换之前进行握手，交换连接信息。这不仅确定了通信的路径，还可以使通信的对等实体相互协商，为通信做好准备，例如准备收发的缓冲区，从而保证通信双方都是活动的，并能够彼此响应。建立连接需要很大的开销，大部分面向连接的协议为保证投递无误，还要执行额外的计算来验证正确性，这又进一步增加了开销。

无连接的服务是邮政系统服务的抽象，每个分组都携带完整的目的地址，各分组在系统中独立传送。无连接服务不能保证分组到达的先后顺序，不进行分组出错的恢复与重传，也不保证传输的可靠性。无连接服务在通信前，不需要建立连接，也不需要考虑接收端是否准备好接收。无连接服务类似于邮政服务：发信人把信装入邮箱即可；至于收信人是否想收到这封信，或邮局是否会因为暴风雨未能按时将信件投递到收信人处等，发信人都不知道。UDP 就是一种无连接的协议，提供无连接的数据报传输服务。

3．可靠性和次序性

在设计网络应用程序时，必须了解所使用的协议能否提供可靠性和次序性。可靠性保证了发送端发出的每字节都能到达既定的接收端，不出错、丢失或重复，保证了数据的完整性，称为保证投递。次序性是指对数据到达接收端的顺序进行处理。保护次序性的协议保证接收端收到数据的顺序就是数据的发送顺序，称为按序递交。

可靠性和次序性与协议是否面向连接密切相关。多数情况下，面向连接的协议会做大量工作，以确保数据的可靠性和次序性。而无连接的协议不必去验证数据完整性，无须确认收到的数据，也不必考虑数据的次序，因而更为简单快捷。

网络编程时，要根据应用的要求，选择适当的协议。对于要求大量可靠数据传输的场景，应当选择面向连接的协议，如 TCP；否则选择 UDP。

1.2 客户端/服务器交互模式

1.2.1 网络应用的工作模式

在计算机网络环境中，运行于协议簇之上并借助协议簇实现通信的网络应用程序称为网络应用进程。进程就是运行中的程序，往往通过位于不同主机中的多个应用进程之间的通信和协同工作，来解决具体的网络应用问题。从互联网应用系统的工作模式来看，互联网应用可以分为两类：客户端/服务器（C/S）模式与对等计算（P2P）模式。在打电话时，必须由一方主动呼叫另一方，另一方负责接听。类似地，在 C/S 模式中也必须由一个应用进程使用已知的地址和端口号，向另一个应用进程的地址提出请求。另一个应用进程在监听到请求后做出响应。以 E-mail 应用程序为例，E-mail 应用程序分为服务器的邮局程序与客户端的邮箱程序。用户在自己的计算机中安装并运行客户端的邮箱程序，从而成为电子邮件系统的客户端，能够发送和接收电子邮件。而安装了邮局应用程序的计算机就成为电子邮件服务器，它为客户提供电子邮件服务。

P2P 模式是网络节点之间采取对等的方式，通过直接交换信息达到共享计算机资源和服务的工作模式。能提供对等通信功能的网络称为“P2P 网络”，P2P 网络中的每台计算机既可以作为网络服务的使用者，也可以向其他提出服务请求的客户提供资源和服务。这些资源包括数据资源、存储资源或计算资源等。

1.2.2　客户端/服务器模式

在网络应用进程的通信中，普遍采用客户端/服务器交互模式，简称 C/S 模式。这是互联网上应用程序最常用的通信模式，即客户端向服务器发出服务请求，服务器接收到请求后，提供相应的服务。C/S 模式的建立基于两点：一方面，建立网络的初衷是共享网络中不均衡的软硬件资源、运算能力和信息，从而促使拥有众多资源的主机提供服务，而资源较少的客户端请求服务这一非对等关系；另一方面，网间进程通信完全是异步的，相互通信的进程间既不存在父子关系，又不共享内存缓冲区，因此需要一种机制使希望通信的进程建立联系，并为二者的数据交换提供同步支持。

在 C/S 模式中，服务器处于被动服务的地位。其工作过程如下。

（1）服务器要先启动，打开一条通信通道，并告知服务器所在的主机，它愿意在某一个公认的地址（熟知端口，如 FTP 服务的端口号为 21）上接收客户请求。

（2）等待客户的请求到达该端口。

（3）服务器接收到服务请求后，处理该请求并发送应答信号。为了能同时处理多个客户端的服务请求，服务器会激活一个新进程或新线程来处理每个客户端的请求（如在 UNIX 系统中用 fork、exec）。服务完成后，关闭此新进程与客户的通信通道，并终止该进程或线程。

（4）服务器返回第（2）步，继续等待并处理下一个客户端请求。

（5）在特定的情况下，服务器将执行关闭操作。

客户端采取的是主动请求的方式，其工作过程如下。

（1）客户端打开一条通信通道，并连接到服务器所在主机的特定监听端口。

（2）客户端向服务器发送请求报文，等待并接收应答，然后继续提出请求。与服务器的会话按照应用协议进行。

（3）请求结束后，客户端关闭通信通道并终止会话。

从上面描述的过程可知，客户端和服务器都是基于计算机中的网络协议簇运行的应用进程，借助网络协议簇进行通信。服务器通常运行于高档的服务器类计算机上，借助网络，可以为成千上万个客户端提供服务；客户端软件运行于用户的 PC 上，具备友好的用户界面，通过网络向服务器发起请求并获得服务，共享网络的信息和资源。B/S 模式是 C/S 模式的一种特殊情况。在 B/S 模式中，客户端通常为浏览器（例如 IE、火狐、谷歌等），而服务器则通常为 Web 服务器（例如 IIS、Tomcat、Apache 等）。表 1.2 列出了常见的网络应用。

表 1.2　常见的网络应用

网络应用	客户端软件	服务器软件	应用层协议
电子邮件	Foxmail	电子邮件服务器	SMTP、POP3
文件传输	CutFTP	文件传输服务器	FTP
WWW 浏览	360 浏览器	IIS 服务器	HTTP

C/S 模式所描述的是进程之间服务与被服务的关系。客户端是服务的请求方，服务器是服务的提供方。有时客户端和服务器的角色可能不是固定不变的，一个应用进程可能既是客户端，又是服务器。当 A 进程需要 B 进程的服务时，它会主动联系 B 进程，在这种情况下，A 进程是客户端而 B 进程是服务器。而在下一次通信中，B 进程需要 A 进程的服务，则 B 进程是客户端而 A 进程是服务器。

1.2.3　容易混淆的术语

1．服务器程序与服务器类计算机

“服务器”有时会引起混淆。它通常指的是一个被动地等待通信的进程，而不是单指运行它的计算机。然而，由于运行服务器进程的机器往往有许多特殊的要求，不同于普通的 PC，因此人们经常不严格地将主要运行服务器进程的机器（硬件）称为“服务器”。硬件供应商加剧了这种混淆，将那类具有快速 CPU、大容量存储器和强大操作系统的计算机称为“服务器”。

在本书中，“服务器”是指那些运行着的服务程序。我们使用“服务器类计算机”来称呼那些运行服务器软件的高性能计算机。例如，“这台机器是服务器”应理解为“这台机器（硬件）主要用于运行服务器进程（软件）”，或者“这台机器性能优良，正在运行或者适合运行服务器软件”。在其他图书中，“服务器”一词有时指的是硬件，即“运行服务器软件”的机器。

2．客户端与用户

“客户端”和服务器都指的是应用进程，即计算机软件。“用户”指的是使用计算机的人。

图 1.8 展示了这些概念之间的区别。

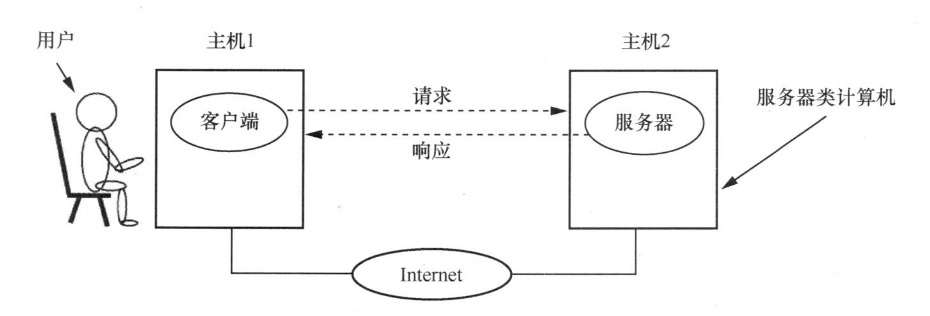

图 1.8　用户、客户端、服务器以及服务器类计算机的关系

1.2.4　网络协议与 C/S 模式的关系

客户端与服务器作为两个软件实体，它们之间的通信是虚拟的，属于概念层面；实际的通信要借助下层的网络协议簇来进行。在发送端，信息自上向下传递，每层协议实体都加上自己的协议报头，传到物理层将数据变为信号并传输出去；在接收端，信息自下向上传递，每层协议实体按照本层的协议报头进行处理，然后将本层报头剥离。例如，在互联网中，客户端与服务器借助传输层协议（如 TCP 或 UDP）来收发信息。传输层协议接着使用更低层的协议来收发信息。因此，无论是运行客户端程序还是服务器程序，计算机都需要一个完整的协议簇。大多数的应用进程都是使用 TCP/IP 进行通信。一对客户端与服务器通过 TCP/IP 协议簇，在互联网上使用传输协议进行交互通信。

必须正确理解网络应用进程和应用层协议之间的关系。在网络中，为了解决具体的应用问题而进行通信的进程称为“应用进程”。应用层协议本身并不直接解决用户的各种具体应用问题，而是规定了应用进程在通信过程中所必须遵循的约定。从网络体系结构的角度来说，尽管应用层协议居于网络协议簇的最高层，但它在应用进程之下。应用层协议是为应用进程提供服务的，它往往帮助应用进程组织数据。例如，HTTP 将客户端发往至服务器的数据组织成 HTTP 请求报文，并把服务器回传的网页组织成 HTTP 响应报文。

由于应用层协议往往在应用进程中实现，所以有些书籍并不严格区分应用层协议和它对应的应用进程。在图 1.2 中，没有单独画出应用层协议，而是把客户端和服务器直接放在应用层，就表示应用层协议的实现包含在客户端和服务器软件中。从这个意义上来说，TCP/IP 的应用层协议实体之间的通信也采用 C/S 模式。

1.2.5　C/S 交互的多样性

客户端与服务器之间的交互是任意的。在实际的网络应用中，往往形成错综复杂的 C/S 交互局面，这是 C/S 模式最有趣也是最有用的功能之一。

客户端应用在访问某一类服务时，并不局限于单一服务器。在互联网的各种服务中，不同计算机上运行的服务器会提供不同的信息。例如，一个日期服务器会给出它所运行的计算机的当前日期和时间，而处于不同时区的计算机上的服务器会给出不同的响应。同一个客户端应用能够先作为某个服务器的客户端，以后又与另一台计算机上的服务器通信，成为另一个服务器的客户端。

C/S 交互模式的任意性还体现在应用的角色可以转变，即提供某种服务的服务器能成为另一个服务的客户端。例如，一个文件服务器在需要记录文件访问的时间时，可能会成为一个时间服务器的客户端。这就是说，当文件服务器在处理文件请求时，它会向时间服务器发出请求以获取时间信息，并等待响应，再继续处理文件请求。

进一步分析 C/S 模式，我们可以发现存在以下 3 种“一个与多个”的关系。

（1）一个服务器同时为多个客户端服务：互联网上的各种服务器，如 WWW 服务器、电子邮件服务器和文件传输服务器等，都能同时为多个客户端服务。例如，在一家公司，多人同时浏览网易网站的页面，但每个人都感觉不到别人对自己的影响。其实，互联网上的服务器，往往同时接待着成千上万台客户端，尽管服务器所在的计算机可能只有一个通往互联网的物理连接。

（2）一个用户的计算机上同时运行多个连接不同服务器的客户端：经验丰富的网友都知道，在 Windows 操作系统中，可以同时打开多个浏览器的窗口，每个窗口连接一个不同的网站，这样可以加快下载的速度。当在一个窗口中浏览时，另一个窗口可能正在下载页面文件或图像。在这里，每个浏览器的窗口，都是一个浏览器软件的运行实例，也是一个作为客户端的应用进程，它与一个服务器建立一个连接关系，支持与该服务器的会话。因此，用户的 PC 上可以同时运行多个客户端，分别连接不同的服务器。同样，用户的 PC 也只有一个通往互联网的物理连接。

（3）一台服务器类计算机同时运行多个服务器：一套功能强大的计算机系统能够同时运行多个服务器进程。在这样的系统上，每种提供的服务都对应一个运行中的服务器程序。例如，一台计算机可能同时运行文件服务器和 WWW 服务器。图 1.9 说明了来自 2 台计算机的客户端程序访问第 3 台计算机上的 2 个服务器。虽然一台计算机能提供多种服务，但它与互联网只需一个物理连接。

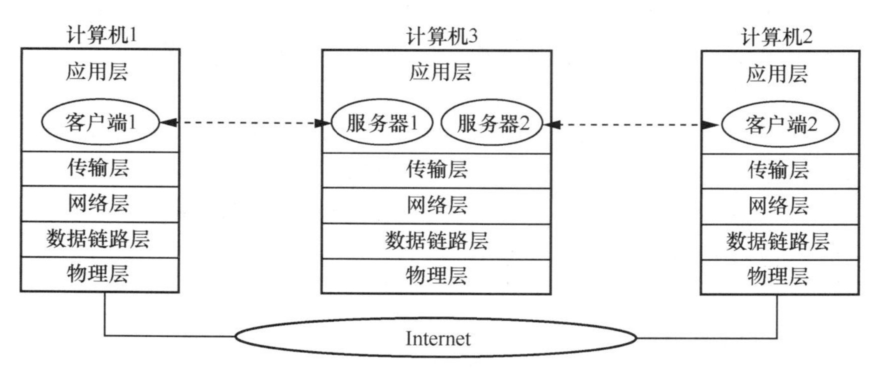

图 1.9　一台计算机中的多个服务器被多台计算机的客户端访问

一台服务器类计算机能够同时提供多种服务，每种服务需要一个独立的服务器程序来支撑。在一台计算机上运行多种服务是实际可行的。经验表明，对服务器的需求往往很分散，一个服务器可能在很长一段时间内一直处于空闲状态。空闲的服务器在等待请求时不占用计算机的计算资源。这样，如果服务的需求量比较小，将多个服务器合并到一台计算机上，会在不明显影响性能的情况下大幅度降低开销。

在一台计算机上运行多种服务是很有用的，因为这样可以共享硬件资源。将多台服务器合并到一台大型的服务器类计算机上也有助于减轻系统管理员的工作负担，因为相对于管理多个独立的计算机系统，管理单一系统的任务要简单得多。当然，要获得最佳性能，应该将每个服务器和客户端程序分别运行在不同的计算机上。

要实现 C/S 模式中的这 3 种“一对多”的关系，需要以下两方面的支持。一方面，计算机必须具备充足的硬件资源，尤其是服务器类计算机，它必须具有强大的处理能力、足够的内存与外部存储空间。另一方面，这台计算机必须运行支持多个应用程序并发执行的操作系统平台，例如UNIX 或 Windows 操作系统。下一小节将详细分析多任务、多线程的运行机制。

1.2.6　服务器的并发性

一套计算机系统如果允许同时运行多个应用程序，则表明该系统支持多个应用进程的并发执行，这样的操作系统称为多任务的操作系统。多任务的操作系统能把多个应用程序加载到内存中，为它们创建进程、分配资源，让多个进程在宏观上同时处于运行过程中，这种状态称为并发状态。如果一个应用进程具有一个以上的控制线程，那么该系统支持多个线程的并发执行。如前文所述，一个线程是进程中的一个相对独立的执行和调度单位，它负责执行进程的一部分代码，而多个线程共享进程的资源。例如，Windows就是一个支持多进程、多线程的操作系统。并发性是 C/S 交互模式的基础，正是这种并发支持，才能形成上述错综复杂的 C/S 交互局面，因为并发允许多个客户端获得同一种服务，而不必等待服务器完成对上一个请求的处理。

通过考察一个需要很长时间才能满足请求的服务，我们可以更好地理解并发服务的重要性。以文件传输为例，当客户端请求从文件传输服务器获取远程文件时，客户端在请求中发送文件名，服务器则返回这个文件。如果客户端请求的是个小文件，服务器能在几毫秒内就完成传输；如果客户端请求的是一个包含许多高分辨率数字图像的大文件，服务器可能需要数分钟才能传输完毕。如果文件服务器在一段时间内只能处理一个请求，那么在服务器向一个客户端传送文件时，其他客户端就必须等待；反之，如果文件服务器可以并发处理多个客户端的请求，当请求到达时，服务器将它分配给一个控制线程来处理，它能与已有的线程并发执行。本质上，每个请求都是由一个独立的服务器副本执行的。这样，简单的请求能很快得到响应，而不必等待其他请求的完成。

大多数并发服务器是动态操作的。在设计并发服务器时，主服务器线程可以为每个到来的客户端请求创建一个新的子服务线程，如图 1.10 所示。一般而言，服务器程序代码由两部分组成：第一部分代码负责监听并接收客户端请求，并为客户端请求创建新的服务线程；第二部分代码负责处理单个客户端请求，如与客户端交换数据，提供具体的服务。

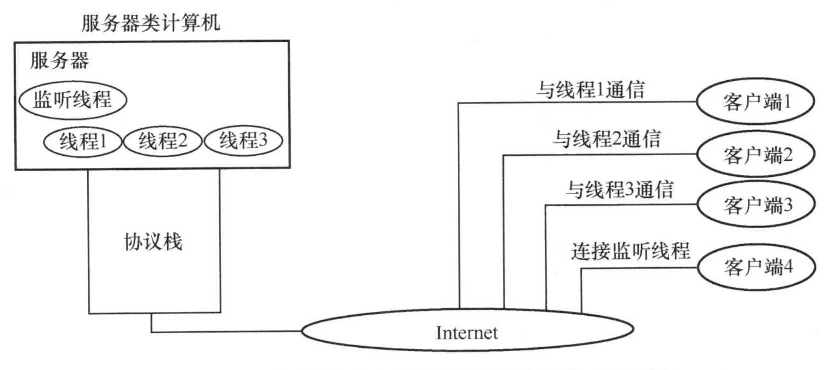

图 1.10　服务器创建多个线程来为多个客户端服务

在并发服务器启动之初，首先运行服务器程序的主线程。主线程负责运行服务器程序的第一部分代码，其主要任务是监听并等待客户端请求。一旦客户端请求到达，主线程便接收这个请求，并迅速创建一个新的子服务线程来处理这个请求的任务。子服务线程负责运行服务器程序的第二部分代码，为该请求提供服务。服务完成后，子服务线程自动终止，并释放所占用的资源。与此同时，主线程仍然保持运行，使服务器处于活动状态。也就是说，主线程在创建了处理请求的子服务线程后，继续保持监听状态，等待下一个请求到来。因此，如果有 *N* 个客户端正在使用同一台计算机上的服务，则共存在 *N*+1 个提供该服务的线程：一个主线程负责监听等待更多的客户端请求，其他 *N* 个子服务线程分别与不同的客户端进行交互。

由于 *N* 个子服务线程针对不同的数据集合，都在运行服务器程序的第二部分代码，所以可以把它们看成一个服务器的 *N* 个副本。图 1.11 所示为沙漏计时器形状的 TCP/IP 协议簇。

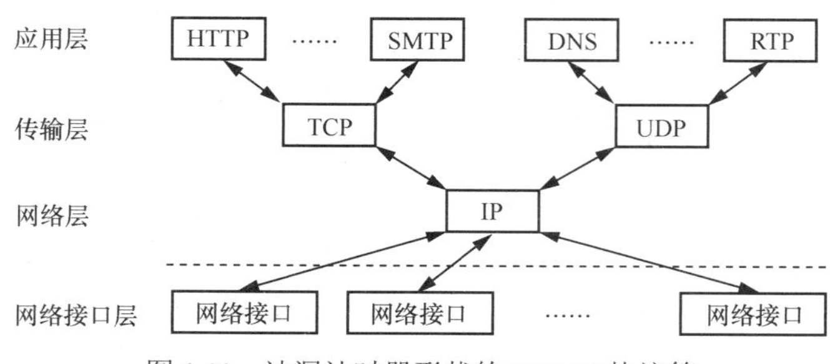

图 1.11　沙漏计时器形状的 TCP/IP 协议簇

1.2.7　网络服务的标识方式

如上所述，在一台服务器类计算机上可以同时运行多个服务器进程。通过考察它们与下层协议簇的关系，我们会发现它们都运行在协议簇上，并借助协议簇来交换信息。协议簇就是多个服务器进程传输数据的公用通道，即下层协议被多个服务器进程共用。这在互联网环境中是普遍现象。

这就引发了一个问题：既然在同一个服务器类计算机中运行着多个服务器，如何能让客户端无歧义地指明所需的服务？

这个问题是通过传输协议簇提供的一套机制来解决的。这种机制必须赋给每个服务一个唯一的标识，并要求服务器和客户端都使用这个标识。当服务器开始执行时，它会在本地的协议簇软件中进行登记，指明它所提供的服务的标识。当客户端与远程服务器通信时，它通过这个标识来指定所需服务。客户端的传输协议簇软件将该标识传递给服务器机器。服务器机器的传输协议簇则根据该标识来决定由哪个服务器程序来处理这个请求。

作为服务标识的一个实例，让我们来探讨互联网中的 TCP/IP 协议簇是如何解决这个问题的。

如前所述，TCP 使用一个 16 位的整型数值来标识服务，这个整型数值称为协议端口号。每个服务都被赋予了一个唯一的协议端口号。服务器通过协议端口号来指明它所提供的服务，然后被动地等待客户端的通信。客户端在发送请求时，通过指定协议端口号来指明它所需要的服务。服务器计算机的 TCP 软件通过收到信息的协议端口号来决定由哪个服务器来接收这个请求。

如果一个服务器存在多个副本，客户端如何与正确的副本进行交互呢？进一步说，收到的请求如何被传给正确的服务器副本呢？这个问题的答案在于传输协议用于标识服务器的方法。前面说过，每个服务被赋予一个唯一的标识，每个来自客户的请求都包含了这个服务标识，这允许服务器计算机的传输协议将收到的请求匹配到正确的服务器副本。在实际应用中，大多数传输协议也给每个客户端分配一个唯一的标识，并要求客户端在发送请求时包含这个标识。作为一个实例，下面来看一下 TCP 连接中所使用的标识。TCP 要求每个客户端选择一个尚未被分配给任何服务的本地协议端口号。当客户端发送一个 TCP 段时，它必须将它的本地协议端口号放入源端口域中，并将服务器的协议端口号放入目的端口域中。在服务器计算机上，TCP 使用源端口号和目的端口号的组合（同时结合客户端和服务器 IP 地址）来标识特定的通信。这样，信息可以从多个客户端到达同一个服务器也不会引起混淆。TCP 将每个收到的段传给处理相应客户端请求的服务器副本。总之，传输协议给每个客户端和每个服务器都分配了一个标识。服务器的协议软件通过结合客户端标识和服务器标识来选择正确的并发服务器的副本。

1.3 P2P 模式

1.3.1 P2P 技术的兴起

C/S 模式于 20 世纪 90 年代开始流行，该模式将网络应用程序分为两部分：服务器负责数据管理，客户端负责与用户交互。该模式具有强大的数据操纵和事务处理能力，并确保了数据的安全性和完整性约束。

随着应用规模的不断扩大，软件复杂度不断提高，面对庞大的用户群体，单服务器逐渐成为性能的瓶颈。尤其是拒绝服务（DoS）攻击出现后，进一步凸显了 C/S 模式的问题。服务器是网络中最容易受到攻击的节点，一旦遭受大量服务要求，就可能瘫痪，以致所有的客户端都不能正常工作。

计算机网络上的信息不停地增长，但搜索引擎在网上搜索并索引到的 Web 页面仅占不到 1%。服务器上的搜索引擎，不能提供最新的动态信息，用户获取的可能是数月前的数据。C/S 模式无法满足实时、准确地查询网络信息的需求。

对网络的访问集中在有限的服务器上，导致流量分布非常不平衡。C/S 模式同样也无法满足平衡网络流量的需求。

此外，尽管客户端的硬件性能不断提高，但在 C/S 模式中，客户端只做一些简单的工作，造成了资源的巨大浪费。C/S 模式不能有效利用客户端系统资源。

为了解决这些问题，P2P 技术应运而生。

1.3.2 P2P 的定义和特征

P2P 是 Peer-to-Peer 的简写，其中 Peer 指的是“同等地位的人”。P2P 网络也称为“对等网”。在 P2P 网络中，每一个 Peer 都是一个对等节点。目前，对 P2P 网络尚无统一的定义，下面是几种比较流行的定义。

（1）Clay Shirky 的定义：P2P 计算是指能够利用广泛分布在互联网边缘的大量计算、存储、网络带宽、信息、人力等资源的技术。

（2）P2P 工作组的定义：通过系统间直接交换来共享计算机资源和服务。

（3）SUN 的定义：P2P 技术是指那些促进互联网上信息、带宽和计算等资源有效利用的广泛技术。

综上所述，P2P 技术是一种允许在计算机之间直接进行资源和服务的共享，不需要服务器接入的网络技术。在 P2P 网络中，每台计算机同时充当着服务器和客户端的角色。当需要其他计算机的文件和服务时，两台计算机直接建立连接，此时本机是客户端；而当响应其他计算机的资源要求时，本机又成为提供资源与服务的服务器。

P2P 系统具有以下特征。

（1）分散性：该系统是一个全分布式的系统，不存在瓶颈。

（2）规模性：该系统可以容纳数百万乃至数千万台计算机。

（3）扩展性：用户可以随时加入该网络。随着服务需求的增加，系统的资源和服务能力也同步扩充，理论上其可扩展性几乎可以认为是无限的。

（4）对等性：每个节点同时具有服务器和客户端的特点。

（5）自治性：节点来自不同的所有者，不存在全局的控制者，节点可以随时加入或退出 P2P 系统。

（6）互助性：节点之间相互协助。

（7）自组织性：大量节点通过 P2P 协议自行组织在一起，不存在任何管理角色。

1.3.3 P2P 的发展

P2P 的发展分为三代，第一代 P2P 以 Napster 系统为代表，它是一个 MP3 共享系统，MP3 文件交换者的计算机既是文件的提供者，也是文件的请求者。Napster 有一个中央索引服务器进行统一管理，对等节点必须连接到该服务器。2001 年 2 月，Napster 的用户数量达到 160 万，MP3 文件的交换量达到 27 亿。但由于 RIAA（美国唱片业协会）关于版权的诉讼，该系统最终被关闭。

随后出现的 Gnutella 系统是第一个真正的 P2P 系统，它采用纯分布式的结构，没有索引服务器，基于泛洪机制进行资源查找。

第二代 P2P 使用基于分布式哈希表（DHT）的协议，如 Chord、CAN、Pastry、Kademlia 等。这些协议不使用中央索引服务器，而是将索引路由表通过分布式哈希表分别存放在参与本 P2P 网络的计算机中，每个节点既请求服务，又提供服务。

第三代 P2P 采用混合型的覆盖网络结构，不需要专门的服务器，网络中所有的对等点都是服务器，但只执行少量任务，如维护和分发可用文件列表，通过计算快速获得资源所在的位置，将任务分布式处理等。目前流行的 BitTorrent 和 eMule 等均属于此类。

1.3.4 P2P 的关键技术

P2P 的关键技术如下。

（1）资源定位。P2P 网络中的节点会频繁加入和离开，如何从大量分散的节点中高效地定位资源和服务成为一个重要的挑战。为了在复杂的硬件环境下实现点对点的通信，需要在物理网络上建立一个高效的逻辑网络，以实现端对端的定位、握手和建立稳定的连接。这个逻辑网络被称为覆盖网络。

（2）安全性与信任问题。这是影响 P2P 大规模商业应用的关键问题。在分布式系统中，必须将安全性内嵌到分散化的体系中。

（3）联网服务质量问题（QoS）。用户需要的信息在多个节点同时存储，因此必须选择处理能力强、负载轻、带宽高的节点，来保证信息获取的质量。同时，还应排斥无用的共享信息，提高用户获取有用信息的效率。

（4）标准化。只有实现标准化，才能使 P2P 网络互联互通和大规模发展。

1.3.5 P2P 系统的应用与前景

目前，P2P 系统主要应用在大范围的共享、存储、搜索、计算等方面。

（1）分布式计算及网格计算。如 SETI@HOME 项目称为在家搜索地外文明，通过各种形式的客户端程序，让用户参与检测地外文明的微弱呼叫信号，然后将世界各地的计算结果汇集到服务器上。IBM 的超级计算机造价为 11 亿美元，而本系统的造价只有 50 万美元，它将大部分计算功能分散到世界各地的使用者。有很多基于 P2P 方式的协同处理与服务共享平台，例如 JXTA、Magi、Groove、.NET My Service 等。

（2）文件共享与存储共享。文件共享包括音频、视频、图像等多种形式，这是 P2P 网络中极为普遍的应用。存储共享则利用整个网络中闲散的内存和磁盘空间，将大型的计算工作分散到多台计算机上共同完成，有效地提高数据的可靠性和传输速度。目前提供文件和其他内容共享的 P2P 网络很多，如 Napster、Gnutella、Freenet、CAN、eDonkey、eMule、BitTorrent 等。

（3）即时通信交流。例如 ICQ、OICQ、Yahoo Messenger 等。

（4）安全的 P2P 通信与信息共享。利用 P2P 无中心的特性可以为隐私保护和匿名通信提供新的技术手段。如 CliqueNet、Crowds、Onion Routing 等。

（5）语音与流媒体。由于 P2P 技术的使用，大量的用户同时访问流媒体服务器，也不会因服务器负载过重而导致瘫痪。Skype 与 CoolStream 是其中的典型代表。

（6）区块链。区块链是以加密机制、存储机制、共识机制等多种技术组成的分布式系统，可以在无中心服务器的情况下实现相互信任的点对点交易功能。P2P 技术去中心化的特点使其成为区块链的重要基石。

许多常见的计算机公司都在努力发展 P2P 技术，具体如下。

（1）IBM、微软、Ariba 合作开展了一个名为 UDDI 的项目，旨在将 B2B 电子商务标准化。

（2）Eazel 正在开发新一代的 Linux 桌面系统。

（3）Jabber 已经开发了一种基于 XML、开放的即时信息标准，被视为未来使用 P2P 数据交换的标准。

（4）Lotus Notes 的开发者创建了 Groove，试图“帮助人们以全新的方式沟通”。

（5）英特尔公司也在推广它的 P2P 技术，从而更突出芯片的计算能力。

总之，P2P 作为一种新兴的网络应用技术，成功突破了 C/S 模式中服务器的瓶颈，展现了巨大的优势和价值。它使网络资源能够充分利用，实现了用户之间的直接交流和资源共享，成为 21 世纪有潜力的网络应用技术之一。

1.4 网络编程

1.4.1 基于 C/S 模式的网络编程

基于 C/S 模式的网络编程主要是基于套接字的编程。套接字编程接口起源于 UNIX 操作系统，并在 Windows 和 Linux 操作系统中得到继承和发展。在 UNIX 操作系统中，有关套接字的描述称为 Berkeley Sockets 规范，而在 Windows 操作系统中则称为 Windows Sockets 规范。为了简化套接字网络编程，更方便地利用 Windows 操作系统的消息驱动机制，MFC 通过对 Windows Sockets API 函数的封装，提供了 MFC Winsock 类。

在不同的操作系统中，虽然套接字的实现方式不同，但套接字的种类和调用方法基本类似。套接字的类型主要包括数据报套接字、流式套接字和原始套接字。以数据报套接字编程为例，无论是在 UNIX 操作系统还是在 Windows 系统中，无论是使用 Windows Sockets API 还是使用 MFC Winsock 类，客户端的实现都主要由创建套接字、创建请求连接、发送数据、读取数据、关闭套接字等步骤组成。而服务器的实现则主要由创建套接字、绑定套接字、启动监听、接收连接请求、创建连接套接字、读取数据、发送数据、关闭连接套接字、关闭监听套接字等步骤组成。

1.4.2 基于 B/S 模式的网络编程

基于 B/S 模式的网络编程，由分布在 Internet/Intranet 上的浏览器、Web 服务器和数据库服务器组成。

（1）分布在 Internet/Intranet 上的浏览器作为客户端的应用程序，用户对软件系统的操作与使用都要通过其进行。

（2）Web 服务器可以对应用系统的各种信息进行组织、存储与管理，并将其发布在

Internet/Intranet 网络中，从而可以使 Internet/Intranet 中的其他计算机通过浏览器读取这些信息。

（3）用户通过浏览器所请求的信息，有时需要通过执行 Web 服务器的脚本程序来动态地生成（即动态网页）。在执行脚本程序时，可能涉及对数据库中数据表的查询、插入、删除、更新等操作。数据库服务器通过一个数据库管理系统（DBMS）完成对这些数据的存储与管理。脚本程序一般通过 ODBC（ASP 脚本程序）或 JDBC（JSP 脚本程序）与数据库服务器相连。

在基于 B/S 模式的网络编程中，除了使用分布在 Internet/Intranet 上的浏览器、Web 服务器和数据库服务器完成的操作之外，开发人员还需要利用 Frontpage、Dreamweaver、Flash 和 Firework 等工具设计制作静态网页，或者利用 ASP、JSP 和 PHP 等编程语言开发动态网页。上述每种制作网页的工具或技术都有专门的学习资料，本书不再赘述。本书旨在通过介绍浏览器的开发过程，帮助读者理解浏览器的工作原理。

1.4.3　基于 P2P 模式的网络编程

基于 P2P 模式的网络编程一般分为发现、连接和通信 3 个阶段。在发现阶段，系统负责动态定位通信方的网络位置；在连接阶段，系统负责在双方之间建立网络连接；在通信阶段，系统负责在双方之间传输数据。

1．发现阶段

一台计算机要和另外一台计算机通信，必须知道对方的 IP 地址和监听端口号，否则就无法向对方发送消息。在传统的 C/S 架构中，服务器的 IP 地址一般是固定不变的，并且提供服务的计算机域名也相对稳定，所以为了方便客户端访问，一些 Web 服务器在 DNS（域名系统，即域名和 IP 地址的映射）中进行了注册。客户端可以利用域名解析机制将服务器域名解析为 IP 地址。然而，在 P2P 应用中，各个对等节点（计算机或资源）可以随时加入和离开，并且对等节点的 IP 地址也不是固定的，所以不能采用 DNS 的机制来获取 P2P 架构中的对等节点的信息。

目前，在简单的 P2P 的应用中，针对如何发现对等节点，各种 P2P 技术采用的协议和标准都不一样。例如，微软在.NET 框架中支持对等名称解析协议（PNRP），该协议可以发现对等节点的信息，并通过无服务器的解析功能将任何资源解析为一组 IP 地址和端口号。在后续的简单程序中，使用这个协议来完成发现阶段的工作。

2．连接和通信阶段

完成对等节点的发现阶段的工作后，接下来就可以根据需要，选择 TCP、UDP 或者其他协议来完成数据传输。如果选择 TCP，则需要先建立连接，再利用该连接传输数据。关于 TCP 的详细内容，可以参考前面的内容。如果选择 UDP，则无须建立连接，直接在对等节点之间通信就可以了。

1.4.4　SDN 中的网络编程

互联网分为边缘和核心两部分。无论是基于 C/S 和 B/S 模式，还是基于 P2P 模式，网络编程都可以为网络终端用户之间的信息交互、资源共享提供便利。但是，传统网络的设备众多且封闭、协议复杂多样、部署管理成本高以及结构僵化、发展缓慢的特点使核心网络的运营商或管理人员面临较大压力。通过对计算机产业的创新模式进行研究和借鉴，斯坦福大学的 McKeown 教授团队提出了软件定义网络（SDN）的体系结构。在 SDN 架构中，网络的控制平面与数据平面相分离，数据平面将变得更加通用，类似于计算机通用硬件底层，不再需要实现各种网络协议的控制逻辑，而只需要接收控制平面的操作指令并执行。网络设备的控制逻辑转而由软件实现的 SDN 控制器和 SDN 应用程序定义，从而实现网络功能的软件定义化。

简而言之，SDN 就是将可编程的理念应用在网络中，力图实现更加灵活、开放、易管控、易扩展的网络，以满足持续增长的业务需求，推动网络的创新。2009 年，*MIT Technology Review* 将 SDN 评为具有影响力的十大新兴技术之一。2011 年，开放网络基金会成立，致力于 OpenFlow 协议的标准化与 SDN 的推广。2013 年，Google 在 SIGCOMM 会议上发表的成果——B4 将 SDN 应用在广域网的流量工程上，使链路利用率接近 100%。2014 年，McKeown 教授团队发布了高级编程语言框架 P4 网络，这种协议无关的高级编程语言框架，专注于数据平面可编程，是未来 SDN 数据平面研究的重要方向之一。2019 年，McKeown 教授在 ONF Connect 会议上作了题为 *How We Might Get Humans Out of the Way* 的报告，首次定义了 SDN 发展的以下 3 个阶段。

第一个阶段：通过 OpenFlow 将控制面和数据面分离，用户可以通过集中的控制端去控制每个交换机的行为。

第二个阶段：通过 P4 编程语言以及可编程 FPGA 或 ASIC 实现数据面可编程，这样，在包处理流水线加入一个新协议的支持，开发周期从数年减少到数周。

第三个阶段：展望未来，网卡、交换机以及协议簇均可编程，整个网络成为一个可编程平台。

习　题

1. 简要介绍进程和线程的概念。
2. 描述网络应用程序的一般组成。为什么说应用层协议是在应用程序中实现的？
3. 实现网间进程通信必须解决哪些问题？
4. 说明在 TCP/IP 中，端口的概念和端口的分配机制。
5. 什么是网络应用进程的网络地址？说明三元组和五元组的概念。
6. 举例说明面向消息的协议与基于流的协议有什么不同。
7. TCP 提供的服务有哪些主要特征？
8. 简要说明 3 类网络编程。
9. 说明 C/S 模式的概念、工作过程和特点。
10. 说明用户与客户端、服务器与服务器类计算机的区别。
11. 说明 P2P 模式的定义和特征。

第 2 章

套接字网络编程基础

本章首先介绍套接字网络编程接口的起源与发展过程，以及套接字通信与 UNIX 操作系统的输入/输出关系；然后介绍套接字编程的基本概念，从多个层面来讲述套接字这一概念的本质，深入说明套接字的特点、应用场景、使用的数据类型和相关函数。

在探讨面向连接的套接字编程时，本章将说明套接字的工作机制，UNIX 套接字接口的系统调用，并展示面向连接的套接字编程实例，借助实例分析进程的阻塞问题及其解决对策。

对于无连接的套接字编程，本章将说明无连接的套接字编程的两种模式，即 C/S 模式和对等模式，并展示数据报套接字在对等模式下的编程实例。

本章所叙述的基本概念，对各种操作系统环境都适用，涉及网络编程底层接口的共性问题。只有理解了这些编程接口底层的内容，才能更好地理解高级的网络编程接口。

2.1 套接字网络编程接口的起源与发展

2.1.1 问题的提出

在第 1 章中，我们已经提到，处于应用层的客户端与服务器之间的交互，必须使用网络协议簇来实现通信。应用程序与协议软件进行交互时，必须说明许多细节，诸如它是作为服务器还是客户端，是被动等待还是主动启动通信。进行通信时，应用程序还必须详细说明更多的内容。例如，发送方必须说明要传送的数据，接收方必须指明接收的数据的存放位置。

从应用程序的实现角度来看，应用程序如何方便地使用协议簇软件进行通信呢？能不能在应用程序与协议簇软件之间提供一个方便的接口，从而方便客户端与服务器软件的编程工作呢？UNIX 操作系统将 TCP/IP 协议簇集成到内核中，是最早实现 TCP/IP 协议簇的操作系统，也遇到了上述问题。UNIX 操作系统的开发者们提出并实现了套接字应用程序编程接口，并率先解决了这个问题。

套接字应用程序编程接口是网络应用程序通过网络协议簇进行通信时所使用的接口，即位于应用程序与协议簇软件之间的接口，简称套接字编程接口。它定义了应用程序与协议簇软件进行交互时可以使用的一组操作，这些操作决定了应用程序使用协议簇的方式，应用程序所能实现的功能，以及开发具有这些功能的程序的难易程度。

具体而言，套接字编程接口给出了一组应用程序能够调用的函数，以及这些函数所需的参数。每个独立的函数都可以完成一个与协议簇软件交互的基本操作。例如，一个函数用于建立通信连接，而另一个函数用于接收数据。应用程序能使用这组函数充当客户端或服务器，实现与远程目标的通信，或进行网络数据传输。

2.1.2　套接字编程接口的起源

在美国政府的支持下，加利福尼亚大学伯克利分校开发并推广了一个包括 TCP/IP 的 UNIX 版本，称为 BSD UNIX 操作系统，套接字编程接口是这个操作系统的一部分。许多计算机供应商将 BSD UNIX 系统移植到他们的硬件平台上，并将其作为商业操作系统产品的基础，广泛地应用于各种计算机。

需要注意的是，TCP/IP 并没有定义应用程序来与该协议进行交互的应用程序编程接口（API），它只规定了应该提供的一般操作，并允许各个操作系统去定义用于实现这些操作的具体 API。换句话说，一个协议标准可能只是建议某个操作在应用程序发送数据时是必要的，而由应用程序编程接口来定义具体的函数名和每个参数的类型。

虽然协议标准允许操作系统设计者开发自己的应用程序编程接口，但由于 BSD UNIX 操作系统的广泛使用，大多数人仍然接受了套接字编程接口。后来的许多操作系统并没有开发另一套 API，而是选择了对于套接字编程接口的支持。例如，个人计算机上所使用的 Windows 操作系统，各种 UNIX 操作系统（如 Sun 公司的 Solaris），以及各种 Linux 操作系统都实现了 BSD UNIX 套接字编程接口，并结合自己的特点有所发展。各种编程语言也纷纷支持套接字编程接口，使它广泛应用于各种网络编程。这样，就使套接字编程接口成为工业界事实上的标准，成为开发网络应用软件的强有力工具。

套接字广泛应用于网络编程，迫切需要一个公众可以接受的套接字规范。最早的套接字规范的环境是 UNIX 操作系统，使用 TCP/IP。这个规范规定了一系列与套接字使用有关的库函数，为在 UNIX 操作系统下不同计算机中的应用程序进程之间，使用 TCP/IP 协议簇进行网络通信提供了一套应用程序编程接口。这个规范得以实现并广泛流传，在开发各种网络应用中被广泛使用。由于这个套接字规范最早是由加利福尼亚大学伯克利分校开发的，一般将它称为 Berkeley Sockets 规范。

2.1.3　套接字编程接口的继承和发展

微软公司以 UNIX 操作系统的 Berkeley Sockets 规范为范例，定义了 Windows Socktes 规范，全面继承了套接字网络编程接口。详细内容将在第 3 章中介绍。

Linux 操作系统中的套接字网络编程接口几乎与 UNIX 操作系统的套接字网络编程接口相同。本章着重介绍三大操作系统的套接字网络编程接口的共性问题。

2.1.4　套接字编程接口的两种实现方式

要想实现套接字编程接口，可以采用两种实现方式：一种是在操作系统的内核中增加相应的软件来实现，另一种是通过开发操作系统之外的函数库来实现。

在 BSD UNIX 及其衍生操作系统中，套接字函数是操作系统本身的功能调用，是操作系统内核的一部分。随着套接字的使用越来越广泛，其他操作系统的供应商也纷纷决定将套接字编程接口加入其系统。在许多情况下，为了不修改他们的基本操作系统，供应商们开发了套接字库来提供套接字编程接口。也就是说，供应商们开发了一套过程库，其中每个过程具有与 UNIX 套接字函数相同的名字与参数。这些套接字库能够向没有本机套接字的计算机上的应用程序提供套接字编程接口。

从开发应用的程序员角度看，套接字库与操作系统内核中实现的套接字在语义上是相同的。程序调用套接字过程，无论套接字过程是由操作系统内核过程提供的，还是由库程序提供的。这就带来了程序的可移植性，即当程序从一台计算机移植到另一台时，程序的源代码不必改动。因为只要用新计算机上的套接字库重新编译程序，就可以在新的计算机上执行。

虽然套接字库与操作系统提供的套接字编程接口在功能上类似，但二者的实现方式不同。操作系统直接提供的套接字接口是系统的一部分，而套接字库需要通过链接到应用程序来实现。应用程序通过调用套接字库中的函数，与操作系统的底层功能进行交互，实现网络通信。在这种情况下，套接字库为应用程序提供了一个更为简化的接口，隐藏了操作系统的复杂性，使开发者可以专注于应用程序的网络通信功能。

2.1.5　套接字通信与 UNIX 操作系统的输入/输出的关系

由于套接字编程接口最初是作为 UNIX 操作系统的一部分发展而来的，套接字编程接口也被纳入 UNIX 操作系统的传统的输入/输出（I/O）概念的范畴。因此，要理解套接字，首先需要了解 UNIX 操作系统的 I/O 模式。

UNIX 操作系统对文件和所有其他 I/O 设备采用统一的操作模式，就是“打开—读—写—关闭”的 I/O 模式。一个用户进程要进行 I/O 操作时，它首先调用 open 命令，获得对指定文件或设备的使用权，并返回一个描述符。描述符是一个用于标识该文件或设备的无符号短整型数，作为用户在打开的文件或设备上进行 I/O 操作的句柄。然后这个用户进程可以多次调用“读”或“写”命令来传输数据。在读/写命令中，要将描述符作为命令的参数，来指明所操作的对象。所有的传输操作完成后，用户进程调用 close 命令，通知操作系统它已经完成了对某个对象的使用，并释放所占用的资源。例如，对于文件，程序必须首先调用 open 命令将它打开，返回一个文件描述符；然后程序可以多次调用 read 命令从文件获取数据，或者调用 write 命令向文件存储数据；最后，程序必须调用 close 命令，以表明它结束了对该文件的使用。

TCP/IP 被集成到 UNIX 内核中，相当于在 UNIX 操作系统中引入了一种新型的 I/O 操作，即应用程序通过网络协议簇来交换数据。在 UNIX 操作系统的实现中，套接字是完全与其他 I/O 集成在一起的。操作系统和应用程序都将套接字编程接口看作一种 I/O 机制。这体现在以下 3 个方面。

（1）操作的过程是类似的。套接字沿用了大多数 I/O 所使用的“打开—读—写—关闭”模式：首先创建套接字，然后使用它，最后将它删除。

（2）操作的方法是类似的。操作系统为文件、设备、进程通信（UNIX 操作系统提供管道机制实现进程间通信）和网络通信提供一组单独的描述符。套接字通信同样使用描述符的方法。应用程序在使用网络协议簇进行通信之前，必须向操作系统申请生成一个套接字，系统返回一个短整型数作为描述符来标识这个套接字。应用程序在调用有关套接字的过程进行网络数据传输时，就将这个描述符作为参数，而不必在每次传输数据时都指明远程目的地的细节。

（3）甚至使用的过程的名字都可以是相同的，像 read 和 write 的过程非常通用，应用程序可以用同一个 write 过程将数据发送给另一个程序、另一个文件或网络中的另一个进程。在现在面向对象的术语中，描述符表示一个对象，write 过程表示该对象上的一个方法，而对象决定了方法如何被应用。

UNIX 操作系统为各种 I/O 的集成提供了灵活性，这是它的主要优点。一个应用程序可以被编写成向任何地方传输数据，实际取决于描述符究竟代表什么。例如，应用程序调用了一个 write 过程，如果描述符对应一个设备，应用程序则向该设备传输数据；如果描述符对应一个文件，应用程序则将数据存在这个文件中；如果描述符对应一个套接字，应用程序则通过互联网将数据发向远程计算机。由于系统对套接字和其他 I/O 使用相同的描述符空间，单个应用程序就既可以用于网络通信，又可以用于本地数据传输。

但是，用户进程与网络协议的交互实际要比用户进程与传统的 I/O 设备交互复杂得多。一方面，网络操作涉及的两个进程是在不同的计算机上，如何建立它们之间的联系？另一方面，存在多种网络协议簇，如何建立一种通用机制以支持多种协议？这些都是设计套接字网络应用编程接口所要解决的问题。

套接字编程与传统 I/O 编程的不同之处在于使用套接字的应用程序必须说明许多细节。例如，应用程序必须说明使用的协议簇，说明远程计算机的地址，该应用程序是客户端还是服务器，还必须说明所希望的服务类型是面向连接的还是无连接的。为了提供所有细节，每个套接字有许多参数与选项，应用程序可以为每个参数和选项提供所需的值。这样，仅仅提供 open、read、write 和 close 这 4 个过程就显得远远不够。如果只有少数函数，每个函数就需要一大堆参数。为避免单个套接字函数参数过多，套接字编程接口的设计者定义了多个函数。例如，与文件的打开相比，对于套接字的创建，应用程序先调用一个函数创建一个套接字，再调用其他函数说明使用套接字的细节。这种设计的优点在于大多数函数只有 3 个或更少的参数，缺点在于编程者在使用套接字时要调用多个函数。

2.2 套接字编程的基本概念

2.2.1 套接字的概念

为什么把网络编程接口叫作套接字编程接口呢？Socket 这个词，字面上的意思是凹槽、插座和插孔。这让我们联想到电气插座和电话插座，这些简单的设备，给我们带来了很大的方便。

我们先来看看电气插座。供电网是很复杂的，电能有多种来源，如火电站、水电站和核电站；电能只有经过复杂的传输过程，包括升压、高压远程传输、降压和分配，才能到达人们身边。但人们使用电时并不需要了解电网的内部构造和工作原理，也不需要了解电网中电能的传输过程，只需把需要用电的器具与电气插座连接。同样，电话插座是公共电话交换网面向用户的端点；把电话插在电话插座上，有了电话号码，用户就能打电话，并不需要了解公共电话交换网的构成和复杂的原理，如图 2.1 所示。

图 2.1　电气插座与电话插座的工作原理

网络的层次型体系结构是很复杂的，只有通过在发送端自上而下的层层加码，传输介质的传输，在接收端自下而上的层层处理，才能在传输层提供端到端的进程之间的通信通路。但是，如果抛开这些复杂的过程，把这个通路看成一条管道，在它的端点安装一个连接设备，用它来与应用进程相连，应用进程就能方便地通过网络来交换数据了。套接字就是为了这个目的，按照这个思路而引入的。

Socket，人们习惯把它叫作套接字（因为最终用一个整数来代表它），其实把它称为套接口可能更好理解，但为了便于书稿一致性，在本书中我们仍称它为套接字。套接字是对网络中不同主机上应用进程之间进行双向通信的端点的抽象，从效果上来说，一个套接字就是网络上进程通信的一端。套接字提供了应用层进程利用网络协议簇交换数据的机制；两个应用进程只要分别连接到自己的套接字，就能方便地通过计算机网络进行通信了，既不用考虑网络的复杂结构，也不用考虑数据传输的复杂过程。图 2.2 说明了应用进程、套接字、网络协议簇及操作系统的关系。

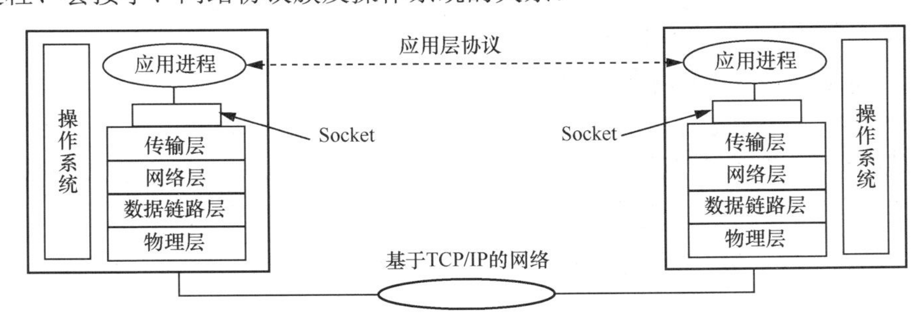

图 2.2　应用进程、套接字、网络协议簇及操作系统的关系

我们应当从多个层面来理解套接字这个概念的内涵。

从套接字所处的位置来讲，套接字上连应用进程，下连网络协议簇，是应用程序通过网络协议簇进行通信的接口，也是应用程序与网络协议簇进行交互的接口。

套接字的实现既复杂又简单。套接字是一个复杂的软件机构，包含了一定的数据结构，包含许多选项，并由操作系统内核管理，这是它复杂的一面，但使用起来非常简单。应用程序调用相应过程生成套接字以后，套接字就用一个整数来代表，称为套接字描述符，也有人把它称为套接字的名字。操作套接字时，只需引用套接字描述符，非常方便，这来自 UNIX 操作系统文件句柄的思想。UNIX 程序在执行任何形式的 I/O 时，都会读/写一个文件描述符，即文件句柄。文件句柄是一个整数，可以代表一个真正的磁盘文件，也可以代表键盘、终端、打印机等。

从使用的角度来看，套接字的操作形成了一种网络应用程序的编程接口，包括一组操作套接字的系统调用，或者库函数。应用程序使用这些系统调用，可以构造套接字、安装绑定套接字、连接套接字、通过套接字交换数据、关闭套接字，实现网络中的各种分布式应用。为了与套接字作为一个软件机构的本意进行区分，本书把这一套操作套接字的编程接口函数称作套接字编程接口，套接字是它的操作对象。

总之，套接字是网络通信的基础。

2.2.2　套接字的特点

1．通信域

套接字存在于通信域中。通信域是为了使一般的进程通过套接字通信而引入的一种抽象概念，套接字通常只和同一域中的套接字交换数据。如果数据交换要穿越域的边界，就一定要执行某种解释程序。现在，仅仅针对互联网域，并且使用互联网协议簇（即 TCP/IP 协议簇）来通信。

可以这样理解：套接字实际上是通过网络协议簇进行通信的，是对网络协议簇通信服务功能的封装和抽象，通信的双方应当使用相同的通信协议。通信域是一个计算机网络的范围，在这个范围中，所有计算机使用同一种网络体系结构，使用同一种协议簇。例如，在互联网通信域中，所有计算机都使用 TCP/IP 协议簇。

2．套接字具有 3 种类型

每一个正被使用的套接字都有它确定的类型，只有相同类型的套接字才能相互通信。

（1）数据报套接字。数据报套接字提供无连接的、不保证可靠性的、独立的数据报传输服务。这里的不保证可靠性，是指通过数据报套接字发送的数据报，不能保证一定能被接收方接收，也不能保证多个数据报按照发送的顺序到达接收方。在互联网通信域中，数据报套接字使用 UDP 形成的进程间通路，具有 UDP 为上层提供的服务的所有特点。数据报套接字一般用于网络上负载较轻的计算机之间的通信。虽然不保证可靠性，但是数据报套接字在发送记录型数据时是很有用的，它还提供了向多个目标地址发送广播数据报的能力，如图 2.3 所示。

（2）流式套接字。流式套接字提供双向的、有序的、无重复的、无记录边界的、可靠的数据流传输服务。应用程序需要交换大批量的数据，或者要求数据按照发送的顺序无重复地到达目的地时，使用流式套接字是最方便的。在互联网通信域中，流式套接字使用 TCP 形成的进程间通路，具有 TCP 为上层提供的服务的所有特点。在使用流式套接字传输数据之前，必须在数据的发送端和接收端之间建立连接，如图 2.4 所示。

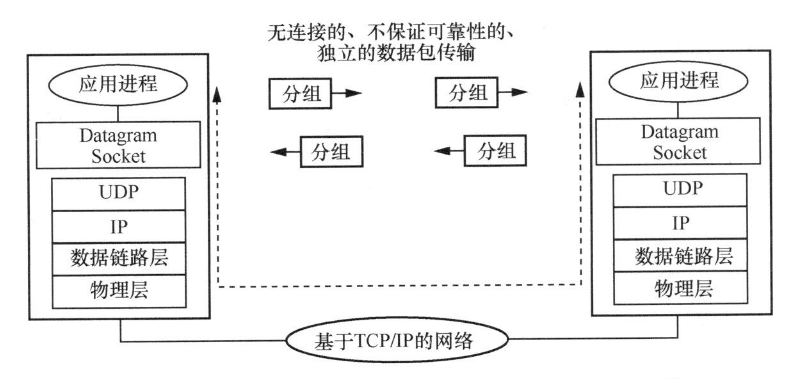

图 2.3　在互联网通信域中，数据报套接字基于 UDP 的工作原理

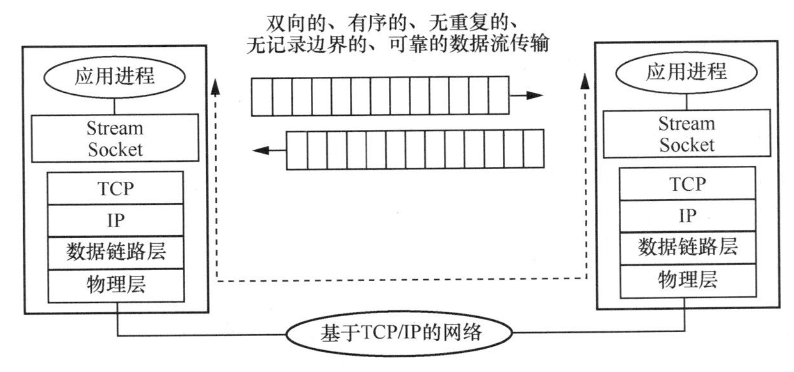

图 2.4　在互联网通信域中，流式套接字基于 TCP 的工作原理

（3）原始式套接字。原始式套接字允许直接访问较低层次的协议（如 IP、ICMP），用于检验新的协议的实现。

3. 套接字由应用层的通信进程创建，并为其服务

每一个套接字都有一个相关的应用进程，操作该套接字的代码是该进程的组成部分。

4. 使用确定的 IP 地址和传输层端口号

生成套接字的描述符后，往往要将套接字与计算机上特定的 IP 地址和传输层端口号相关联，这个过程称为绑定。一个套接口要使用一个确定的三元组网络地址信息，才能使它在网络中唯一地被标识。

2.2.3　套接字的应用场景

什么时候使用套接字来进行网络编程呢？并不是所有的网络应用程序都需要使用套接字来编程。套接字编程适合于开发一些新的网络应用，这类应用具有以下特点。

（1）不管是采用对等模式或者 C/S 模式，通信双方的应用程序都需要开发。

（2）双方所交换数据的结构和交换数据的顺序有特定的要求，不符合现有的成熟的应用层协议，甚至需要自己去开发应用层协议，自己设计最适合的数据结构和信息交换规程。

在这种情况下，套接字十分有用。一方面，因为套接字编程所处的层次很低，套接字直接与网络体系结构的传输层相接，仅仅为应用程序提供了应用进程之间通过网络交换数据的方法，因此，对于编程者来说，编写程序有很大的自由度，交换什么数据、数据采用什么格式、按照什么方式交换数据以及对交换的数据做什么处理，都可以由编程者自己决定。

另一方面，学习套接字编程，对于理解现在网络上成熟应用软件的实现，也是很有帮助的。

但是，如果只是编写一些对现有的互联网服务器节点进行访问的客户端程序，那就要被限制在一些现有的应用框架下，要受到这种应用的相关协议的制约。编程者可以考虑采用更高一级的网络编程接口。例如，如果要在应用程序中增加浏览器功能，可以采用专门针对 Web 客户端编程的 CHtmlView 类，在编写这种应用程序时，编程者甚至可以不知道什么是套接字。

2.2.4　套接字使用的数据类型和相关函数

1．3 种表示套接字地址的结构

套接字编程接口专门定义了 3 种结构型的数据类型，用于存储与协议相关的网络地址，这些数据类型在套接字编程接口的函数调用中会被用到。

（1）sockaddr 结构：该结构可以用于存储各种通信域中套接字的地址信息。

```
struct sockaddr {
    unsigned short sa_family;              //地址家族
    char           sa_data[14];            //14 字节协议地址
}
```

（2）sockaddr_in 结构：该结构专门用于互联网通信域中的套接字信息。

```
struct sockaddr_in {
    short int           sin_family;        //协议簇
    unsigned short int  sin_port;          //端口号
    struct in_addr      sin_addr;          //IP 地址
    unsigned char      sin_zero[8];        //全为 0
}
```

（3）in_addr 结构：该结构专门用于存储 IP 地址。

```
struct in_addr {
    unsigned long s_addrl;
}
```

这些数据结构的一般用法如下。

首先，定义一个 sockaddr_in 的结构实例，并将它清零。

```
struct sockaddr_in myad;
memset(&myad,0,sizeof(struct sockaddr_in));
```

然后，为这个实例赋值。

```
myad.sin_family = AF_INET;
myad.sin_port = htons(8080);
myad.sin_addr.s_addr = htonl(INADDR_ANY);
```

最后，使用该实例，可以将这个结构强制转换为 sockaddr 类型。

```
accept(listenfd,(sockaddr*)(&myad),&addrlen);
```

2．本机字节顺序和网络字节顺序

在不同的计算机中，多字节值的存放顺序是不同的，有的系统采用低位字节在前、高位字节在后的顺序，而有的则相反。在具体计算机中的多字节数据的存储顺序，称为“本机字节顺序”。

网络协议对多字节数据的存储顺序有明确的规定。多字节数据在网络协议报头中的存储顺序，称为“网络字节顺序”。例如，IP 地址通常为 4 字节，端口号为 2 字节，它们在 TCP/IP 协议报头中有特定的存储顺序。在进行套接字编程时，必须使用网络字节顺序。

由于网络应用程序要在不同的计算机系统上运行，而这些系统的本机字节顺序是不同的，但是网络字节顺序是一定的。所以，应用程序在编程时，把 IP 地址和端口号装入套接字前，应当把它们从本机字节顺序转换为网络字节顺序；相反，当从网络数据中提取这些值以在本机系统中输出时，应将它们从网络字节顺序转换为本机字节顺序。

套接字编程接口专门为解决这个问题设置了 4 个函数。

① htons( )：短整数本机顺序转换为网络顺序，用于端口号。

② htonl( )：长整数本机顺序转换为网络顺序，用于 IP 地址。

③ ntohs( )：短整数网络顺序转换为本机顺序，用于端口号。

④ ntohl( )：长整数网络顺序转化为本机顺序，用于 IP 地址。

3．点分十进制的 IP 地址的转换

在互联网中，IP 地址常常采用点分十进制的表示方法。但在套接字编程中，IP 地址是无符号的长整型数值。为此，套接字编程接口设置了两个函数，专门用于 IP 地址格式的转换。

① inet_addr( )函数：UNIX 系统家族中的一个函数，用于将点分十进制的 IPv4 地址字符串转换为对应的 32 位无符号长整型数值。该函数语法格式如下。

```
unsigned long inet_addr( const  char* cp)
```

入口参数 cp：点分十进制形式的 IP 地址。

返回值：网络字节顺序的 IP 地址，以无符号的长整型数表示。

② inet_ntoa( )函数：UNIX 系统家族中的一个网络编程函数，用于将一个 IPv4 地址从其 32 位的二进制形式转换为点分十进制的字符串形式。该函数语法格式如下。

```
char* inet_ntoa(struct in_addr in)
```

入口参数 in：包含长整型 IP 地址的 in_addr 结构体变量。

返回值：指向点分十进制 IP 地址的字符串的指针。

4．域名服务

通常情况下，我们会使用域名来标识网站，可以将文字型的主机域名直接转换成 IP 地址。该函数语法格式如下。

```
struct hostent* gethostbyname(const char* name);
```

输入参数：name 是指向主机的字符串。

返回值：指向 hostent 结构的指针。

hostent 结构包含主机名、主机别名数组、返回地址的类型（一般是 AF_INET）、地址长度的字节数和按网络字节顺序排列的主机网络地址等。

2.3 Windows 平台下 Linux 开发环境的搭建

本章后续的实例均在 UNIX/Linux 环境下实现，但目前计算机使用的操作系统主要以 Windows 为主。为便于实验，可以在 Windows 平台下搭建 Linux 开发环境。常用的方式有两种：一种方式是在 Windows 系统中创建虚拟机，并安装 Linux 系统；另一种方式是使用 Cygwin 模拟器。前者可以实现在真正的 Linux 环境下编程，但其安装过程较为复杂，对硬件性能要求较高。Cygwin 则是在 Microsoft Windows 上运行的第三方集成包。它包括一系列 UNIX 工具和库函数，使用户可以在 Windows 上编译和运行 UNIX 程序。Cygwin 的安装也比较方便，但是它仅能模拟 Linux 的部分功能。尽管如此，Cygwin 完全可以满足本章后续实验的需求。由于篇幅所限，这里不再具体介绍第一种方式的安装过程，有需要的读者可以查询其他文献。下面对 Cygwin 的安装过程进行简要介绍。

（1）首先，访问 Cygwin 官网下载 Cygwin 安装程序，下载后打开“setup-x86_64.exe”文件。

（2）打开之后，单击“下一页（N）”按钮，进入安装模式选择界面。在这个界面上，我们可以看到以下 3 种安装模式。

① Install from Internet：这种模式是直接从互联网安装的，适合于联网的电脑。

② Download Without Installing：这种模式仅从网上下载 Cygwin 的组件包，但是不执行安装。

③ Install from Local Directory：这种模式与上面第二种模式对应，如果用户的 Cygwin 组件包已经下载到本地，则可以使用此模式从本地安装 Cygwin。

从上面的 3 种模式中选择合适的安装模式。我们先以第一种模式为例进行安装，直接从网上安装。当然在下载的同时，Cygwin 组件也被保存到了本地，方便以后能够再次安装，选中后，单击“下一页（N）”按钮，如图 2.5 所示。

（3）接下来，选择 Cygwin 的安装目录，以及设置一些参数。默认的安装位置是 C:\cygwin\，也可以自定义安装目录（此处选择 D:\cygwin 64），然后单击“下一页（N）”按钮，如图 2.6 所示。

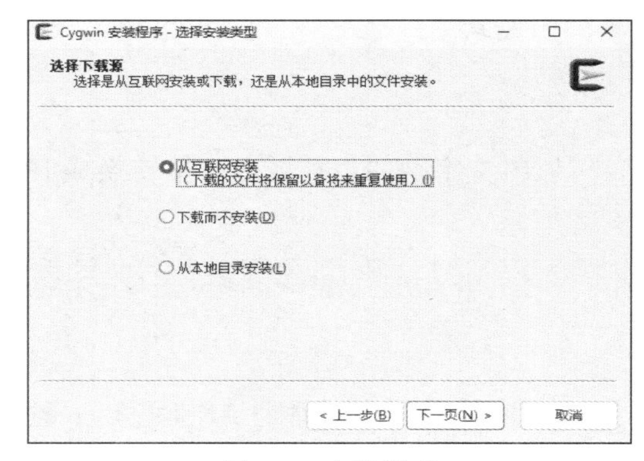

图 2.5　安装模式

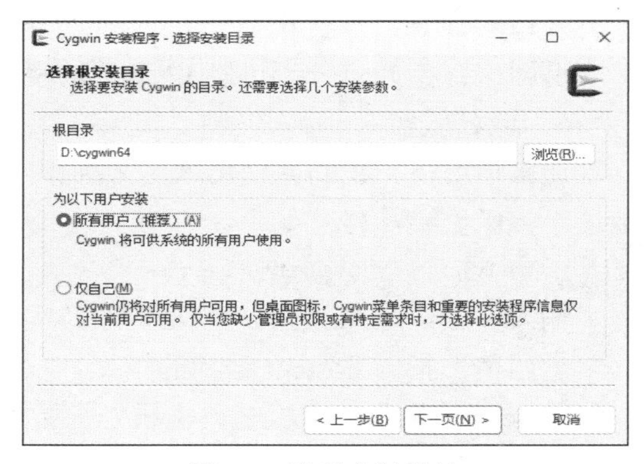

图 2.6　选择安装地址

（4）接下来我们可以选择安装过程中从网上下载的 Cygwin 组件包的保存位置。设置完成后，单击“下一页（N）”按钮。

（5）在这一步中选择网络连接的方式。一般都是选择第二种直接连接的网络方式，然后单击“下一页（N）”按钮，之后会弹出选择下载站点的对话框。

（6）选择 163 提供的镜像网站，国内下载速度较快。如果有其他镜像，可以输入 URL，单击“添加”按钮进行添加，然后在列表中选中。选择完成后，单击“下一页（N）”按钮，如图 2.7 所示。

（7）在搜索框中搜索所需的组件包：必选（例如 bison、flex、gcc-core、gcc-g++、make），在对应的选项上双击就会出现版本号，如图 2.8 所示。

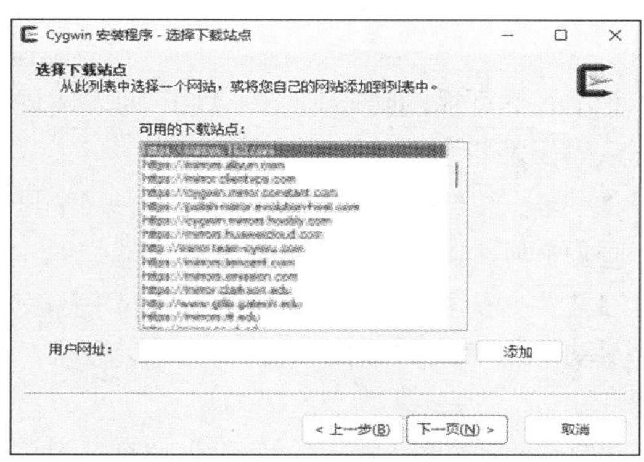

图 2.7　选择镜像网站

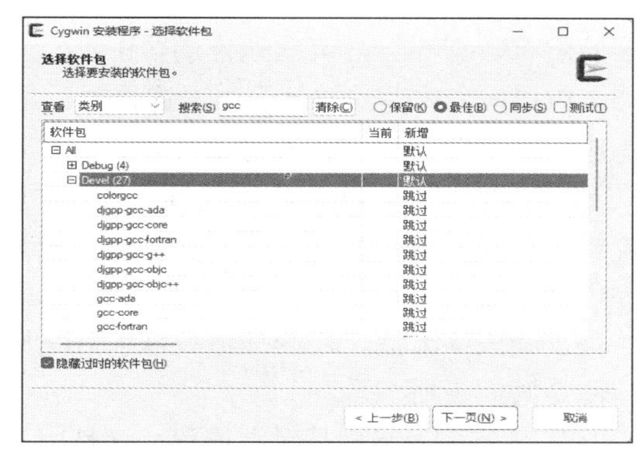

图 2.8　选择安装组件包

（8）安装程序会提示是否在桌面上创建 Cygwin 图标等。根据个人需要进行选择后，单击“完成”按钮退出安装程序。打开程序，输入“cygcheck -c cygwin”，如果出现图 2.9 所示的界面，则表示安装成功。

图 2.9　安装成功界面

2.4　Linux 环境下面向连接的套接字编程

2.4.1　可靠的传输控制协议

可靠性是很多应用程序的基础。例如编程者可能需要编写一个应用程序，来向某个 I/O 设备（如打印机）发送数据，应用程序会直接将数据写入设备，而不需要验证数据是否正确到达设备，这是因为应用程序依赖底层计算机系统来确保可靠性传输。互联网软件必须保证迅速而又可靠的通信。数据必须按发送的顺序传递，不能出错，也不能出现丢失或重复现象。

传输控制协议（TCP）是 TCP/IP 协议簇中的核心传输层协议，它负责为应用层提供可靠的传输服务。TCP 之所以闻名，是因为它很好地解决了一个困难的问题：它使用网络层 IP 提供的不可靠、无连接的数据报传输服务，却为应用层进程提供了一个稳定可靠的数据传输服务。

TCP 建立在网络层的 IP 之上，为应用层进程提供了一个面向连接、端到端的、完全可靠（无差错、无丢失、无重复或失序）的全双工流传输服务，这使网络中的两个应用程序能够建立一个虚拟连接，并在任意方向上发送数据，把数据当作双向字节流进行交换，然后终止连接。每一个 TCP 连接都能可靠地建立、从容地终止，确保在连接终止之前的所有数据都会被可靠地传递。

IP 为 TCP 提供的是一种无连接的、尽力而为、不可靠的传输服务。TCP 为了实现为应用层进程提供可靠的传输服务，采取了一系列保障机制。

由 TCP 形成的进程之间的通信通路，就好像一根无缝连接两个进程的管道。一个进程将数据从管道的一端注入，数据流经管道，会原封不动地出现在管道的另一端。TCP 提供的是流式传输服务，对所传输的数据的内部结构一无所知，把应用层进程向下递交的数据看成字节流，不做任何处理，只是原封不动地将它们传送到对方的应用层进程，这便是其职责所在。

TCP 被称为一种端对端协议，这是因为它建立了一个直接从一台计算机上的应用进程到另一台远程计算机上的应用进程的连接。应用进程能请求 TCP 构造一个连接，通过这个连接发送和接收数据，以及关闭连接。由 TCP 提供的连接叫作虚拟连接，它是通过软件实现的。事实上，底层的互联网系统并不对连接提供硬件或软件支持，而是两台计算机上的 TCP 软件模块通过交换消息来模拟连接的。

TCP 使用 IP 数据报来承载消息，每一个 TCP 消息被封装在一个 IP 数据报中，通过互联网传输。当数据报到达目标主机时，IP 将数据报的内容传给 TCP。尽管 TCP 使用 IP 数据报来传输消息，但 IP 并不读取或干预这些消息。因此，TCP 只把 IP 看作一个数据报通信系统，这一通信系统负责连接作为两个端点的主机，而 IP 只把每个 TCP 消息看作数据来传输。

2.4.2 套接字的工作过程

网络进程间面向连接的通信方式基于 TCP，因而必须借助流式套接字进行编程。应用程序分为服务器应用程序和客户端应用程序，双方在操作上是不对称的，因此需要分别编写代码。图 2.10 所示为服务器和客户端操作流式套接字的基本步骤。

双方首先需要创建并安装套接字，准备工作完成后，才能进行客户端与服务器的通信。一个完整的通信过程包括建立连接、发送/接收数据和释放连接 3 个阶段：建立连接的过程按照 TCP 三次握手的规范进行；发送/接收数据阶段称为客户端与服务器的会话期，会话的内容需遵循一定的格式，数据交换还必须遵守一定的顺序，这些都由应用层协议规定；最后要释放连接。

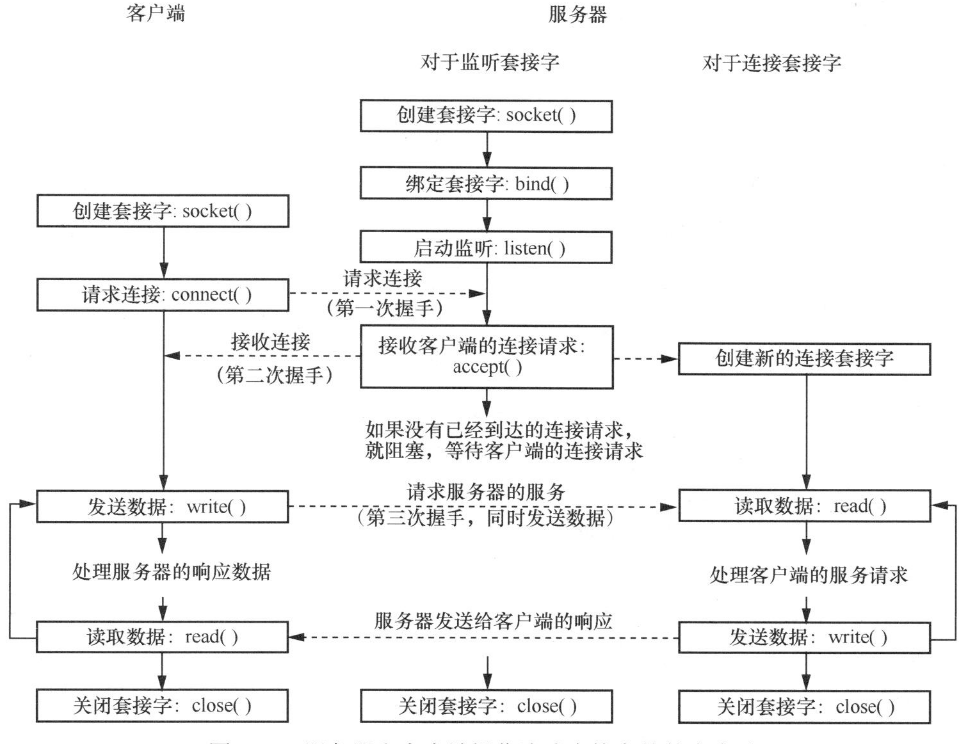

图 2.10　服务器和客户端操作流式套接字的基本步骤

下面分别介绍面向连接的服务器和客户端的编程步骤，要着重从概念上理解每一步的意义，并了解每一步所用的套接字编程接口函数的名字。具体函数的调用细节将在下一章进行阐述。

1．面向连接的服务器的编程

面向连接的服务器的编程使用的函数及相应的步骤如下。

（1）socket( )：服务器首先创建一个流式套接字，相当于准备了一个插座。

（2）bind( )：将这个套接字与特定的网络地址联系在一起，这一步又称为套接字的绑定，相当于安装插座。对于互联网，网络地址由 IP 地址和传输层端口号组成。由于这个套接字专门用于监听来自客户端的连接请求，所以称它为监听套接字。监听套接字一般使用特定的保留的传输层端口号，必须经过绑定这一步骤。

（3）Listen( )：启动监听套接字，使其进入监听状态。该函数用于规定监听套接字所能接收的最大客户端的连接请求数量，这实际上也就规定了监听套接字请求缓冲区队列的长度。当客户端的连接请求到达时，该请求会先被接纳到请求缓冲区队列中等待处理。如果一段时间内到达的连接请求数大于这个请求缓冲区队列的长度，且队列已满时，则拒绝后来的请求。

（4）Accept( )：接收客户端的连接请求。这个过程分为两种情况：如果此时监听套接字的请求缓冲区队列中已经有客户端的连接请求在等待，服务器就从中取出一个连接请求，并接收它。具体操作是，服务器立即创建一个新的套接字，称为响应套接字。系统赋给这个响应套接字一个服务器的自由端口号，并通过响应套接字向客户端发送连接确认。客户端收到这个应答，按照 TCP 连接规范，向服务器发送连接确认，并同时向服务器发送数据，这就完成了 TCP 的三次握手的连接过程，如图 2.10 所示。此后就由服务器的响应套接字专门负责与该客户端交换数据的工作。以上过程同时清空了一个监听套接字的请求缓冲区单元，又可以接纳新的连接请求。

如果此时，监听套接字的请求缓冲区队列中没有任何客户端的连接请求在等待，执行此命令就会使服务器进程处于阻塞等待的状态，使它时刻准备接收来自客户端的连接请求。

注意

服务器和客户端建立的 TCP 连接，最终是通过服务器的响应套接字实现的。服务器的监听套接字在接收并处理了客户端的连接请求后，就又重新回到监听状态，去接纳另一个客户端的连接请求。同样，如果服务器进程再次调用 Accept( )，又会为另一个客户端建立另一个响应套接字，如此循环往复。

服务器采用这种方法能同时为多个客户端提供服务。

（5）read( )：读取客户端发送的请求/命令数据，并按照应用层协议做相应的处理。

（6）write( )：向客户端发送响应数据。

以上两步会反复执行多次，所交换的数据的结构和顺序是由应用层协议规定的，这一阶段称为客户端与服务器的会话期。

（7）Close( )：会话结束后，关闭套接字。

注意

这里关闭的是为特定客户端服务的响应套接字，而监听套接字是不关闭的。

另外，在一个客户端与服务器进行会话的同时，可能还并存多个客户端与这个服务器的会话。

2．面向连接的客户端的编程

面向连接的客户端的编程使用的函数及相应的步骤如下。

（1）socket( )：创建套接字。这时，客户端的操作系统已将计算机的默认 IP 地址和一个客户端的自由端口号赋给这个套接字。这对于客户端来说已经足够了，因此，客户端不必再经过绑定的步骤。

（2）Connect( )：客户端向服务器发出连接请求，它使用的目的端口号是服务器作为监听套接字所使用的保留端口号。执行此命令后，客户端进入阻塞的状态，等待服务器的连接应答。一旦收到来自服务器响应套接字的应答，客户端就向服务器的响应套接字发送连接确认，这样，客户端与服务器的 TCP 连接就建立起来了。

（3）write( )：客户端按照应用层协议向服务器发送请求或命令数据。

（4）read( )：客户端接收来自服务器响应套接字发送的数据。步骤（3）和（4）会反复进行，直到会话结束。

（5）Close( )：会话结束，关闭套接字。

2.4.3　面向连接的套接字编程实例

本小节将介绍一个使用 UNIX 套接字 API 进行网络通信的实例。客户端与服务器采用面向连接的传输协议。该实例将有助于阐明面向连接的交互中的细节问题，展示套接字调用的次序，以及客户端调用与服务器调用之间的区别，并说明面向连接的服务软件是如何使用套接字的。

1．实例的功能

实例的功能很简单：服务器负责对来访的客户端计数，并向客户端报告这个计数值。客户端建立与服务器的一个连接并等待它的输出。每当有连接请求到达时，服务器生成一个可打印的 ASCII 字符串信息，通过连接发送给客户端，然后关闭连接。客户端显示收到的信息后退出。例如，对于服务器接收的第 10 次客户端连接请求，该客户端将收到并打印以下信息。

```
This server has been contacted 10 times.
```

2．实例程序的命令行参数

实例是一个适用于 UNIX 环境的 C 程序，客户端和服务器程序在编译后，均以命令行的方式执行。

服务器程序执行时可以带一个命令行参数，即用于接收请求的监听套接字的协议端口号。这个参数是可选的。如果不指定端口号，代码将使用程序内定的默认端口号 5188。

客户端程序执行时可以带两个命令行参数：一个是服务器所在计算机的主机名，另一个是服务器监听的协议端口号。这两个参数都是可选的。如果没有指定协议端口号，客户端将使用程序内定的默认值 5188。如果一个参数也没有，客户端将使用默认端口和主机名 localhost。localhost 是映射到客户端所运行的计算机的一个别名，允许客户端与本地机上的服务器进行通信，对调试是很有用的。

3．客户端程序代码

客户端程序代码如下。

```
/*------------------------------------------------------
*程序：  client.c。
*目的：  创建一个套接字，通过网络连接一个服务器，并打印来自服务器的信息。
*语法：  client [ host [ port ] ]。
*              host - 运行服务器的计算机的名字。
*              port - 服务器监听套接字所用的协议端口号。
*注意：两个参数都是可选的。如果未指定主机名，客户端使用 localhost；如果未指定端口号，
*客户端将使用 PROTOPORT 中给定的默认协议端口号
*------------------------------------------------------
*/
#include <sys/types.h>
#include <sys/socket.h>                /*在 UNIX 环境下，套接字的相关包含文件*/
#include <netinet/in.h>
#include <arpa/inet.h>
#include <netdb.h>
#include <stdio.h>
#include <string.h>

#define PROTOPORT  5188                /*默认协议端口号*/
extern int errno;                      /*声明 errno（Linux 内核维护的记录错误信息的变量）*/
char localhost[] ="localhost";         /*默认主机名*/

main(int argc,char* argv[])            /*argc：命令行参数个数，argv：命令行参数数组*/
```

```
{
    struct  hostent*  ptrh;              /*指向主机列表中一个条目的指针*/
    struct  sockaddr_in  servaddr;       /*存放服务器网络地址的结构*/
    int     sockfd;                      /*客户端套接字描述符*/
    int     port;                        /*服务器套接字协议端口号*/
    char*   host;                        /*服务器主机名指针*/
    int   n;                             /*读取的字符数*/
    char  buf [1000] ;                   /*缓冲区，接收服务器发来的数据*/

    memset((char*)& servaddr,0,sizeof(servaddr));          /*清空 sockaddr 结构*/
    servaddr.sin_family = AF_INET;                         /*设置为互联网协议簇*/

    /*检查命令行参数，如果有，就抽取端口号；否则使用内定的默认值*/
    if (argc>2){
       port = atoi(argv[2]);             /*如果指定了协议端口，就转换成整数*/
    }else {
       port = PROTOPORT;                 /*否则，使用默认端口号*/
    }
    if (port>0)                          /*如果端口号是合法的数值，就将它装入网络地址结构*/
       servaddr.sin_ port = htons((u_short)port);
    else{                                /*否则，打印错误信息并退出*/
       fprintf(stderr," bad port number %s\n",argv[2]);
       exit(1);
    }

    /*检查主机参数并指定主机名*/
    if(argc>1){
       host = argv[1];                   /*如果指定了主机名参数，就使用它*/
    }else{
       host = localhost;                 /*否则，使用默认值*/
    }

    /*将主机名转换成相应的 IP 地址并复制到 servaddr 结构中*/
    ptrh = gethostbyname( host );          /*从服务器主机名得到相应的 IP 地址*/
    if ( (char*)ptrh = = null ) {         /*检查主机名的有效性，无效则退出*/
       fprintf( stderr," invalid host: %s\n",host );
       exit(1);
    }
    memcpy(&servaddr.sin_addr, ptrh->h_addr, ptrh->h_length );

    /*创建一个套接字*/
    sockfd = socket(AF_INET, SOCK_STREAM, 0);
    if (sockfd < 0) {
       fprintf(stderr," socket creation failed\n");
       exit(1);
    }

    /*请求连接到服务器*/
    if (connect( sockfd, (struct sockaddr*)& servaddr, sizeof(servaddr)) < 0) {
       fprintf( stderr,"connect failed\n");        /*连接请求被拒绝，报错并退出*/
       exit(1);
```

```
    }

    /*从套接字反复读数据，并输出到用户屏幕上*/
    n = recv(sockfd, buf, sizeof( buf ), 0 );      /*n 表示读取到的字节数*/
    while ( n > 0) {
        write(1,buf, n);      /*1 表示标准输出的文件描述符，这句话的作用是把 buf 的内容打印到屏幕上*/
        n = recv( sockfd , buf, sizeof( buf ), 0 );
    }
    /*关闭套接字*/
    close( sockfd );

    /*终止客户程序*/
    exit(0);
}
```

4．服务器实例代码

服务器实例代码如下。

```
/*------------------------------------------
* 程序：server.c
* 目的：分配一个套接字，然后反复执行以下几步。
* （1）等待客户的下一个连接。
* （2）给客户发送一条短消息。
* （3）关闭与客户的连接。
* （4）转向（1）步。
* 命令行语法：server [ port ]
*                    port - 服务器监听套接字使用的协议端口号
* 注意：端口号可选。如果未指定端口号，服务器使用 PROTOPORT 中指定的默认端口号
*----------------------------------------------
*/

#include  <sys/types.h>
#include  <sys/socket.h>
#include  <netinet/in.h>
#include  <netdb.h>
#include  <stdio.h>
#include  <string.h>
#define  PROTOPORT  5188                       /*监听套接字的默认协议端口号*/
#define       QLEN  6                          /*监听套接字的请求队列大小*/
int  visits = 0;                               /*对客户端连接的计数*/
main(int  argc,char* argv[])                   /*argc：命令行参数个数，argv：命令行参数数组*/
{
   struct  hostent*  ptrh;                     /*指向主机列表中一个条目的指针*/
   struct  sockaddr_in  servaddr;              /*存放服务器网络地址的结构*/
   struct  sockaddr_in  clientaddr;            /*存放客户端网络地址的结构*/
   int  listenfd;                              /*监听套接字描述符*/
   int  clientfd;                              /*响应套接字描述符*/
   int  port;                                  /*协议端口号*/
   int  alen;                                  /*地址长度*/
   char  buf[1000];                            /*供服务器发送字符串所用的缓冲区*/

   memset( (char*)& servaddr, 0, sizeof(servaddr) );      /*清空 sockaddr 结构*/
```

```
    servaddr.sin_family = AF_INET;                          /*设置为互联网协议簇*/
    servaddr.sin_addr.s_addr = INADDR_ANY;                  /*设置本地 IP 地址*/

    /*检查命令行参数，如果指定了，就使用该端口号，否则使用默认端口号*/
    if (argc > 1){
      port = atoi(argv[1]);                        /*如果指定了端口号，就将它转换成整数*/
} else {
    port = PROTOPORT;                              /*否则，使用默认端口号*/
}
if  (port > 0)                                     /*测试端口号是否合法*/
    servaddr.sin_port = htons( (u_short)port );
else{                                              /*打印错误信息并退出 */
    fprintf( stderr," bad port    number %s\n", argv[1] );
    exit(1);
}

/*创建一个用于监听的流式套接字*/
listenfd = socket(AF_INET,SOCK_STREAM,0);
if  (listenfd <0) {
    fprintf( stderr,"socket creation failed\n");
    exit(1);
}

/*将本地地址绑定到监听套接字*/
if ( bind( listenfd, (struct sockaddr *)& servaddr, sizeof(servaddr)) < 0) {fprintf
(stderr," bind failed\n");
    exit(1);
}

/*开始监听，并指定监听套接字请求队列的长度*/
if  (listen(listenfd, QLEN) < 0) {
    fprintf(stderr,"listen filed\n");
exit(1);
}

/*服务器主循环——接收和处理来自客户端的连接请求*/
while(1) {
    alen = sizeof(clientaddr);                  /*接收客户端连接请求，并生成响应套接字*/
    if((clientfd = accept( listenfd, (struct sockaddr* )& clientaddr, &alen)) < 0 )
    {
        fprintf( stderr, "accept failed\n");
        exit(1);
    }
    visits++;                                   /*累计访问的客户端数*/
    sprintf( buf,"this server has been contacted  %d  time \n", visits );
    send(clientfd, buf, strlen(buf), 0 );       /*向客户端发送信息*/
    close( clientfd );                          /*关闭响应套接字*/
}
}
```

对实例程序的几点说明如下。

① 流服务与多重 recv( )调用。在实例中，虽然服务器只调用了一次 Send( )来传输数据，但客户端代码却反复调用 recv( )来获取数据，这种重复直到客户端获得一个文件结束条件（即计数为 0）后才停止，这是为什么？

这是因为 TCP 是一个面向流的传输协议。在大多数情况下，服务器计算机上的 TCP 实体会将上层传下来的整个消息放在一个 TCP 分组中，然后由网络层实体将该分组封装在一个 IP 数据报中，通过互联网发送出去。然而，TCP 并不能保证数据一定会在一个分组中发出，也不保证每个 recv( )调用返回的数据恰好是服务器在 Send( )调用中所发送的数据量。TCP 提供的是一个可靠的字节流传输服务，仅仅保证数据依次传送，每个 recv( )调用可能返回一个或多个字节。所以，调用 recv( )的程序必须进行反复调用，直至所有数据都被取出。

② 套接字过程与进程阻塞。当应用进程调用套接字过程时，控制权转移到套接字过程中，直至过程结束并返回，进程才能继续运行下去。如果套接字过程不能及时完成并返回，进程就会进入等待状态，等待的时间没有限制，可以持续任意长的时间，这取决于套接字过程。当进程处于这种等待状态时，就说明该进程被阻塞了。

例如，服务器进程在创建一个套接字，绑定协议端口，并将该套接字置为监听的被动模式后，服务器会调用 Accept( )。如果有客户端在服务器调用 Accept( )前就已经发出连接请求，这个调用将立即返回。如果服务器调用 Accept( )时，监听套接字的接收缓冲区队列中没有任何客户端的连接请求，服务器将阻塞等待直至请求到达。事实上，在大部分时间里，服务器进程都是在 Accept( )调用处阻塞的。

客户端代码中的套接字过程调用也会引起客户端进程的阻塞。例如，在类似 gethostbyname( )的库函数的实现中，客户端通过网络向服务器发出一个消息并等待回答。在这种情况下，客户端在收到服务器的回答之前，会一直保持阻塞状态。相似地，调用 Connect( )也会引起客户端进程的阻塞，直至 TCP 能够完成三次握手建立连接。

数据传输期间可能发生最重要的阻塞。连接建立后，客户端调用 recv( )。如果没有从连接上收到数据，该调用将导致阻塞。这样，如果服务器有一个连接请求队列，客户端将保持阻塞状态直至服务器发送数据。图 2.11 示意了这种情况。

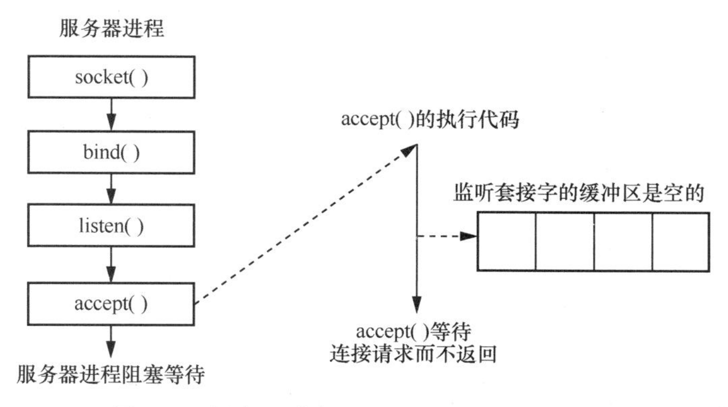

图 2.11　服务器进程因调用 Accept( )而被阻塞

③ 代码长度与差错报告。以上两个实例程序看起来较长，但其中许多内容都是注释。如果去掉空行和注释，代码长度将缩减 40%。另外，许多代码行用于查错。除了检查命

令行参数的值以外，代码还用于检查每个调用的返回值以确认操作是否成功。出错是我们所不希望的，所以当错误出现时，应安排程序打印一小段出错消息并终止。在程序中，大约 15%的代码用于进行错误检测。

④ 在其他服务上使用实例客户端。虽然实例服务很简单，但客户端与服务器都能用作其他服务。在服务器程序还未编写出来的情况下，让实例中的客户端程序使用其他服务，可为调试客户端程序提供一种简单的方法。例如，TCP/IP 定义了一个 DAYTIME 服务，它提供日期和当前时间的打印输出。这个 DAYTIME 服务使用了与上述实例相同的交互模式：客户端与 DAYTIME 服务器建立连接，然后打印服务器发送的信息。

为了让实例中的客户端使用 DAYTIME 服务，客户端程序需要用两个参数启动，分别指定运行 DAYTIME 服务器的主机名和 DAYTIME 服务的协议端口号 13。例如，如果客户端代码已被编译，并且编译的结果创建了一个名为 client 的可执行文件，它可用于与世界上任意一台运行 DAYTIME 服务的计算机通信，方法是在 UNIX 操作系统的提示符下，输入以下命令。

```
$ client localhost 13                    //输入的命令行，$是 UNIX 的系统提示符
  Mon Aug 17 20:58:08 1998               //服务器返回的响应
$ client sbforums.co.jp 13               //命令
  Tue Aug 18 10:57:46 1998               //响应
$ client xx.lcs.mit.edu 13               //命令
  Mon Aug 17 21:58:08 1998               //响应
```

这个实例的输出显示了 3 台计算机的时间，这些输出是通过 3 次运行客户端程序分别产生的。

⑤ 使用其他客户端来测试服务器。实例中的服务器可以与客户端分开测试。可以使用 Telnet 客户端程序与服务器通信。Telnet 程序是操作系统提供的一个工具，用于远程登录网络服务器。Telnet 程序需要两个参数：服务器所运行的计算机名称和该服务器的协议端口号。例如，下面的代码输出显示了用 Telnet 与实例中的服务器通信的结果。

```
$ telnet xx.yy.nonexist.com 5193
  Trying...
  Connected to xx.yy.nonexist.com 5193
  Escape character is '^]'.
  This server has been contacted 4 times.        //服务器发回的信息
  Connection closed by foreign host.
```

虽然输出有 5 行，但只有第 4 行是这个服务器发出的；其他行都来自 Telnet 客户端程序。

2.4.4 进程的阻塞问题和对策

1. 什么是阻塞

在上面的实例中提到了进程的阻塞问题。在 UNIX 操作系统的进程调度中，阻塞、就绪和执行是进程的三个基本状态。阻塞是指一个进程执行了一个函数或者系统调用，该函数由于某种原因不能立即完成，因而不能返回调用它的进程，导致进程处于等待这个函数完成的状态，进程的这种状态称为阻塞。例如，用高级语言编写了一个

程序，在程序中使用了一条让用户从键盘上输入一个字符串的语句，当程序执行到这一条语句时就停下来，等待用户输入一个字符串并按“Enter”键。如果用户没有输入，程序就会一直等下去。这时，程序就处于阻塞状态。图 2.12 所示为 recv( )的 2 种执行方式。

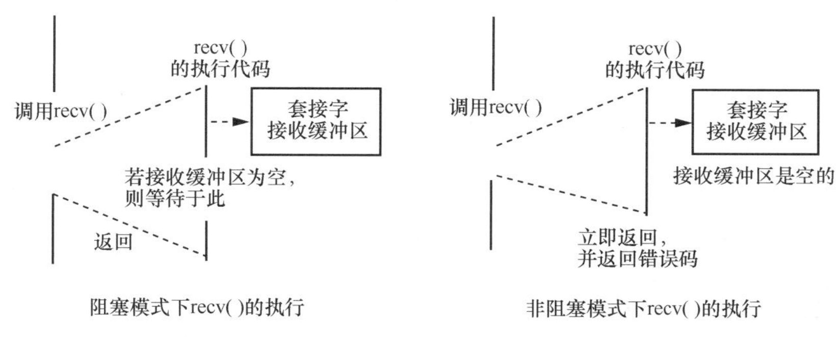

图 2.12　recv( )的 2 种执行方式

2．引起阻塞的套接字调用

在 Berkeley 套接字网络编程接口的模型中，套接字的默认行为是阻塞的。即在默认的情况下，套接字被创建后，就按照阻塞的工作模式来处理 I/O 操作。换句话说，如果 I/O 操作不能及时完成，调用 I/O 操作的进程就阻塞等待。

具体地说，以下几种套接字的系统调用会引起进程阻塞。

（1）Accept( )。当服务器进程执行此调用时，如果监听套接字的缓冲区队列中，没有到达的连接请求，则服务器进程阻塞；当连接请求到达时，进程恢复执行。

（2）read( )、recv( )和 readfrom( )。这 3 个系统调用用于从套接字接收数据。执行时，如果套接字的接收缓冲区是空的，即没有数据可读，这可能是由于对方尚未发送数据，或者对方发送的数据尚未到达，这种情况就会导致调用它们的进程进入阻塞状态。

（3）write( )、Send( )和 sendto( )。这 3 个系统调用用于向套接字发送数据。执行时，如果套接字的发送缓冲区已满，数据无法马上被发送出去，这可能是由于传输层实体尚未将前面的数据发送出去，这种情况就会导致调用它们的进程进入阻塞状态。

（4）Connect( )。当客户端进程执行此调用时，它会将连接请求发送出去。如果服务器的监听套接字接纳了这个请求，并将它放在接纳队列中，但尚未处理，因而 TCP/IP 的三次握手过程还没有完成，此时客户端进程将阻塞等待。

（5）select( )。当应用进程执行此调用，来检查可读、可写或符合其他条件的套接字时，如果没有一个符合条件的套接字，应用进程将阻塞等待。

（6）Close( )。当应用进程执行此调用来关闭套接字时，如果套接字的数据缓冲区中还有数据没处理完，应用进程也将阻塞等待。

3．阻塞工作模式带来的问题

采用阻塞工作模式的单进程服务器无法有效地同时为多个客户端服务。图 2.13 提供了一个示例。

当服务器忙于为客户端甲服务时，客户端乙发出了连接请求，请求被监听，并进入服务器监听套接字的缓冲队列等待。但由于服务器正忙，无暇接收客户端乙的连接请求，导致客户端乙进程被阻塞而等待，直到服务器处理完当前服务，客户端乙进程的阻塞状态才能解除。

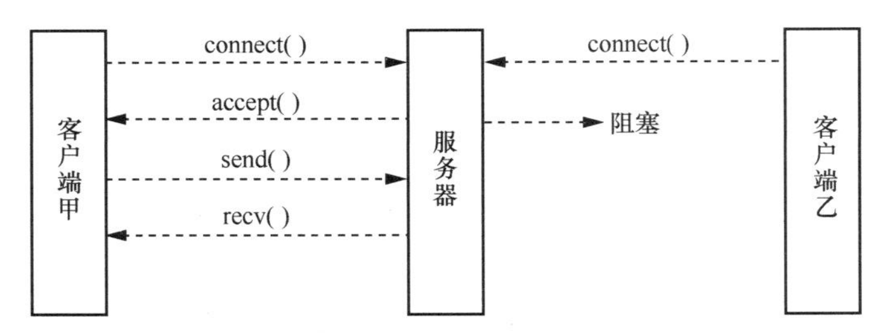

图 2.13　采用阻塞工作模式的服务器无法有效地为多个客户端服务

4．进程阻塞的解决方案

解决进程阻塞问题的一种方案是利用 UNIX 操作系统的 fork( )系统调用，编写多进程并发执行的服务器程序，这样可以创建子进程。每一个客户端都由一个专门的进程为它服务。利用进程的并发执行，可以实现对多个客户端的并发服务。

父进程代码语法格式如下。

```
if ((pid = fork()) = = 0) {
   …
   子进程代码
   …
} else if (pid<0) {
   报错信息
}
```

父进程代码示例如下。

```
#include <sys/types.h>
#include <sys/socket.h>
#include <stdio.h>
#include <arpa/inet.h>

void main(int argc, char** argv)
{
   int listenfd,clientfd,pid;
   struct sockaddr_in ssockaddr, csockaddr;
   char buffer[1024];
   int addrlen,n;

   /*创建监听套接字*/
   listenfd = socket(AF_INET,SOCK_STREAM,0);
   if  (listenfd < 0) {
      fprintf(stderr, "socket error!\n");
      exit(1);
   }

   /*为监听套接字绑定所有可用的本地 IP 地址*/
   memset(&ssockaddr,0,sizeof(struct sockaddr_in));
```

```
    ssockaddr.sin_family = AF_INET;
    ssockaddr.sin_addr.s_addr = htonl(INADDR_ANY);
    ssockaddr.sin_ port = htons(8080);
    if  (bind(listenfd,&ssockaddr,sizeof(struct sockaddr_in)) < 0) {
       fprintf(stderr, "bind error!\n");
       exit(2);
    }

    /*启动套接字的监听*/
    listen(listenfd,5);
    addrlen = sizeof(sockaddr);

    /*服务器进入循环，接收并处理来自不同客户端的连接请求*/
    while (1) {
       clientfd = accept(listenfd,(sockaddr*)(&csockaddr),&addrlen);
       /*accept()调用返回时，表明有客户端请求连接，创建子进程处理连接*/
       if ((pid = fork()) = = 0) {
          /*显示客户端的网络地址*/
          printf("Client Addr: %s%d\n",inet_ntoa(csockaddr.sin_addr),
                       ntohs(csockaddr.sin_ port));
          /*读取客户端发送的数据，再将它们返回到客户端*/
          while ((n = read(clientfd,buffer,1024)) > 0) {
             buffer[n] = 0;
             printf("Client Send: %s",buffer);
             write( clientfd,buffer,n);
       }
       if (n < 0) {
          fprintf( stderr, "read error!\n");
          exit(3);
       }
       /*通信完毕，关闭与这个客户端连接的套接字*/
       printf("clent %s closed!\n", inet_ntoa(csockaddr.sin_addr));
       close(clientfd);
       exit(1);
    } else if (pid < 0) printf("fork failed!\n");
    close(clientfd);
}
close(listenfd);        /*关闭监听套接字*/
 }
```

2.5 Linux 环境下无连接的套接字编程

无连接的套接字编程使用数据报套接字，在互联网通信域中，基于传输层的 UDP，不需要建立和释放连接，数据报独立传输，每个数据报都必须包含发送方和接收方完整的网络地址。

2.5.1 高效的用户数据报协议

传输层的用户数据报协议（UDP）建立在网络层的 IP 上，为应用层进程提供无连接的数据报传输服务。这是一种尽力传送的无连接的传输服务，不保障可靠性，但确保了消息边界的完整性。

传输前没有建立连接的过程：如果一个客户端向服务器发送数据，这一数据会立即发出，不管服务器是否已准备好接收数据；如果服务器收到了客户端的数据，它不会确认收到与否。

UDP 特别简单，由于没有差错控制、流量控制，也就不能保证传输的可靠性。由于在传输之前不需要建立连接，数据报之间就没有任何联系，是相互独立的，因而也就省去了建立连接和撤销连接的开销，使传输效率较高。

基于 UDP 的应用程序在高可靠性、低延迟的网络中运行良好。随着网络基础设施的进步，网络底层的传输越来越可靠，UDP 也能很好地工作。但是，要在低可靠性的网络中运行，应用程序必须自己采取措施来解决低可靠性的问题。

在网络层协议的基础上，UDP 唯一增加的功能是提供了 65535 个端口，以支持应用层进程通过它进行进程间的通信。

UDP 的传输效率高，适用于交易型的应用程序。在这些应用中，交易过程通常只涉及一来一往两次数据报的交换。如果使用面向连接的 TCP，其开销将过大。例如，TFTP、SNMP、DNS 等应用进程都使用 UDP 提供的进程之间的通信服务。

2.5.2 无连接的套接字编程的两种模式

使用无连接的数据报套接字开发网络应用程序时，既可以采用对等模式，也可以采用 C/S 模式。

1. 对等模式

对等模式的无连接套接字编程具有以下特点。

（1）应用程序双方是对等的。双方在使用数据报套接字实现网络通信时，都要经过以下 4 个阶段：创建套接字、绑定安装套接字、发送/接收数据以进行网络信息交换、关闭套接字。

（2）双方都必须确切地知道对方的网络地址，并在各自的进程中，将自己的网络地址绑定到自己的套接字上。

（3）在每一次发送或者接收数据报时，所用的 sendto( )和 recvfrom( )系统调用都必须包括双方的网络地址信息。

这里使用的系统调用与面向连接的套接字不同。

（4）进程也会因为发送或接收数据而发生阻塞。图 2.14 所示为对等模式的无连接套接字编程模型。

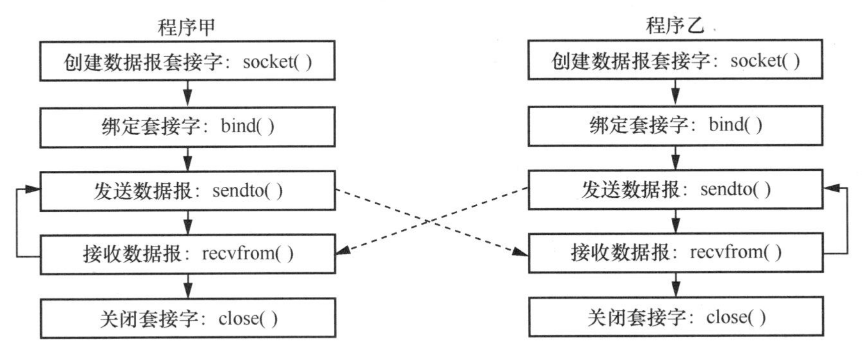

图 2.14　对等模式的无连接套接字编程模型

2．C/S 模式

图 2.15 所示为 C/S 模式下的无连接套接字编程模型。该模式具有以下特点。

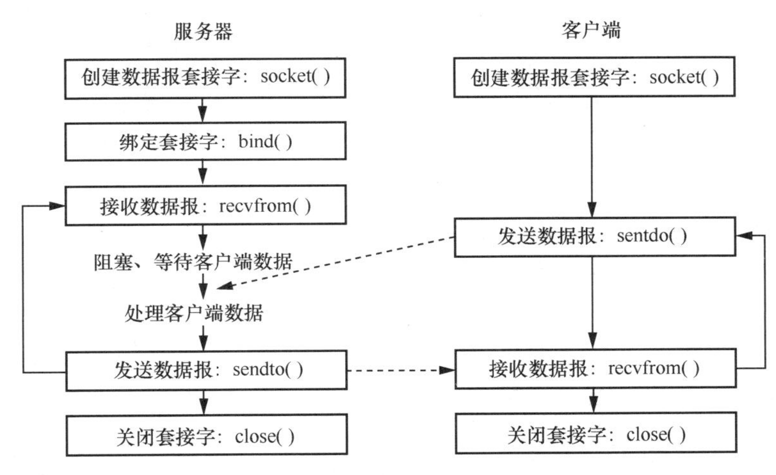

图 2.15　C/S 模式下的无连接套接字编程模型

（1）应用程序双方是不对等的。服务器要先行启动，处于被动等待访问的状态，而客户端则可以随时主动请求访问服务器。两者在进行网络通信时，服务器要经过创建套接字、绑定套接字、交换数据和关闭套接字 4 个阶段，而客户端不需要进行套接字的绑定。

（2）服务器进程将套接字绑定到众所周知的端口或事先指定的端口，并且客户端必须确切地知道服务器套接字使用的网络地址。

（3）客户端套接字使用动态分配的自由端口，不需要进行绑定，服务器事先也不必知道客户端套接字使用的网络地址。

（4）客户端必须首先发送数据报，并在数据报中携带双方的地址；服务器收到后，才能获知客户端的地址，进而回送数据报。

（5）服务器可以接收来自多个客户端的数据。

（6）无连接套接字编程专用的系统调用包括 sendto( )和 recvfrom( )，分别用于发送数据和接收数据。

2.5.3 数据报套接字的对等模式编程实例

本实例是一个简单的聊天程序，只需在两台通过网络互联的计算机上分别运行此程序，就可以实现一对一的通信功能。

```
#include <sys/types.h>
#include <unistd.h>
#include <error.h>
#include <sys/socket.h>
#include <arpa/inet.h>
#include <stdio.h>

/*中断处理过程*/
void int_ proc( int signo) { }

void main(int argc, char** argv)
{
    struct sockaddr_in  daddr, saddr,  cmpaddr;
    int sockfd;
    int timer = 3;
    char buffer[1024];
    int addrlen, n;

    /*判断用户输入的命令行是否正确，如果有错，提示用法*/
    if (argc != 5) {
       printf("用法：%s 目的IP  目的端口  源IP  源端口\n", argv[0]);
       exit(0);
    }

    /*设定中断处理函数，并设置时间限制*/
    signal( SIGALRM, int_ proc);
    alarm(timer);

    /*建立数据报套接字*/
    sockfd = socket(AF_INET, SOCK_DGRAM, 0);
    if (sockfd < 0) {
       fprintf(stderr, "socket error!\n");
       exit(1);
    }

    /*为结构变量daddr的各个字段赋值*/
    addrlen = sizeof(struct sockaddr_in);
    memset(&daddr, 0, addrlen);
    daddr.sin_family = AF_INET;
    daddr.sin_ port = htons(atoi(argv[2]));
    if (inet_ pton(AF_INET, argv[1], &daddr.sin_addr ) <= 0) {
       fprintf(stderr, "Invaild dest IP!\n");
       exit(0);
    }
```

```
/*为结构变量 saddr 的各个字段赋值*/
addrlen = sizeof(struct sockaddr_in);
memset(&saddr, 0, addrlen);
saddr.sin_family = AF_INET;
saddr.sin_ port = htons(atoi(argv[4]));
if (inet_ pton(AF_INET, argv[3], &saddr.sin_addr ) <= 0) {
   fprintf(stderr, "Invaild source IP!\n");
   exit(0);
}

/*绑定地址*/
if (bind(sockfd, &saddr, addrlen) < 0 ) {
   fprintf(stderr, "bind local addr error!\n");
   exit(1);
}

/*从标准输入获得字符串，并发送给目标地址*/
if (fgets(buffer, 1024, stdin) = = NULL ) exit(0);
if ( sendto( sockfd, buffer, strlen(buffer), 0, &daddr, addrlen)) {
   fprintf(stderr, "sendto error!\n");
   exit(2);
}

while (1) {
    /*接收信息并显示*/
    n = recvfrom( sockfd, buffer, 1024, 0, &cmpaddr, &daddrlen );
    if (n < 0) {
        /*根据 errno 中的数值是否为常量 EWOULDBLOCK，来区分超时错和一般性错*/
        if ( errno = = EWOULDBLOCK)
           fprintf(stderr, "recvfrom timeout error!\n");
        else {
            fprintf(stderr, "recvfrom error!\n");
            exit(3);
        }
    } else {
        /*比较数据报来源地址与保存的目标地址是否一致*/
        /*不同则返回非 0，结束此循环*/
        if (memcmp(cmpaddr, daddr,addrlen)) continue;
        buffer[n] = 0;
        printf( "Received: %s", buffer);
    }

    /*从标准输入中获得字符串，并将其发送给目标地址*/
    if (fgets(buffer, 1024, stdin) = = NULL ) exit(0);
    if ( sendto( sockfd, buffer, strlen(buffer), 0, &daddr, addrlen)) {
       fprintf(stderr, "sendto error!\n");
       exit(3);
    }
```

```
    }
    /*关闭套接字*/
    close(sockfd);
}
```

上述代码的说明如下。

① 执行本程序的命令行的格式如下。

```
命令名  目的 IP 地址  目的端口  源 IP 地址  源端口
```

其中，IP 地址应采用点分十进制的格式，端口则为十进制数。

② 谈话对象在对话过程中可能改变，第三方也可以加入对话。程序将加以比较、判断，屏蔽其他地址，实现与特定地址的单独谈话。

2.6 Linux 环境下的原始套接字

利用“原始套接字”可以访问基层的网络协议，如 IP（网际协议）、ICMP（互联网控制报文协议）、IGMP（互联网组管理协议）等。很多网络实用工具，如 Traceroute、Ping、网络嗅探器（Sniffer）程序等，都是利用原始套接字实现的。

目前，只有 Winsock 2 提供了对原始套接字的支持，并将原始套接字称为 SOCK_RAW 类型。

2.6.1 原始套接字的创建

使用 socket( )命令或 WSASocket( )调用来创建原始套接字。

格式一代码如下。

```
int  sockRaw = socket(AF_INET,SOCK_RAW, protocol);
```

格式二代码如下。

```
SOCKET  sockRaw = WSASocket (AF_INET, SOCK_RAW, protocol, NULL, 0, 0);
```

参数说明如下。

① 参数 AF_INET：代表通信域是 TCP/IP 协议簇。

② 参数 SOCK_RAW：表示要创建的套接字类型是原始套接字。

③ 参数 protocol：指定协议类型，可取以下值。

- IPPROTO_ICMP：ICMP。
- IPPROTO_IGMP：IGMP。
- IPPROTO_TCP：TCP（传输控制协议）。
- IPPROTO_UDP：UDP（用户数据报协议）。
- IPPROTO_IP：IP（互联网协议）。
- IPPROTO_RAW：原始 IP。

举例一：用 socket( )函数创建原始套接字。

```
SOCKET   s;
```

```
s = socket(AF_INET, SOCK_RAW, IPPROTO_ICMP);
if ( s == INVALID_SOCKET)
{
            //输出套接字创建失败的信息
}
```

举例二：用 WSASocket( )函数创建原始套接字。

```
SOCKET sockRaw = WSASocket(AF_INET, SOCK_RAW, IPPROTO_ICMP, NULL,  0, 0);
if (sockRaw == INVALID_SOCKET) {
       fprintf(stderr, "WSASocket() failed: %d ", WSAGetLastError());
}
```

原始套接字允许用户对基层传输机制加以控制，它可能被用于非法地方，从而成为 Windows 的一个潜在的安全漏洞。因此，只有属于“管理员”组的成员，才有权创建类型为 SOCK_RAW 的套接字。

2.6.2　原始套接字的使用

创建了原始套接字句柄并设置恰当的协议标志后，就可以使用它来发送或接收数据了。一般要有以下几个步骤。

1．根据需要设置套接字的选项

在默认情况下，IP 会自动填充 IP 数据报的首部。需要自己填写 IP 数据报首部时，可以在原始套接字上设置套接字选项 IP_HDRINCL。例如：

```
int on = 1;
If(setsockopt(sockfd,IPPROTO_IP,IP_HDRINCL,&on,sizeof(on)) < 0)
   { fprintf(stderr,"setsockopt IP_HDRINCL ERROR!  ") ; exit(1); }
```

2．调用 Connect( )和 bind( )函数来绑定对方和本地地址

原始套接字是直接使用 IP 的套接字，是非面向连接的。在这个套接字上可以调用 Connect( )和 bind( )函数，分别用于绑定对方和本地地址。

如果不调用 bind( )函数，则内核将使用发送端的主 IP 地址填充发送数据报的源 IP 地址。调用 bind( )函数后，发送数据报的源 IP 地址将是 bind( )函数指定的地址。

调用 Connect( )函数后，可以用 write( )函数和 Send( )函数发送数据报。内核将用这个绑定的地址填充 IP 数据报的目的 IP 地址。

3．发送数据报

如果没有用 Connect( )函数绑定对方地址，则应使用 sendto( )或 sendmsg( )函数发送数据报，并在函数参数中指定对方地址。如果已经调用了 Connect( )函数，则可以直接使用 Send( )函数、write( )函数来发送数据报。

如果没有设置 IP_HDRINCL 选项，数据报内可写入的内容仅限于数据部分，内核将自动创建 IP 首部。如果设置了 IP_HDRINCL 选项，则需填充数据部分和 IP 首部，内核只负责填充 IP 数据报的标识域和 IP 数据报首部的校验和。

要注意，IP 数据报首部各个域的字段内容都应按照网络字节顺序排列。

4．接收数据报

UDP 和 TCP 数据报不会被传送给原始套接字。如果要查看这两类数据报，只能通

过直接访问数据链路层来实现。

大多数 ICMP 数据报的副本会被传送给匹配的原始套接字。

内核处理的所有其他类型的数据报副本也会传给匹配的原始套接字。

所有内核不能识别的协议类型的 IP 数据报都会被传送给匹配的原始套接字。对于这些 IP 数据报，内核只做必要的检验工作。

在将一个 IP 数据报传送给原始套接字之前，内核需要选择匹配的原始套接字。

匹配是指：数据报的协议域必须与接收原始套接字的协议类型匹配；如果原始套接字通过 bind( )函数绑定了本地 IP 地址，那么到达的 IP 数据报的源 IP 地址必须和对方的 IP 相匹配；如果原始套接字通过调用 Connect( )函数指定了对方的 IP 地址，则到达的 IP 数据报的源 IP 地址必须与它相同。

2.6.3 原始套接字的应用实例

Ping 协议用于检验本地主机与远程主机之间的连通性，发送的是 ICMP 数据报。普通的套接字是基于 TCP 或者 UDP 的，无法发送 ICMP 数据报，所以必须用原始套接字来实现。Ping 协议的客户端类型值为 8，代码值为 0，表示请求。而 Ping 协议的响应端类型值为 0，代码值也为 0，表示应答。

主机端的实现细节如下。

（1）创建原始套接字 socket(AF_INET,SOCK_RAW,htons(proto))，以直接得到 IP 数据报。

（2）填写 ICMP 首部和数据部分，即 icmp_type(8)、icmp_code(0)和 icmp_data 部分。

（3）封装后发送 ICMP 请求包。

响应端的实现细节如下。

（1）创建原始套接字，即 socket(AF_INET,SOCK_RAW,htons(proto))。

（2）填写 ICMP 首部和数据部分，即 icmp_type(0)、icmp_code(0)、icmp_data。

（3）发送 ICMP 响应包。

主机端收到 ICMP 响应包之后，即原始的 IP 数据报，将收到包的时间减去包的发送时间就可以得到响应时延。

Ping 程序的执行步骤如下。

（1）创建一个类型为 SOCK_RAW 的套接字，同时设定协议类型为 IPPROTO_ICMP。

（2）创建并初始化 ICMP 头部。

（3）调用 sendto( )或 WSASendto( )，将 ICMP 请求发给远程主机。

（4）调用 recvfrom( )或 WSARecvfrom( )，以接收任何 ICMP 响应。

程序的实例代码如下。

```
#include <sys/socket.h>
#include <netinet/in.h>
#include <netinet/ip.h>
#include <netinet/ip_icmp.h>
#include <unistd.h>
#include <signal.h>
```

```
#include <arpa/inet.h>
#include <errno.h>
#include <sys/time.h>
#include <string.h>
#include <netdb.h>
#include <pthread.h>
#include <stdlib.h>
#include <stdio.h>
/**
```

下面通过原始套接字发送 ICMP 回显请求报文来实现 Ping 协议。ICMP 回显报文的结构如下。

```
struct icmp{
  u_int8_t icmp_type;       //消息类型
  u_int8_t icmp_code;       //消息类型的子码
  u_int16_t icmp_cksum;     //校验和
  union{
   struct ih_idseq{         //显示数据报
     u_int16_t icd_id;      //数据报所在进程的 ID
     u_int16_6 icd_seq;     //数据报序号

}ih_idseq;

}icmp_hun;

#define icmp_id icmp_hun.ih_idseq.icd_id
#define icmp_seq icmp_hun.ih_idseq.icd_seq
union{
 u_int8_t id_data[i];       //数据


}icmp_dun;
#define icmp_data icmp_dun.id_data

}

**/
typedef struct pingm_packet{
    struct timeval tv_begin;      //发送的时间
    struct timeval tv_end;        //接收到响应包的时间
    short seq;                    //序号值
    int flag;                     //1 表示已经发送但没有接收到响应包，0 表示接收到响应包

}pingm_packet;
//保存已经发送包的状态值
static pingm_packet pingpacket[128];       //定义一个包数组
static pingm_packet* icmp_findpacket(int seq);
static unsigned short icmp_cksum(unsigned char* data,int len);
static struct timeval icmp_tvsub(struct timeval end,struct timeval begin);
static void icmp_statistics(void);
static void icmp_pack(struct icmp* icmph,int seq,struct timeval* tv,int length);
static int icmp_unpack(char* buf,int len);
```

```
static void* icmp_recv(void* argv);
static void* icmp_send(void* argv);
static void icmp_sigint(int signo);
static void icmp_usage();
#define K 1024
#define BUFFERSIZE 512
static unsigned char send_buff[BUFFERSIZE];      //定义发送缓冲区的大小
static unsigned char recv_buff[2*K];
//定义接收缓冲区的大小，为防止接收端溢出，接收缓冲区稍微大一些
static struct sockaddr_in dest;                  //目的地址
static int rawsock = 0;                          //原始套接字描述符
static pid_t pid = 0;                            //进程 ID
static int alive = 0;                            //是否接收到退出信号
static short packet_send = 0;                    //已经发送的数据报数目
static short packet_recv = 0;                    //已经接收的数据报数目
static char dest_str[80];                        //目的主机字符串
static struct timeval tv_begin,tv_end,tv_interval;
//本程序开始发送的时间、结束时间和时间间隔
static void icmp_usage(){

printf("ping aaa.bbb.ccc.ddd\n");


}
//计算 ICMP 首部校验和
static unsigned short icmp_cksum(unsigned char* data,int len){
 int sum = 0;
 int odd = len&0x01;
unsigned short* value = (unsigned short*)data;
while(len&0xfffe){
  sum+ = *(unsigned short*)data;
  data+ = 2;
  len- = 2;
}


if(odd){
  unsigned short tmp = ((*data)<<8)&0xff00;
  sum += tmp;
}
sum = (sum>>16) + (sum&0xffff);
sum+= (sum>>16);
return ~sum;
}


//设置 ICMP 报头
static void icmp_pack(struct icmp* icmph,int seq,struct timeval* tv,int length){
unsigned char i = 0;

icmph->icmp_type = ICMP_ECHO;               //ICMP 回显请求
```

```
icmph->icmp_code = 0;                          //code 为 0
icmph->icmp_cksum = 0;                         //设置 cksum 的值
icmph->icmp_seq = htons(seq);                  //数据报的序列号
icmph->icmp_id = htons(pid&0xffff);            //数据报的 ID
 for(i = 0;i<length;i++){
   icmph->icmp_data[i] = htons(i);             //注意将主机字节序转换成网络字节序
 }      //发送的数据
 //计算校验和
icmph->icmp_cksum = icmp_cksum((unsigned char*)icmph,length + 8);

}
//计算时间差函数
static struct timeval icmp_tvsub(struct timeval end,struct timeval begin){
  struct timeval tv;
  tv.tv_sec = end.tv_sec-begin.tv_sec;
  tv.tv_usec = end.tv_usec-begin.tv_usec;
  if(tv.tv_usec<0){
     tv.tv_sec--;
     tv.tv_usec+= 1000000;
 }
  return tv;

}

//发送报文
static void* icmp_send(void* argv){
   struct timeval tv;
   tv.tv_usec = 0;
   tv.tv_sec = 1;                           //每隔一秒发送一次报文
   gettimeofday(&tv_begin,NULL);            //保存程序开始发送数据的时间
   while(alive){

    memset(send_buff,0,sizeof(send_buff));
    int size = 0;
    struct timeval tv;
    gettimeofday(&tv,NULL);                 //当前包发送的时间
icmp_pack((struct icmp*)send_buff,packet_send,&tv,203);
//packet_send 为发送包的序号，发送的数据长度为 64 字节，填充 ICMP 首部信息
size = sendto(rawsock,send_buff,203 + 8,0,(struct sockaddr*)&dest,sizeof(dest));
//dest 为 ICMP 包发送的目的地址
    if(size<0){
     perror("sendto error");
     continue;
   }
  else{
  //在发送包的状态数组寻找一个空闲位置记录发送状态信息
  pingm_packet* packet = icmp_findpacket(-1);
  if(packet){
     packet->seq = packet_send;
     packet->flag = 1;
     gettimeofday(&packet->tv_begin,NULL);
```

```
      packet_send++;       //发送序号+1
   }

 }
 sleep(1);
}


}
//寻找一个空闲位置，seq = -1 表示空闲位置
static pingm_packet* icmp_findpacket(int seq){
   int i = 0;
   pingm_packet* found = NULL;
  if(seq == -1){
    for(i = 0;i<128;i++){
     if(pingpacket[i].flag == 0){
      found = &pingpacket[i];
      break;
    }
   }

}else if(seq> = 0){         //查找对应 seq 的数据报
    for(i = 0;i<128;i++){
        if(pingpacket[i].seq == seq){
              found = &pingpacket[i];
        break;
    }
   }
 }
return found;
}
//获得 ICMP 接收报文，buf 存放的是除去以太网部分的 IP 数据报文，len 为数据长度，ip_hl 标识 IP 头部长度以 4 字节为单位，获得 ICMP 数据报后判断是否为 ICMP_ECHOREPLY 并检查是否为本进程的 PID
static int icmp_unpack(char* buf,int len){
  int i,iphdrlen;
  struct ip* ip = NULL;
  struct icmp* icmp = NULL;
  int rtt;      //计算往返时延
  ip = (struct ip*)buf;
  iphdrlen = ip->ip_hl*4;      //IP 头部长度
  icmp = (struct icmp*)(buf + iphdrlen);       //ICMP 报文的地址
  len-=iphdrlen;      //ICMP 报文的长度，ICMP 报文至少 8 字节
  if(len<8){
    printf("ICMP packets\'s length is less than 8\n ");
    return -1;
 }
//判断 ICMP 报文的类型是否为 ICMP_ECHOREPLY 并且为本进程的 PID
if((icmp->icmp_type == ICMP_ECHOREPLY)&&(icmp->icmp_id == pid)){
  struct timeval tv_interval,tv_recv,tv_send;
 //在发送数组中查找已经发送的包
pingm_packet* packet = icmp_findpacket(ntohs(icmp->icmp_seq));
```

```
//网络字节序转换成主机字节序
if(packet == NULL){
 return -1;
}
packet->flag = 0;      //表示已经响应了本包的发送时间
tv_send = packet->tv_begin;
//读取收到响应包的时间
 gettimeofday(&tv_recv,NULL);
 tv_interval = icmp_tvsub(tv_recv,tv_send);
//计算往返时延，即 RTT
rtt = tv_interval.tv_sec*1000 + tv_interval.tv_usec/1000;
//打印 ICMP 段长度、源 IP、包的序列号、TTL、时间差
printf("%d byte from %s:icmp_seq = %u ttl = %d rtt = %d ms\n",len,inet_ntoa(ip->ip_
src),icmp->icmp_seq,ip->ip_ttl,rtt);
packet_recv++;      //接收包的数量加 1
}
else{
return -1;
}
}
//接收报文

static void* icmp_recv(void* argv){
 struct timeval tv;
tv.tv_usec = 200;      //轮循时间
tv.tv_sec = 0;
FD_SET readfd;

while(alive){
  int ret = 0;
  tv.tv_usec = 200;      //轮循时间
  tv.tv_sec = 0;
  FD_ZERO(&readfd);
  FD_SET(rawsock,&readfd);
  ret = select(rawsock + 1,&readfd,NULL,NULL,&tv);
  int fromlen = 0;
  struct sockaddr from;
  switch(ret){
case -1:       //发生错误
break;
case 0:        //超时
 //printf("timeout\n");
break;
default:       //收到数据报
 fromlen = sizeof(from);
 int size = recvfrom(rawsock,recv_buff,sizeof(recv_buff),0,(struct sockaddr*)&from,
&fromlen);
//利用原始套接字。原始套接字与 IP 层网络协议簇核心打交道
 if(errno == EINTR){
   perror("recvfrom error");
 }
```

```
//解包，得到RTT
 ret = icmp_unpack(recv_buff,size);
 if(ret == -1){
   continue;
 }
break;
}
}


}
//统计数据结果，成功发送的报文数量，成功接收的报文数量，丢失报文百分比和程序总共运行时间
static void icmp_statistics(void){
  long time = (tv_interval.tv_sec*1000) + (tv_interval.tv_usec/1000);
  printf("--- %s ping statistics ---\n",dest_str);      //目的 IP
  printf("%d packets transmitted, %d recevied, %d%c packet loss, time %d ms\n",
packet_send,packet_recv,(packet_send-packet_recv)*100/packet_send,'%',time);
}

//信号处理函数
static void icmp_sigint(int signo){
   alive = 0;      //alive = 0 程序将会终止
   gettimeofday(&tv_end,NULL);      //程序结束时间
   tv_interval = icmp_tvsub(tv_end,tv_begin);      //计算程序一共运行了多长时间
  return;
}
//主函数的实现
int main(int argc,char* argv[]){
  struct hostent* host = NULL;
  struct protoent* protocol = NULL;
  char protoname[] = "icmp";
  unsigned long inaddr = 1;
  int size = 128*K;
  int ret;
 if(argc<2){
   icmp_usage();
   return -1;
 }
//获取协议类型 ICMP，协议类型的值作为设置原始套接字的第 3 个参数，type 类型下的具体协议值不止一个，此处
type 下的协议值为 SOCK_RAW
protocol = getprotobyname(protoname);
if(protocol == NULL){
  perror("getprotobyname()");
  return -1;
}

//复制目的地址
memcpy(dest_str,argv[1],strlen(argv[1]) + 1);
memset(pingpacket,0,sizeof(pingm_packet)*128);      //pingpacket 数组初始化
//建立原始套接字
rawsock = socket(AF_INET,SOCK_RAW,protocol->p_proto);
if(rawsock<0){
```

```
    perror("raw sock error");
    return -1;
}
//得到程序的 pid
pid = getuid();
//增大接收端缓冲区防止接收的包被覆盖
ret = setsockopt(rawsock,SOL_SOCKET,SO_RCVBUF,&size,sizeof(size));
if(ret == -1){
    perror("SO_RCVBUF ERROR");
    return -1;
}
//输入的目的 IP
inaddr = inet_addr(argv[1]);        //转换成二进制 IP
bzero(&dest,sizeof(dest));
dest.sin_family = AF_INET;          //设置地址族
if(inaddr == INADDR_NONE){
  //输入的是 DNS
    host = gethostbyname(argv[1]);
    if(host == NULL){
     perror("gethostbyname");
    return -1;
  }
 memcpy((char*)&dest.sin_addr,host->h_addr,host->h_length);
}
else{
 memcpy((char*)&dest.sin_addr,&inaddr,sizeof(inaddr));
}
inaddr = dest.sin_addr.s_addr;
//由于是 ICMP，不涉及端口绑定
printf("PING %s (%d.%d.%d.%d) 56(84)bytes of data.\n",dest_str,(inaddr&0x000000FF)>
>0,(inaddr&0x0000FF00)>>8,(inaddr&0x00FF0000)>>16,(inaddr&0xFF000000)>>24);
signal(SIGINT,icmp_sigint);
alive = 1;
//定义两个线程，分别用于发送数据与接收数据
pthread_t send_id,recv_id;
int err = 0;
err = pthread_create(&send_id,NULL,icmp_send,NULL);
if(err<0){
  return -1;
}
err = pthread_create(&recv_id,NULL,icmp_recv,NULL);
if(err<0){
  return -1;
}
pthread_join(send_id,NULL);       //等待子线程结束 send
pthread_join(recv_id,NULL);       //等待子线程的结束 recv
close(rawsock);
icmp_statistics();
return 0;
}
```

接收到的数据也许是对另一个线程发送的ICMP回送请求的响应，而这个线程也收到了这个响应数据报。那么，如何区分一个ICMP应答是不是自己的呢？ICMP报头中的ID号能够帮助我们解决这个问题。在生成ICMP回送请求时，我们在ICMP的ID数据域填入了当前线程的ID号，目标机器在返回应答信息的时候不会修改这个域，所以我们可以将接收到的数据报的ID与当前线程的ID号比较，如果不同就丢弃这个数据报。这个比较的过程由decode_resp( )函数完成。

习　题

1. 试述套接字编程接口的起源及其应用情况。
2. 实现套接字编程接口的两种方式是什么？
3. 套接字通信与UNIX操作系统的输入/输出的关系是什么？
4. 什么是套接字？
5. 说明套接字的特点。
6. 套接字编程应用在哪些场合？
7. 说明本机字节顺序和网络字节顺序的概念。
8. 请绘制框图说明服务器和客户端操作流式套接字的基本步骤。
9. 什么是进程的阻塞问题？如何解决？
10. 能引起阻塞的套接字调用有哪些？

第 3 章

Winsock 编程

Windows 操作系统是目前在个人计算机上使用最广泛的操作平台，许多流行的网络应用都是在 Windows 环境下构建的。在 Windows 环境下还需要开发更多的网络软件，这就要求网络编程人员深入掌握 Windows 的套接字网络编程接口。

3.1 Winsock 概述

Winsock 是 Windows Sockets 规范的简称，由 Microsoft 公司以 U.C. Berkeley 大学（美国加利福尼亚大学伯克利分校）开发的 BSD UNIX 中流行的 Socket 接口为范例，定义了一套适用于 Microsoft Windows 下的网络编程接口。这套接口以库函数的形式实现，开放且支持多种协议，并在 Intel、Microsoft、Sun、SGI、Informix 和 Novell 等公司的支持下，成为 Windows 网络编程的实际标准。

我们可以使用 Winsock 在互联网上传输数据和交换信息，而不必关心网络连接的细节，因而它深受网络编程人员的喜爱。网络应用进程通过调用 Winsock API，实现相互通信，Winsock 则利用下层的网络通信协议和操作系统功能来完成实际的通信工具。图 3.1 说明了它们的关系。

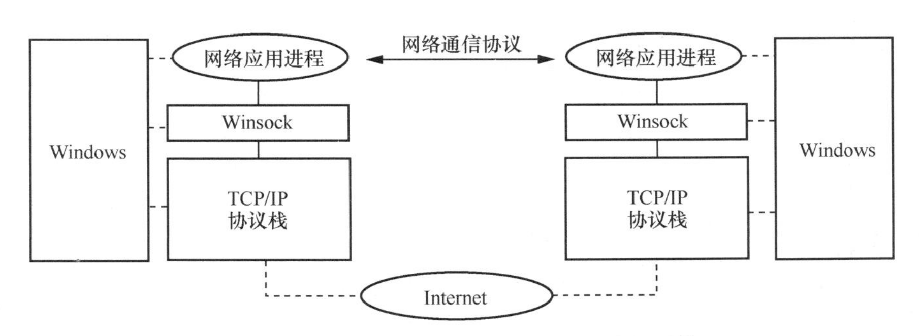

图 3.1　网络应用进程利用 Winsock 进行通信

Winsock 1.1 和 Winsock 2.0 是 Winsock 的两个主要版本，Winsock 2.0 完全保留了 Winsock 1.1 的库函数，但在引用头文件和库函数时存在一些细微的区别。

使用 Winsock 1.1 时，需要引用头文件 winsock.h 和库文件 wsock32.lib，代码如下。

```
#include <winsock.h>
#pragma comment(lib,"wsock32.lib")
```

使用 Winsock 2.0 时，需要引用头文件 winsock2.h 和库文件 ws2_32.lib，代码如下。

```
#include <winsock2.h>
#pragma comment(lib,"ws2_32.lib")
```

Winsock 不仅包含人们所熟悉的 Berkeley Socket 风格的库函数，还提供一组针对 Windows 操作系统的扩展库函数，使编程者能充分地利用 Windows 操作系统的消息驱动机制进行编程。为使读者对库函数有初步的认识，表 3.1 列出了 Winsock 的主要库函数及其简要说明。

表 3.1　Winsock 的主要库函数及其简要说明

函数名	说明
主要函数	
socket( )	创建一个套接字，并返回套接字的标识符
bind( )	把套接字绑定到特定的网络地址上
Listen( )	启动指定的套接字，监听来自客户端的连接请求
Accept( )	接收一个连接请求，并新建一个套接字，原来的套接字返回监听状态
Connect( )	请求将本地套接字连接到一个指定的远方套接字上
Send( )	向一个已经与对方建立连接的套接字发送数据
sendto( )	向一个未与对方建立连接的套接字发送数据，并指定对方网络地址
recv( )	从一个已经与对方建立连接的套接字接收数据
recvfrom( )	从一个未与对方建立连接的套接字接收数据，并返回对方网络地址
shutdown( )	选择性地关闭套接字的全双工连接
closesocket( )	关闭套接字，释放相应的资源
辅助函数	
htonl( )	把 32 位无符号长整型数据从主机字节顺序转换到网络字节顺序
htons( )	把 16 位无符号短整型数据从主机字节顺序转换到网络字节顺序
ntohl( )	把 32 位数据从网络字节顺序转换成主机字节顺序
ntohs( )	把 16 位数据从网络字节顺序转换成主机字节顺序
inet_addr( )	把一个标准的点分十进制的 IP 地址转换成长整型的地址数据
inet_ntoa( )	把长整型的 IP 地址数据转换成点分十进制的 ASCII 字符串
getpeername( )	获得与套接字连接的对方的网络地址
getsockname( )	获得指定套接字的网络地址
控制函数	
getsockopt( )	获得指定套接字的属性选项
setsockopt( )	设置与指定套接字相关的属性选项
ioctlsocket( )	为套接字提供控制
select( )	执行同步 I/O 多路复用

续表

函数名	说明
数据库查询函数	
gethostname( )	返回本地计算机的标准主机名
gethostbyname( )	返回对应于给定主机名的主机信息
gethostbyaddr( )	根据 IP 地址返回相应的主机信息
getservbyname( )	返回给定服务名和协议名的相关服务信息
getservbyport( )	返回给定端口号和协议名的相关服务信息
getprotbyname( )	返回给定协议名的相关协议信息
getprotobynumber( )	返回给定协议号的相关协议信息
Winsock 的注册与注销函数	
WSAStartup( )	初始化底层的 Windows Sockets DLL
WSACleanup( )	从底层的 Windows Sockets DLL 中撤销注册
异步执行的数据库查询函数	
WSAAsyncGetHostByName( )	GetHostByName( )函数的异步版本
WSAAsyncGetHostByAddr( )	GetHostByAddr( )函数的异步版本
WSAAsyncGetServByName( )	GetServByName( )函数的异步版本
WSAAsyncGetServByPort( )	GetServByPort( )函数的异步版本
WSAAsyncGetProtoByName( )	GetProtoByName( )函数的异步版本
WSAAsyncGetProtoByNumber( )	GetProtoByNumber( )函数的异步版本
异步选择机制的相关函数	
WSAAsyncSelect( )	select( )函数的异步版本
WSACancelAsyncRequest( )	取消一个未完成的 WSAAsyncGetXByY( )函数的实例
WSACancelBlockingCall( )	取消未完成的阻塞的 API 调用
WSAIsBlocking( )	确定线程是否被一个调用阻塞
错误处理的相关函数	
WSAGetLastError( )	得到最近一个 Winsock 调用出错的详细信息
WSASetLastError( )	设置下一次 WSAGetLastError( )函数返回的错误信息

3.2 Winsock 库函数

3.2.1 Winsock 的注册与注销

1. 初始化函数 WSAStartup( )

Winsock 应用程序在执行前，必须首先调用 WSAStartup( )函数对 Winsock 进行初始化，这一过程也称为注册。注册成功后，才能调用其他 Winsock API 函数。

（1）WSAStartup( )函数的调用格式如下。

```
int WSAStartup( WORD wVersionRequested, LPWSADATA lpWSAData );
```

参数说明如下。

① 参数 wVersionRequested：指定应用程序所要使用的 Winsock 规范的最高版本。主版本号在低字节，辅版本号在高字节。

② 参数 lpWSAData：一个指向 WSADATA 结构变量的指针，用于返回 Winsock API 实现的细节信息。

（2）WSAStartup( )函数的初始化过程如图 3.2 所示。

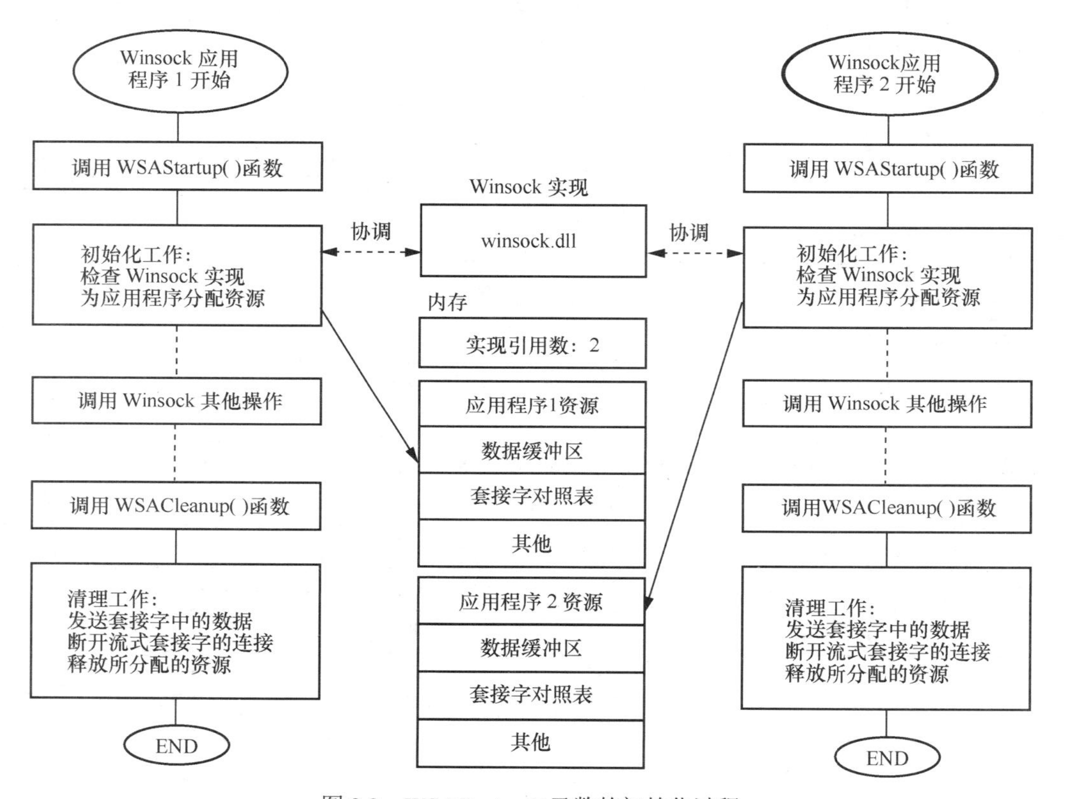

图 3.2　WSAStartup( )函数的初始化过程

首先，需要检查系统中是否已安装 Winsock 实现的实例。Winsock 实例被存储在 winsock.dll 文件中，所以初始化过程首先涉及查找该文件。执行 WSAStartup( )函数时，首先到磁盘的系统目录中，按照 PATH 环境变量的设置，查找 winsock.dll 文件。如果找到了该文件，系统会发出一个 LoadLibrary( )函数调用，将该库的相关信息装入内存，并建立用于管理该库的内核数据结构，并得到这个实例的具体数据。这样做的目的是确保应用程序能够调用 Winsock 实例中的库函数，如果系统没有这个文件，那么应用程序将无法执行。如果找不到合适的 winsock.dll 文件，初始化过程将失败，并根据情况，返回相应的错误代码。

然后，需要检查找到的 Winsock 实例是否可用，主要是确认 Winsock 实例的版本号。

由于 Windows 操作系统有多个版本，相应地 Winsock 实例也有差别。为保证程序的可移植性，必须先判断系统所提供的 winsock.dll 的版本能否满足应用程序的要求。找到 winsock.dll 文件后，函数与 winsock.dll 相互通知对方它们可以支持的最高版本，并相互确认对方可以接收的最低版本。如果应用程序所需的版本介于 winsock.dll 支持的最低版本和最高版本之间，则调用成功，返回 0。

接着，要建立 Winsock 实现与应用程序的联系。系统将找到的 winsock.dll 库绑定到该应用程序，把对于该 winsock.dll 的内置引用计数加 1，并为此应用程序分配资源。这样，应用程序就可以调用 Socket 库中的其他函数了。由于 Windows 是多任务多线程的操作系统，因此一个 winsock.dll 库可以同时为多个并发的网络应用程序提供服务。

最后，函数成功返回时，会在 lpWSAData 所指向的 WSADATA 结构中返回许多信息。在 wHighVersion 成员变量中，返回 winsock.dll 支持的最高版本；在 wVersion 成员变量中返回它的高版本和应用程序所需版本中的较小者。此后 Winsock 将认为程序所使用的版本号是 wVersion。如果程序无法接收 wVersion 中的版本号，就应该进一步查找其他 winsock.dll，若找不到，则应通知用户“初始化失败”。

（3）WSADATA 结构体用于初始化和配置套接字库，包含套接字库的版本信息以及其他一些配置参数。WSADATA 结构体的定义如下。

```
#define WSADESCRIPTION_LEN          256
#define WSASYS_STATUS_LEN           128
typedef struct WSAData {
WORD                                wVersion;
WORD                                wHighVersion;
char                                szDescription[WSADESCRIPTION_LEN + 1];
char                                szSystemStatus[WSASYS_STATUS_LEN + 1];
unsigned short                  iMaxSockets;
unsigned short                  iMaxUdpDg;
char*                           lpVendorInfo;
} WSADATA;
```

其中，各成员变量的意义如下。

① wVersion：返回用户的应用程序应该使用的 Winsock 版本号。

② wHighVersion：返回 winsock.dll 动态链接库所支持的最高版本，一般情况下，wHighVersion 等于 wVersion。

③ szDescription：返回描述 Winsock 实现和开发商标识信息的字符串，以“\0”结尾，最长 256 个字符。

④ szSystemStatus：返回系统状态和配置信息的字符串，以“\0”结尾。

⑤ iMaxSockets：返回一个进程最多可以使用的套接字个数。编程者可以据此估计该 Winsock 实现是否适用于开发的程序。

⑥ iMaxUdpDg：返回可以发送的最大数据报的字节数，最小值通常是 512 字节。

⑦ lpVendorInfo：一个字符串指针，指向一个开发商专用的数据结构，该变量与程序设计关系不大。

（4）初始化函数可能返回的错误代码。

① WSASYSNOTREADY：表示网络通信依赖的网络子系统没有准备好。

② WSAVERNOTSUPPORTED：表示找不到所需的 Winsock API 相应的动态链接库。

③ WSAEINVAL：表示 DLL 不支持应用程序所需的 Winsock 版本。

④ WSAEINPROGRESS：表示正在执行一个阻塞的 Winsock 1.1 操作。

⑤ WSAEPROCLIM：表示已经达到 Winsock 支持的任务数上限。

⑥ WSAEFAULT：表示参数 lpWSAData 不是合法指针。

（5）初始化 Winsock 的示例。

```
#include <winsock.h>                    //WinSock 2.0 应包括 winsock2.h 文件
aa() {
    WORD wVersionRequested;             //应用程序所需的 Winsock 版本号
    WSADATA wsaData;                    //返回 Winsock 实现的细节信息
    int err;                            //出错代码
    wVersionRequested = MAKEWORD(1,1);                 //生成版本号 1.1
    err = WSAStartup(wVersionRequested, &wsaData );         //调用初始化函数
    if (err!= 0 ) { return;}             //通知用户找不到合适的 DLL 文件
    //确认返回的版本号是客户要求的 1.1
    if ( LOBYTE(wsaData.wVersion )!= 1 || HIBYTE(wsaData.wVersion )!= 1) {
    WSACleanup(); return;
    }
    /*至此，可以确认初始化成功，winsock.dll 可用*/
    }
```

2．注销函数 WSACleanup( )

应用程序使用 winsock.dll 提供的服务后，必须调用 WSACleanup( )函数，来解除与 winsock.dll 库的绑定，释放 Winsock 实现分配给应用程序的系统资源，并停止对 Windows Sockets DLL 的使用。

（1）WSACleanup( )函数的调用格式。

```
int WSACleanup ( void );
```

返回值：如果操作成功，返回 0；否则返回 SOCKET_ERROR。可以通过调用 WSAGetLastError( )函数获得错误代码。

（2）WSACleanup( )函数的功能。

应用程序或 DLL 使用 Windows Sockets 服务之前，必须进行一次成功的 WSAStartup( )函数调用。它们完成 Windows Sockets 的使用后，应用程序或 DLL 必须调用 WSACleanup( )函数，将其从 Windows Sockets 的实现中注销，并且该实现会释放为应用程序或 DLL 分配的任何资源。任何打开的并已建立连接的 SOCK_STREAM 类型套接口在调用 WSACleanup( )函数时会重置，而已经由 closesocket( )函数关闭，但仍有要发送的悬而未决数据的套接口则不会受到影响，该数据将继续发送。

对于一个任务进行的每一次 WSAStartup( )函数调用，必须有一个对应的 WSACleanup( )函数调用，就像括号一样，成对出现。但只有最后的 WSACleanup( )函数调用做实际的清除工作；前面的调用仅仅将 Windows Sockets DLL 中的内置引用计数减一。在一个多线程的环境下，WSACleanup( )函数中止 Windows Sockets 在所有线程上的操作。一个简单的应用程序为确保 WSACleanup( )函数调用了足够的次数，可以在一个循环中不断调用 WSACleanup( )函数，直至返回 WSANOTINI TIALISED。

（3）WSACleanup( )函数可能返回的错误代码。

① WSANOTINITIALISED：表示在使用本函数前必须进行一次成功的 WSAStartup( )函数调用。

② WSAENETDOWN：表示 Windows Sockets 的实现已经检测到网络子系统故障。

③ WSAEINPROGRESS：表示一个阻塞的 Windows Sockets 操作正在进行。

3.2.2　Winsock 的错误处理函数

Winsock 的错误处理函数在执行时，都有一个返回值，但它只能简单地说明函数的执行是否成功。如果执行失败，返回值并不能提供出错的原因信息，而这样的信息在程序调试时是非常重要的。因此 Winsock 专门提供了两个函数，用于解决这个问题。

1. WSAGetLastError( )函数

WSAGetLastError( )函数用于返回上次操作失败的错误状态，对于程序的调试非常有用。当我们调用 Sockets 函数时，一定要检测函数的返回值。一般情况下，返回值为 0 表示函数调用成功；否则，就要调用 WSAGetLastError( )函数取得错误代码，并向用户提供明确的错误提示信息。这么做既有助于程序的调试，也方便用户使用，这也是当今软件用户界面友好的标志之一；尤其是在 Windows 这样的多线程开发环境中，使用 WSAGetLastError( )函数是获取详细错误信息的可靠方法。函数的调用格式如下。

```
int WSAGetLastError ( void );
```

本函数用于返回本线程进行的上一次 Winsock 函数调用时的错误代码。

需要说明：Winsock 使用 WSAGetLastError( )函数来获得上一次的错误代码，而不是像 UNIX 套接字那样依靠全局错误变量，这是为了与将来的多线程环境兼容。

在一个非抢占式的 Windows 环境下，WSAGetLastError( )函数仅用于获得与 Winsock 相关的错误。而在抢占式环境下，WSAGetLastError( )函数将调用 GetLastError( )函数，来获得每个线程基础上所有 Win32 API 函数的错误状态。为提高应用程序的可移植性，应用程序应在调用失败后立即使用 WSAGetLastError( )函数。

2. Winsock 规范预定义的错误代码

winsock.h 文件定义了所有 Winsock 的规范错误代码，它们的基数是 10 000，所有错误常量都以 WSAE 作为前缀。下面按类别列出 Winsock 的规范错误代码。

```
#define WSABASEERR                    10 000
/*常规 Microsoft C 常量的 Winsock 定义*/
#define WSAEINTR                        (WSABASEERR + 4)
#define WSAEBADF                        (WSABASEERR + 9)
#define WSAEACCES                       (WSABASEERR + 13)
#define WSAEFAULT                       (WSABASEERR + 14)
#define WSAEINVAL                       (WSABASEERR + 22)
#define WSAEMFILE                       (WSABASEERR + 24)

/*常规 Berkeley 错误的 Winsock 定义*/
#define WSAEWOULDBLOCK                  (WSABASEERR + 35)
#define WSAEINPROGRESS                  (WSABASEERR + 36)
```

```
#define WSAEALREADY                     (WSABASEERR + 37)
#define WSAENOTSOCK                     (WSABASEERR + 38)
#define WSAEDESTADDRREQ                 (WSABASEERR + 39)
#define WSAEMSGSIZE                     (WSABASEERR + 40)
#define WSAEPROTOTYPE                   (WSABASEERR + 41)
#define WSAENOPROTOOPT                  (WSABASEERR + 42)
#define WSAEPROTONOSUPPORT              (WSABASEERR + 43)
#define WSAESOCKTNOSUPPORT              (WSABASEERR + 44)
#define WSAEOPNOTSUPP                   (WSABASEERR + 45)
#define WSAEPFNOSUPPORT                 (WSABASEERR + 46)
#define WSAEAFNOSUPPORT                 (WSABASEERR + 47)
#define WSAEADDRINUSE                   (WSABASEERR + 48)
#define WSAEADDRNOTAVAIL                (WSABASEERR + 49)
#define WSAENETDOWN                     (WSABASEERR + 50)
#define WSAENETUNREACH                  (WSABASEERR + 51)
#define WSAENETRESET                    (WSABASEERR + 52)
#define WSAECONNABORTED                 (WSABASEERR + 53)
#define WSAECONNRESET                   (WSABASEERR + 54)
#define WSAENOBUFS                      (WSABASEERR + 55)
#define WSAEISCONN                      (WSABASEERR + 56)
#define WSAENOTCONN                     (WSABASEERR + 57)
#define WSAESHUTDOWN                    (WSABASEERR + 58)
#define WSAETOOMANYREFS                 (WSABASEERR + 59)
#define WSAETIMEDOUT                    (WSABASEERR + 60)
#define WSAECONNREFUSED                 (WSABASEERR + 61)
#define WSAELOOP                        (WSABASEERR + 62)
#define WSAENAMETOOLONG                 (WSABASEERR + 63)
#define WSAEHOSTDOWN                    (WSABASEERR + 64)
#define WSAEHOSTUNREACH                 (WSABASEERR + 65)
#define WSAENOTEMPTY                    (WSABASEERR + 66)
#define WSAEPROCLIM                     (WSABASEERR + 67)
#define WSAEUSERS                       (WSABASEERR + 68)
#define WSAEDQUOT                       (WSABASEERR + 69)
#define WSAESTALE                       (WSABASEERR + 70)
#define WSAEREMOTE                      (WSABASEERR + 71)
#define WSAEDISCON                      (WSABASEERR + 101)

/*扩展的 Winsock 错误常量定义*/
#define WSASYSNOTREADY                  (WSABASEERR + 91)
#define WSAVERNOTSUPPORTED              (WSABASEERR + 92)
#define WSANOTINITIALISED               (WSABASEERR + 93)

/*以下语句用于定义数据库查询类函数*/
#define h_errno                          WSAGetLastError()

/*找不到主机*/
#define WSAHOST_NOT_FOUND               (WSABASEERR + 1001)
#define HOST_NOT_FOUND                  WSAHOST_NOT_FOUND

/*找不到非授权主机*/
#define WSATRY_AGAIN                    (WSABASEERR + 1002)
```

```
#define TRY_AGAIN                    WSATRY_AGAIN

/*不可恢复错误*/
#define WSANO_RECOVERY               (WSABASEERR + 1003)
#define NO_RECOVERY                  WSANO_RECOVERY

/*名字是有效的，但没有要求类型的数据记录*/
#define WSANO_DATA                   (WSABASEERR + 1004)
#define NO_DATA                      WSANO_DATA
```

以下 3 个错误码对于大多数函数都是适用的，在后面各个函数的描述中，将介绍每个函数可能收到的错误码，这里不再赘述。

① WSANOTINITIAISED：在使用此函数前，没有成功地调用 WSAStartup( )函数进行初始化。

② WSAENTDOWN：表示 Winsock 检测到网络子系统已经失效。

③ WSAEINPROGRESS：当前系统正在处理另一个阻塞的 Winsock 调用，因此无法同时处理当前函数的请求。

3．WSASetLastError( )函数

本函数用于设置可以被 WSAGetLastError( )函数接收的错误代码，语法格式如下。

```
void WSASetLastError ( int iError );
```

参数 iError 用于指明将被后续的 WSAGetLastError( )函数调用返回的错误代码，该函数没有返回值。

本函数允许应用程序为当前线程设置错误代码，并可由后来的 WSAGetLastError( )函数调用返回。注意：任何由应用程序调用的后续 Windows Sockets 函数都将覆盖本函数设置的错误代码。

在 Win32 环境中，本函数将调用 SetLastError( )函数。

3.2.3　Winsock 主要的函数

1．创建套接口——socket( )函数

（1）socket( )函数的调用格式如下。

```
SOCKET  socket(int af, int type, int protocol);
```

参数说明如下。

① 参数 af：指定所创建的套接字的通信域，即指定应用程序使用的通信协议的协议簇。因为 Winsock 1.1 只支持在互联网域通信，此参数的取值只能为 AF_INET，这也就指定了此套接字必须使用互联网的地址格式。

② 参数 type：指定所创建的套接字的类型，如果取值为 SOCK_STREAM，表示要创建流式套接字；如果取值为 SOCK_DGRAM，表示要创建数据报套接口。在互联网域，这个参数实际指定了套接字使用的传输层协议。

③ 参数 protocol：指定套接字使用的协议，一般采用默认值 0，表示让系统根据地址格式和套接字类型，自动选择一个合适的协议。

返回值：如果调用成功，就创建一个新的套接字，并返回它的描述符。在以后对该

套接字的操作中，都要借助这个描述符；否则返回 SOCKET_ERROR，表示创建套接字时出错。应用程序可调用 WSAGetLastError( )函数来获取相应的错误代码。

（2）socket( )函数的功能。本函数根据指定的通信域、套接字类型和协议创建一个新的套接字，为其分配所需的资源，并返回该套接字的描述符。在创建套接字时，它默认定位在本机的 IP 地址和一个自动分配的唯一的 TCP 或 UDP 的自由端口上。操作系统内核为套接字分配了内存，建立了相应的数据结构，并将套接字的各个选项设为默认值。

套接字描述符是一个整数类型的值。每个进程的空间中都有一个套接字描述符表，表中存放着套接字描述符和套接字数据结构的对应关系。该表的一个字段存放新创建的套接字的描述符，另一个字段存放套接字数据结构的地址。因此，可以根据套接字描述符找到其对应的套接字数据结构。套接字描述符表在每个进程自己的空间中，而套接字数据结构都是在操作系统内核管理的内存区域中。

SOCK_STREAM 类型的套接字提供有序的、可靠的、全双向的和基于连接的字节流，使用互联网地址簇的 TCP，保证数据不会丢失也不会重复，并具有带外数据传送机制。流式套接字在接收或发送数据前必须建立通信双方的连接，连接成功后，即可用 Send( )函数和 recv( )函数传送数据。会话结束后，调用 closesocket( )函数来关闭套接字。

SOCK_STREAM 类型的套接口支持无连接的、不可靠的和使用固定大小（通常很小）缓冲区的数据报服务，使用互联网地址簇的 UDP。允许使用 sendto( )函数和 recvfrom( )函数从任意端口发送或接收数据报。如果这样一个套接口用 Connect( )函数与一个指定端口连接，则可用 Send( )函数和 recv( )函数与该端口进行数据报的发送与接收。

（3）socket( )函数可能返回的错误代码如下。

① WSAEAFNOSUPPORT：不支持所指定的通信域或地址簇。

② WSAEMFILE：没有可用的套接字描述符，说明创建的套接字数目已超过限额。

③ WSAENOBUFS：没有可用的缓冲区，无法创建套接字。

④ WSAEPROTONOSUPPORT：不支持指定的协议。

⑤ WSAEPROTOTYPE：指定的协议类型不适用于本套接口。

⑥ WSAESOCKTNOSUPPORT：本地址簇中不支持该类型的套接字。

（4）socket( )函数的示例代码如下。

```
SOCKET sockfd = socket( AF_INET, SOCK_STREAM, 0);    /*创建一个流式套接字*/
SOCKET sockfd = socket( AF_INET, SOCK_DGRAM, 0);    /*创建一个数据报套接字*/
```

2．将套接口绑定到指定的网络地址——bind( )函数

（1）关于套接字网络地址的概念。前面提到过，一个三元组可以在互联网中唯一地定位一个网络进程的通信端点，而套接字就是网络进程的通信端点，因此可以说，一个三元组可以在互联网中唯一地定位一个套接字及其相关的应用进程。在互联网通信域中，这个三元组包括主机的 IP 地址、传输层协议（TCP 或 UDP）和用于区分应用进程的传输层端口号。本书将用于定位一个套接字的三元组称为这个套接字的网络地址。在 Winsock API 中，也可以把它称为 Winsock 地址。也有的书将这个三元组称为套接字的名字，把三元组的地址空间称为套接字的名字空间，把获取套接字的三元组地址信息称为获取套接字的名字。

（2）bind( )函数的调用格式如下。

```
int bind( SOCKET s,const struct sockaddr* name,int namelen);
```

参数说明如下。

① 参数 s：一个未经绑定的套接字描述符，由 socket( )函数返回。该参数需要绑定到一个指定的网络地址上。

② 参数 name：一个指向 sockaddr 结构变量的指针。该结构变量存储了特定的网络地址，套接字 s 需要绑定到这个地址上。

③ 参数 namelen：表示 sockaddr 结构的长度，其值等于 sizeof(struct sockaddr)。

返回值：如果返回 0，表示已经正确地实现了绑定操作；如果返回 SOCKET_ERROR，表示发生错误。此时，应用程序可调用 WSAGetLastError( )函数获取相应的错误代码。

（3）bind( )函数的功能。本函数适用于流式套接字和数据报套接字，用于将套接字绑定到指定的网络地址上，一般在 Connect( )函数或 Listen( )函数调用前使用此函数。用 socket( )函数创建套接字后，系统会自动为它分配一个网络地址，将它默认定位在本机的 IP 地址和一个自动分配的 TCP 或 UDP 的自由端口上。但是，一方面，因为大多数服务器进程使用众所周知的特定分配的传输层端口，自动分配的端口往往与它不同；另一方面，有时服务器会安装多块网卡，就需要指定多个 IP 地址。所以在服务器中，用作监听客户端连接请求的套接字必须进行绑定。而在客户端使用的套接字一般不必绑定，除非要指定它使用特定的网络地址。也有人把为套接口建立本地绑定称作为它赋名。

（4）bind( )函数可能返回的错误代码如下。

① WSAEAFNOSUPPORT：不支持所指定的通信域或地址簇。

② WSAEADDRINUSE：指定了已经在使用中的端口，造成冲突。

③ WSAEFAULT：入口参数错误，namelen 参数太小，小于 sockaddr 结构。

④ WSAEINVAL：该套接字已经与一个网络地址绑定。

⑤ WSAENOBUFS：没有可用的缓冲区，可能是因为连接过多。

⑥ WSAENOTSOCK：描述符不是一个套接字。

（5）相关的 3 种 Winsock 地址结构。许多函数都需要套接字的地址信息。与 UNIX 套接字类似，Winsock 也定义了 3 种关于地址的结构，它们经常被使用。

① 通用的 Winsock 地址结构：用于存储各种通信域中套接字的地址信息。该结构体被命名为 sockaddr，包含地址家族和协议地址两个成员变量，具体定义如下。

```
struct sockaddr {
u_short sa_family;                  /*地址家族*/
char sa_data[14];                   /*协议地址*/
}
```

② 专门针对互联网通信域的 Winsock 地址结构：结构体被命名为 sockaddr_in，具体定义如下。

```
struct sockaddr_in {
short          sin_family;          /*指定地址家族，一定是 AF_INET*/
u_short        sin_port;            /*指定将要分配给套接字的传输层端口号*/
struct in_addr  sin_addr;           /*指定套接字主机的 IP 地址*/
char           sin_zero[8];         /*全置为 0，是一个填充数*/
}
```

这个结构的长度与 sockaddr 结构一样。该结构专为互联网通信域的套接字设计，用于指定套接字的地址家族、传输层端口号和 IP 地址等信息，我们称之为 TCP/IP 的 Winsock

地址结构。其中，如果端口号设置为 0，则 Winsock 实现将自动为之分配一个值，这个值是 1024～5000 中尚未使用的唯一端口号。

③ 专门用于存储 IP 地址的结构，结构体被命名为 in_addr，具体定义如下。

```
struct in_addr {
union {
struct {u_char s_b1,s_b2,s_b3,s_b4;} s_un_b;
struct {u_short s_w1,s_w2;} s_un_w;
u_long  s_addr;
}
}
```

这个结构专门用于存储 IP 地址。它是一个 4 字节的实体，每个字节代表点分十进制 IP 地址中的一个数字。s_addr 字段是一个整数，表示 IP 地址。一般用 inet_addr( )函数把字符串形式的 IP 地址转换成 unsigned long 型的整数值后，再赋值给 s_addr。也可以将 s_addr 成员变量赋值为 htonl(INADDR_ANY)。这样，如果计算机只有一个 IP 地址，就相当于指定了这个地址；如果计算机有多个网卡和 IP 地址，这样赋值就表示允许套接字使用任何分配给这台计算机的 IP 地址来发送或接收数据。这可以简化在不同的计算机上运行或者存在多种主机环境的应用程序编程。

对于具有多个 IP 地址的计算机，如果只想让套接字使用其中一个 IP 地址，就必须将这个地址赋给 s_addr 成员变量，并进行绑定。

在使用互联网域的套接字时，这 3 个数据结构的一般用法如下。

① 定义一个 sockaddr_in 的结构实例变量，并将它清零。

② 为这个结构的各成员变量赋值。

③ 在调用 bind( )函数时，将指向这个结构的指针强制转换为 sockaddr*类型。

（6）下面的示例使用 sockaddr_in 结构体，创建一个 UDP 数据报套接字，并将其绑定到一个指定的端口上。

```
SOCKET serSock;                              //定义一个 SOCKET 类型的变量
sockaddr_in my_addr;                         //定义一个 sockaddr_in 类型的结构实例变量
int err;                                     //出错码
int slen = sizeof( sockaddr);                //设置 sockaddr 结构的长度
serSock = socket(AF_INET, SOCK_DGRAM,0 );    //创建数据报套接字
memset(my_addr,0);                           //将 sockaddr_in 的结构实例变量清零
my_addr.sin_family = AF_INET;                //指定通信域是互联网
my_addr.sin_ port = htons(21);               //指定端口，将端口号转换为网络字节顺序
/*指定 IP 地址，将 IP 地址转换为网络字节顺序*/
my_addr.sin_addr.s_addr = htonl(INADDR_ANY);
/*将套接字绑定到指定的网络地址，对 my_addr 进行强制类型转换*/
if  (bind(serSock, (lpSockAddr )&my_addr, slen) = = SOCKET_ERROR )
{
    /*调用 WSAGetLastError()函数，获取最近一个操作的错误代码*/
    err = WSAGetLastError();
    /*后面可以添加打印错误代码的程序，或者进行错误处理*/
 }
```

3. 启动服务器监听客户端的连接请求——Listen( )函数

（1）Listen( )函数的调用格式如下。

```
int  listen( SOCKET s, int backlog);
```

参数说明如下。

① 参数s：服务器的套接字描述符，一般已先行绑定到熟知的服务器口，用于监听来自客户端的连接请求，一般将这个套接字称为监听套接字。

② 参数backlog：指定监听套接字的等待连接缓冲区队列的最大长度，一般设为5。

返回值：正确执行则返回0；出错则返回SOCKET_ERROR。

（2）Listen( )函数的功能。本函数仅适用于支持连接的套接字，在互联网通信域，仅用于流式套接字，并仅用于服务器。监听套接字必须绑定到特定的网络地址上。此函数启动监听套接字，开始监听来自客户端的连接请求，并且规定了等待连接队列的最大长度。等待连接队列是一个先进先出的缓冲区队列，用于存储多个客户端的连接请求。

执行本函数时，Winsock实现首先按照backlog为监听套接字建立等待连接缓冲区（也称为后备日志），并启动监听。如果缓冲区队列有空，就接收一个来自客户端的连接请求，并把它放入这个队列中等待接收，然后向客户端发送确认信息；如果缓冲区队列已经满了，就拒绝客户端的连接请求，并向客户端发送错误信息。

在等待连接队列中排队的连接请求，是由Accept( )函数来处理或接收的。Accept( )函数按照先进先出的原则，从队列首部取出一个连接请求，接收并处理。处理完毕，就将它从队列中移出，为新的连接请求腾出空间，所以，监听套接字的等待连接队列是动态变化的。例如，设backlog = 2，同时有3个连接请求，前两个进入队列排队，得到确认，第三个会收到连接请求被拒绝的错误信息。

（3）Listen( )函数可能返回的错误代码如下。

① WSAEADDRINUSE：表示试图用Listen( )函数监听一个正在使用的地址。

② WSAEINVAL：表示该套接口未用bind( )函数进行绑定，或已被连接。

③ WSAEISCONN：表示套接口已被连接。

④ WSAEMFILE：表示无可用文件描述符。

⑤ WSAENOBUFS：表示无可用缓冲区空间。

⑥ WSAENOTSOCK：表示描述符不是一个套接口。

⑦ WSAEOPNOTSUPP：表示该套接口不支持Listen( )函数调用。

4．接收连接请求——Accept( )函数

（1）Accept( )函数的调用格式如下。

```
SOCKET  accept( SOCKET s, struct sockaddr* addr, int* addrlen);
```

参数说明如下。

① 参数s：服务器监听套接口描述符，调用Listen( )函数后，该套接口一直监听连接。

② 参数addr：可选参数，指向sockaddr结构的指针。该参数用于接收通信层所知的请求连接方的套接字网络地址。

③ 参数addrlen：可选参数，指向整型数的指针。该参数用于返回addr地址的长度。

返回值：如果正确执行，则返回一个SOCKET类型的描述符；否则，返回INVALID_SOCKET错误。应用程序可通过调用WSAGetLastError( )函数来获得特定的错误代码。

（2）Accept( )函数的功能。本函数从监听套接字 s 的等待连接队列中抽取第一个连接请求，创建一个与 s 同类的新的套接口，用于与请求连接的客户端套接字建立连接通道。如果连接成功，就返回新创建的套接字的描述符，以后就通过这个新创建的套接字来与客户端套接字交换数据。如果队列中没有等待的连接请求，并且监听套接口采用阻塞工作方式，则 Accept( )函数会阻塞调用它的进程，直至新的连接请求出现。如果套接口采用非阻塞工作方式，且队列中没有等待的连接，则 Accept( )函数返回一个错误代码。原监听套接口仍保持开放，继续监听随后的连接请求。该函数仅适用于 SOCK_STREAM 类型的面向连接的套接口。

addr 参数是一个出口参数，用于返回下面通信层所知的对方连接实体的网络地址。addr 参数的实际格式由套接口创建时所产生的地址家族确定。addrlen 参数也是一个出口参数，在调用前初始化为 addr 所指的地址长度，在调用结束时它包含了实际返回的地址的字节长度。如果 addr 与 addrlen 中有一个为 NULL，将不返回所接收的远程套接口的任何地址信息。

（3）Accept( )函数可能返回的错误代码如下。

① WSAEFAULT：表示 addrlen 参数太小（小于 socket 结构）。

② WSAEINTR：表示通过 WSACancelBlockingCall( )函数来取消一个（阻塞的）调用。

③ WSAEINVAL：表示在 Accept( )函数前未激活 Listen( )函数。

④ WSAEMFILE：表示调用 Accept( )函数时队列为空，无可用的描述字。

⑤ WSAENOBUFS：表示无可用缓冲区空间。

⑥ WSAENOTSOCK：表示描述字不是一个套接口。

⑦ WSAEOPNOTSUPP：表示该套接口类型不支持面向连接的服务。

⑧ WSAEWOULDBLOCK：表示该套接口为非阻塞方式且无连接请求可供接收。

5．请求连接——Connect( )函数

（1）Connect( )函数的调用格式如下。

```
int  connect( SOCKET s, struct sockaddr* name, int namelen);
```

参数说明如下。

① 参数 s：SOCKET 类型的描述符，标识一个客户端未连接的套接口。

② 参数 name：指向 sockaddr 结构的指针，该结构指定服务器监听套接字的网络地址，就是要向该套接字请求连接。

③ 参数 namelen：网络地址结构的长度。

返回值：若正确执行，则返回 0；否则，返回 SOCKET_ERROR 错误。

（2）Connect( )函数的功能。本函数用于客户端请求与服务器建立连接。s 参数指定一个客户端未连接的数据报或流式套接口。如果套接口未被绑定到指定的网络地址，则系统赋给它唯一的值，且设置套接口为已绑定。name 指定要与之建立连接的服务器方的监听套接口的地址。如果该结构中的地址域为全零，则 Connect( )函数将返回 WSAEADDRNOTAVAIL 错误。

SOCK_STREAM 类型的流式套接口，真正建立了与远程主机的连接，一旦此调用成功返回，就能利用连接收发数据了。SOCK_DGRAM 类型的数据报套接口，仅仅设置了一个默认的目的地址，并用于进行后续的 Send( )函数与 recv( )函数调用。

（3）Connect( )函数可能返回的错误代码如下。

① WSAEADDRINUSE：表示指定的地址已在使用中。

② WSAEINTR：表示通过 WSACancelBlockingCall( )函数来取消一个（阻塞的）调用。

③ WSAEADDRNOTAVAIL：表示找不到所指的网络地址。

④ WSAENOTSUPPORT：表示所指簇中地址无法与此套接口一起使用。

⑤ WSAECONNREFUSED：表示连接尝试被强制拒绝。

⑥ WSAEDESTADDREQ：表示需要目的地址。

⑦ WSAEFAULT：表示 namelen 参数不正确。

⑧ WSAEINVAL：表示无效的参数地址绑定。

⑨ WSAEISCONN：表示套接口已经连接。

⑩ WSAEMFILE：表示无多余文件描述字。

⑪ WSAENETUNREACH：表示当前无法从本机访问网络。

⑫ WSAENOBUFS：表示无可用缓冲区。套接口未被连接。

⑬ WSAENOTSOCK：表示描述字不是一个套接口。

⑭ WSAETIMEOUT：表示连接超时。

⑮ WSAEWOULDBLOCK：表示套接口被设置为非阻塞方式且连接不能立即建立。

（4）下面是 Connect( )函数的使用示例。

```
struct sockaddr_in daddr;
memset((void*)&daddr,0,sizeof(daddr));
daddr.sin_family = AF_INET;
daddr.sin_port = htons(8888);
daddr.sin_addr.s_addr = inet_addr("133.197.22.4");
connect(ClientSocket,(struct sockaddr*)&daddr,sizeof(daddr));
```

6. 向一个已连接的套接口发送数据——Send( )函数

（1）Send( )函数的调用格式如下。

```
int  send( SOCKET s, char* buf, int len, int flags);
```

参数说明如下。

① 参数 s：SOCKET 描述符，标识发送方已与对方建立连接的套接口，就是要借助此连接从这个套接口向外发送数据。

② 参数 buf：指向用户进程字符缓冲区的指针，该缓冲区包含要发送的数据。

③ 参数 len：用户缓冲区中数据的长度，以字节为单位。

④ 参数 flags：执行此调用的方式。此参数一般被设置为 0。也可以使用下列值，具体语义取决于套接口的选项。

- MSG_DONTROUTE：指明数据不进行路由。
- MSG_OOB：发送带外数据。

返回值：如果执行正确，返回实际发送出去的数据字节总数，要注意这个数字可能小于 len 中所规定的大小；否则，返回 SOCKET_ERROR 错误。

（2）Send( )函数的功能。Send( )函数用于向本地已建立连接的数据报或流式套接口发送数据。不论是客户端还是服务器应用程序，都用 Send( )函数来向 TCP 连接的另一端发送数据。客户端程序一般用 Send( )函数向服务器发送请求，而服务器则用 Send( )函数向客户端程序发送响应。

具体来说，s 是发送端，即调用此函数的一方创建的套接字，可以是数据报套接字或流式套接字，它已经与接收端的套接字建立了连接。Send( )函数就是要将用户进程缓冲区中的数据发送到本地套接字的数据发送缓冲区中。注意：真正向对方发送数据的过程，是由下层协议簇自动完成的。对于数据报类型的套接口，必须注意发送数据的长度不应超过通信子网的 IP 包最大长度。IP 包最大长度在 WSAStartup( )函数调用返回的 WSAData 结构的 iMaxUdpDg 成员变量中定义。如果数据太长，就无法自动通过下层协议簇，会返回 WSAEMSGSIZE 错误，并且数据也不会被发送。

还要注意的是，成功地完成 Send( )函数调用并不意味着数据传送已经到达对方。

如果下层传送系统的缓冲区空间不够保存需要发送的数据，Send( )函数将会阻塞等待，除非套接口处于非阻塞 I/O 方式。对于非阻塞的流式套接口，实际发送的数据数目可能在 1 到所需大小之间，具体数值取决于本地和远端主机的缓冲区大小。可用 select( )函数调用来确定何时能够进一步发送数据。这里进一步描述同步套接字的 Send( )函数的执行流程。图 3.3 展示了同步套接字的 Send( )函数的执行流程。

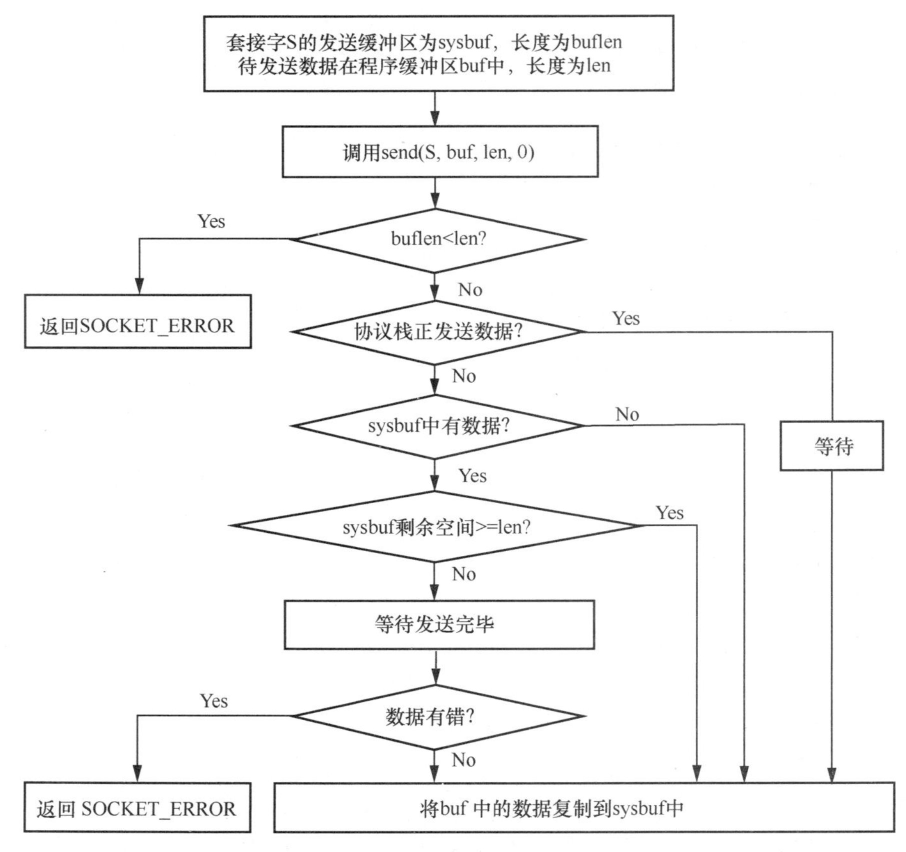

图 3.3　同步套接字的 Send( )函数的执行流程

假设套接字 s 的发送缓冲区为 sysbuf，长度为 buflen，待发送数据在缓冲区 buf 中，长度为 len。当调用 Send( )函数时，先比较二者长度。如果 buflen<len，函数返回 SOCKET_

ERROR；如果 buflen>= len，则检查协议是否正在发送 sysbuf 中的数据，如果是，就等待协议发送完毕。如果协议还没有发送 sysbuf 中的数据，或者 sysbuf 中没有数据，那就比较 sysbuf 的剩余空间大小和 len。如果 len 大于剩余空间大小，Send( )函数就一直等待协议把 sysbuf 中的数据发送完。如果 len 小于剩余空间大小，Send( )函数就仅仅把 buf 中的数据复制到剩余空间中（注意：并不是 Send( )函数把 s 的发送缓冲区中的数据传到连接的另一端，而是由协议进行传输。Send( )函数仅负责把 buf 中的数据复制到 s 的发送缓冲区的剩余空间中）。如果 Send( )函数成功复制数据，就返回实际复制的字节数；如果 Send( )函数在复制数据时出现错误，那么 Send( )函数就返回 SOCKET_ERROR；如果 Send( )函数在等待协议传送数据时网络断开，那么 Send( )函数也返回 SOCKET_ERROR。要注意 Send( )函数把 buf 中的数据成功复制到 s 的发送缓冲的剩余空间中便返回，但是此时这些数据并不一定马上被传到连接的另一端。如果协议在后续的传送过程中出现网络错误，那么下一个 socket( )函数就会返回 SOCKET_ERROR（除了 Send( )函数外的 socket( )函数在开始执行时总要先等待套接字的发送缓冲区中的数据被协议传送完毕才能继续，如果在等待过程中出现网络错误，那么该 socket( )函数就返回 SOCKET_ERROR）。

在 UNIX 操作系统下，如果 Send( )函数在等待协议传送数据时网络断开，调用 Send( )函数的进程会接收到一个 SIGPIPE 信号，进程对该信号的默认处理是终止进程。

（3）Send( )函数可能返回的错误代码如下。

① WSAEACESS：表示要求地址为广播地址，但相关标志未能正确设置。

② WSAEINTR：表示通过一个 WSACancelBlockingCall( )函数来取消一个（阻塞的）调用。

③ WSAEFAULT：表示 buf 参数不在用户地址空间中的有效位置。

④ WSAENETRESET：表示由于使用 Windows 套接口放弃连接，故该连接必须被重置。

⑤ WSAENOBUFS：表示使用 Windows 套接口报告一个缓冲区死锁。

⑥ WSAENOTCONN：表示套接口未被连接。

⑦ WSAENOTSOCK：表示描述字不是一个套接口。

⑧ WSAEOPNOTSUPP：表示已设置了 MSG_OOB，但套接口非 SOCK_STREAM 类型。

⑨ WSAESHUTDOWN：表示套接口已被关闭。以 how 参数为 1 或 2 调用 shutdown( )函数后，无法再使用 Send( )函数。

⑩ WSAEWOULDBLOCK：表示套接口标识为非阻塞模式，但发送操作会产生阻塞。

⑪ WSAEMSGSIZE：表示套接口为 SOCK_DGRAM 类型，且数据报大小超过了 Windows 套接口实现所支持的最大值。

⑫ WSAEINVAL：表示套接口未用 bind( )函数绑定。

⑬ WSAECONNABORTED：表示超时或其他原因导致虚拟电路的中断。

⑭ WSAECONNRESET：表示虚拟电路被远端复位。

7. 从一个已连接的套接口接收数据——recv( )函数

（1）recv( )函数的调用格式如下。

```
int  recv( SOCKET s, char* buf, int len, int flags);
```

参数说明如下。

① 参数 s：套接字描述符，标识一个接收端已经与对方建立连接的套接口。

② 参数 buf：用于接收数据的字符缓冲区指针，这个缓冲区属于用户进程。

③ 参数 len：用户缓冲区长度，以字节为单位。

④ 参数 flags：指定函数的调用方式，一般设置为 0。

返回值：如果正确执行，返回从套接字 s 实际读取到 buf 中的字节数。如果连接已中止，返回 0；否则的话，返回 SOCKET_ERROR 错误，应用程序可通过 WSAGetLastError( )函数获取相应错误代码。

（2）recv( )函数的功能。s 是接收端，即调用本函数一方所创建的本地套接字，可以是数据报套接字或者流式套接字，它已经与对方建立了 TCP 连接。该套接字的数据接收缓冲区中存有对方发送来的数据，调用 recv( )函数就是要将本地套接字接收缓冲区中的数据接收到用户进程的缓冲区中。

对于 SOCK_STREAM 类型的套接口来说，本函数将接收所有可用的信息，最大可达缓冲区的大小。如果套接口被设置为在线接收带外数据（选项为 SO_OOBINLINE），且有带外数据未读入，则返回带外数据。应用程序可通过调用 ioctlsocket( )函数的 SOCATMARK 命令来确定是否有带外数据等待读入。

对于数据报类套接口来说，将等候在套接口接收缓冲区队列中的第一个数据报移入用户缓冲区 buf 中，但最多不超过 buf 的大小。如果数据报长度大于 len，那么用户缓冲区中只有数据报的前面部分，剩余的数据将丢失，并且 recv( )函数返回 WSAEMSGSIZE 错误。如果套接字 s 的接收缓冲区中没有数据可读，recv( )函数的执行取决于套接字的工作方式。如果套接字采用阻塞的同步模式，recv( )函数将一直等待数据的到来；如果套接字采用非阻塞的异步模式，并且阻塞调用此函数的进程，则除非是非阻塞模式，否则 recv( )函数会立即返回，并返回 SOCKET_ ERROR 错误，再调用 WSAGetLastError( )函数获得的错误代码是 WSAEWOULDBLOCK。使用 select( )函数或 WSAAsyncSelect( )函数可以获知数据何时到达。

如果套接口是 SOCK_STREAM 类型，并且远端"优雅"地终止了连接，那么 recv( )函数不会读取任何数据，而会立即返回；如果连接被强制终止，那么 recv( )函数将以 WSAECONNRESET 错误失败返回。

本函数的标志位 flag 影响函数的执行方式。但它的具体语义还要取决于套接口选项。标志位可取下列值。

- MSG_PEEK：查看当前数据。数据将被复制到缓冲区中，但并不会从输入队列中删除。
- MSG_OOB：处理带外数据。

图 3.4 说明了 Send( )函数和 recv( )函数的作用、套接字缓冲区与应用进程缓冲区的关系，以及协议簇所进行的传输。

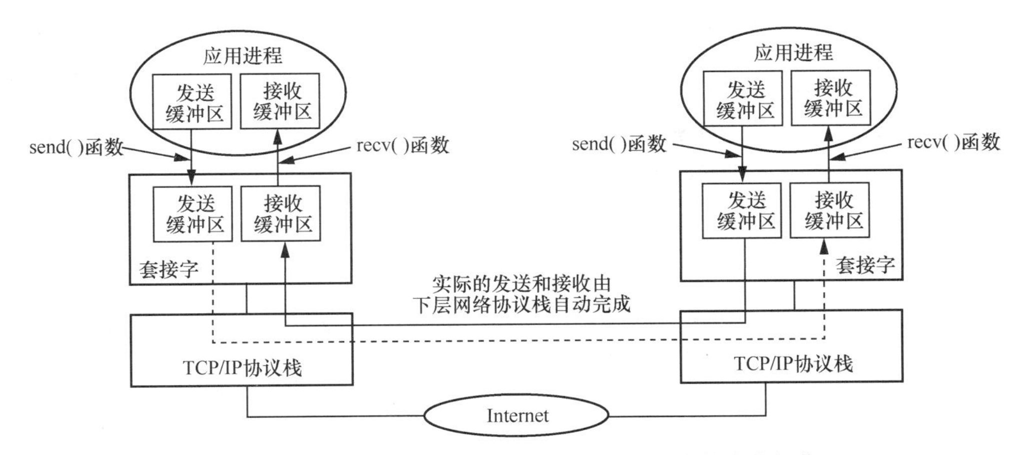

图 3.4　Send( )函数和 recv( )函数都是对本地套接字的操作

不论是客户端还是服务器应用程序，都用 recv( )函数从 TCP 连接接收另一端的数据。这里只描述同步 Socket 的 recv( )函数的执行流程。当应用程序调用 recv( )函数时，recv( )函数先等待 s 的发送缓冲区中的数据被协议传送完毕。如果协议在传送 s 的发送缓冲区中的数据时出现网络错误，那么 recv( )函数将返回 SOCKET_ERROR。如果 s 的发送缓冲区中没有数据或者数据被协议成功发送完毕，recv( )函数将检查套接字 s 的接收缓冲区。如果 s 接收缓冲区中没有数据或者协议正在接收数据，那么 recv( )函数将一直等待，直到协议完成数据接收。协议完成数据接收，recv( )函数就把 s 的接收缓冲区中的数据复制到 buf 中（注意：协议接收到的数据可能大于 buf 的长度，所以在这种情况下需要多次调用 recv( )函数才能把 s 的接收缓冲区中的数据复制完毕。recv( )函数仅负责复制数据，真正的接收工作由协议来完成，recv( )函数返回其实际复制的字节数。如果 recv( )在复制数据时出错，那么它将返回 SOCKET_ERROR；如果 recv( )函数在等待协议接收数据时网络中断，那么它将返回 0。

注意

在 UNIX 操作系统中，如果 recv( )函数在等待协议接收数据时网络断开，那么调用 recv( )函数的进程会接收到一个 SIGPIPE 信号，进程对该信号的默认处理是终止进程。

（3）recv( )函数可能返回的错误代码如下。

① WSAENOTCONN：表示套接口未连接。

② WSAEINTR：表示阻塞进程被 WSACancelBlockingCall( )函数取消。

③ WSAENOTSOCK：表示描述字不是一个套接口。

④ WSAEOPNOTSUPP：表示指定了 MSG_OOB，但套接口不是 SOCK_STREAM 类型的。

⑤ WSAESHUTDOWN：表示套接口已被关闭。以 how 参数为 0 或 2 调用 shutdown( )关闭后，无法再用 recv( )函数接收数据。

⑥ WSAEWOULDBLOCK：表示套接口标识为非阻塞模式，但接收操作会阻塞。

⑦ WSAEMSGSIZE：表示数据报太大无法全部装入缓冲区，故被剪切。

⑧ WSAEINVAL：表示套接口未用 bind( )函数进行绑定。

⑨ WSAECONNABORTED：表示超时或其他原因导致虚电路失效。

⑩ WSAECONNRESET：表示远端强制中止了虚电路。

8. 按照指定目的地向数据报套接字发送数据——sendto( )函数

（1）sendto( )函数的调用格式如下。

```
int  sendto( SOCKET s, char* buf, int len, int flags, struct sockaddr * to, int t
olen);
```

参数说明如下。

① 参数 s：发送方的数据报套接字描述符，包含发送方的网络地址，数据报通过这个套接字向对方发送数据。

② 参数 buf：指向用户进程发送缓冲区的字符串指针，该缓冲区包含将要发送的数据。

③ 参数 len：用户发送缓冲区中要发送的数据的长度，这是可以发送的最大字节数。

④ 参数 flags：指定函数的执行方式，一般被设置为 0。此参数还可以被设置为其他值，但它们的具体语义取决于套接口的选项。

- MSG_DONTROUTE：指明数据不进行路由。
- MSG_OOB：发送带外数据（仅适用于 SO_STREAM 套接字）。

⑤ 参数 to：指向 sockaddr 结构的指针，用于指定接收数据报的目的套接字的完整网络地址。

⑥ 参数 tolen：to 地址的长度，等于 sizeof(struct sockaddr)。

返回值：如果发送成功，则返回实际发送的字节数，注意这个数字可能小于 len 中所规定的大小；如果出错，则返回 SOCKET_ERROR，应用程序可通过 WSAGetLastError( )函数获取相应的错误代码。

（2）sendto( )函数的功能。本函数用于向发送端的本地套接字发送一个数据报。套接字会将数据下交给传输层的 UDP，由它负责向对方发送。容易看出，这个调用需要确定通信的两个端点，需要一个全相关的五元组信息，即协议（UDP）、源 IP 地址、源端口号、目的 IP 地址和目的端口号。通信一端由发送方套接字 s 指定，通信的另一端由 to 结构决定。

实际发送出去的字节数可能与 len 中的数值不同，所发送数据报的大小还要受到 Winsock 实现所支持的最大数据报的限制。必须注意发送数据长度不应超过通信子网的 IP 包最大长度。IP 包最大长度在调用 WSAStartup( )函数返回的 WSAData 的 iMaxUdpDg 元素中定义。如果数据太长就无法自动通过下层协议，将返回 WSAEMSGSIZE 错误，数据也不会被发送。

成功地完成 sendto( )函数的调用，仅说明用户缓冲区中的数据已经被发送到本地套接字的发送缓冲区中，并不意味着数据被传送给对方。真正将数据发送到对方的过程是由下层协议簇完成的，下层协议簇根据 sendto( )函数中提供的目的端地址来完成发送。

如果套接字 s 的缓冲区空间不足以保存需传送的数据，sendto( )函数的执行则取决于套接字 s 的工作模式。如果套接字处于阻塞的同步模式，sendto( )函数将等待，并阻塞调用它的进程。

（3）sendto( )函数可能返回的错误代码如下。

① WSAEACCESS：表示请求地址为广播地址，但相关标志未被正确设置。

② WSAEINTR：表示通过一个 WSACancelBlockingCall( )函数来取消一个（阻塞的）调用。

③ WSAEFAULT：表示 buf 或 to 参数不是用户地址空间的一部分，或 to 参数太小（小于 sockaddr 结构大小）。

④ WSAENETRESET：表示由于 Windows 套接口实现放弃了连接，故该连接必须被复位。

⑤ WSAENOBUFS：表示 Windows 套接口实现报告了一个缓冲区死锁。

⑥ WSAENOTCONN：表示套接口未被连接。

⑦ WSAENOTSOCK：表示描述字不是一个套接口。

⑧ WSAEOPNOTSUPP：表示已设置了 MSG_OOB，但套接口非 SOCK_STREAM 类型。

⑨ WSAESHUTDOWN：表示套接口已被关闭。以 how 参数为 1 或 2 调用 shutdown( )函数关闭后，无法再用 Send( )函数。

⑩ WSAEWOULDBLOCK：表示套接口被标志为非阻塞，但该调用会产生阻塞。

⑪ WSAEMSGSIZE：表示套接口为 SOCK_DGRAM 类型，且数据报大小超过了 Windows 套接口实现所支持的最大值。

⑫ WSAECONNABORTED：表示超时或其他原因导致虚电路的中断。

⑬ WSAECONNRESET：表示虚电路被远端复位。

⑭ WSAEADDRNOTAVAIL：表示所指地址无法从本地主机获得。

⑮ WSAEAFNOSUPPORT：表示所指定地址家族中的地址无法与本套接口一起使用。

⑯ WSAEDESADDRREQ：表示需要目的地址。

⑰ WSAENETUNREACH：表示当前无法从本主机连上网络。

9．接收一个数据报并保存源地址，从数据报套接字接收数据——recvfrom( )函数

（1）recvfrom( )函数的调用格式如下。

```
int recvfrom( SOCKET s, char* buf, int len, int flags, struct sockaddr* from,
int* fromlen);
```

参数说明如下。

① 参数 s：接收端的数据报套接字描述符，包含接收方的网络地址，用于从这个套接字接收数据报。

② 参数 buf：字符串指针，指向用户进程的接收缓冲区，用于接收从套接字接收到的数据报。

③ 参数 len：用户接收缓冲区的长度，指定了所能接收的最大字节数。

④ 参数 flags：接收的方式，一般被设置为 0。也可以取其他数值，但它们的语义还取决于套接口的选项。

⑤ MSG_PEEK：查看当前数据。数据将被复制到缓冲区中，但并不会从输入队列中删除。

⑥ MSG_OOB：处理带外数据。

⑦ 参数 from：指向 sockaddr 结构的指针，实际是一个出口参数。本调用成功执行后，将在这个结构中返回发送方的网络地址，包括对方的 IP 地址和端口号。

⑧ 参数 fromlen：整数型指针，也是一个出口参数。本调用结束时，返回保存在 from 中的网络地址的长度。

⑨ 返回值：如果正确接收数据报，则返回实际收到的字节数；如果接收出错，则返回 SOCKET_ERROR，应用程序可通过 WSAGetLastError( )函数获取相应的错误代码。

（2）recvfrom( )函数的功能。本函数从 s 套接口的接收缓冲区队列中，取出第一个数据报，把它放到用户进程的缓冲区 buf 中，但最多不超过用户缓冲区的大小。如果数据报大于用户缓冲区长度，那么用户缓冲区中只有数据报的前面部分，后面的数据都会丢失，并且 recvfrom( )函数返回 WSAEMSGSIZE 错误。

如果 from 不是空指针，函数将下层协议簇所知道的该数据报的发送方网络地址放到相应的 sockaddr 结构中，并把这个结构的大小放到 fromlen 中。这两个参数对于接收不起作用，仅用于返回数据报源端的地址。

如果套接字中没有数据待读，并且套接字工作为阻塞模式，函数将一直等待数据的到来；如果套接字工作为非阻塞模式，函数将立即返回 SOCKET_ERROR 错误，调用 WSAGetLastError( )函数以获取 WSAEWOULDBLOCK 错误代码。使用 select( )函数或 WSAAsynSelect( )函数可以获知数据何时到达。

（3）recvfrom( )函数可能返回的错误代码如下。

① WSAEFAULT：fromlen 参数非法；from 缓冲区大小无法装入端地址。

② WSAEINTR：表示阻塞进程被 WSACancelBlockingCall( )函数取消。

③ WSAEINVAL：表示套接口未用 bind( )函数进行绑定。

④ WSAENOTCONN：表示套接口未连接（仅适用于 SOCK_STREAM 类型）。

⑤ WSAENOTSOCK：表示描述字不是一个套接口。

⑥ WSAEOPNOTSUPP：表示指定了 MSG_OOB，但套接口不是 SOCK_STREAM 类型的。

⑦ WSAESHUTDOWN：表示套接口已被关闭。以 how 参数为 0 或 2 调用 shutdown( )函数关闭后，无法再用 recv( )函数接收数据。

⑧ WSAEWOULDBLOCK：表示套接口被标识为非阻塞模式，但接收操作会产生阻塞。

⑨ WSAEMSGSIZE：表示数据报太大无法被全部装入缓冲区，故被截断。

⑩ WSAECONNABORTED：表示超时或其他原因导致虚电路失效。

⑪ WSAECONNRESET：表示远端强制中止了虚电路。

10．关闭套接字——closesocket( )函数

（1）closesocket( )函数的调用格式如下。

```
int closesocket( SOCKET s);
```

参数说明如下。

参数 s：一个套接口的描述符。

返回值：如果成功地关闭了套接字，则返回 0；否则，返回 SOCKET_ERROR 错误，应用程序可通过 WSAGetLastError( )函数获取相应的错误代码。

（2）closesocket( )函数的功能。本函数用于关闭一个套接口。更确切地说，它释放套接口描述符 s 后，对 s 的访问均以 WSAENOTSOCK 错误返回。若本次为对套接口的最后一次访问，则相应的名字信息及数据队列都将被释放。具体来说，closesocket( )函数用于关闭一个描述符为 s 的套接字。由于每个进程中都有一个套接字描述符表，表中的每个套接字描述符都对应一个位于操作系统缓冲区中的套接字数据结构，因此有可能存在多个套接字描述符指向同一个套接字数据结构。套接字数据结构中专门有一个字段用于存放该结构的被引用次数，即有多少个套接字描述符指向该结构。当调用 closesocket( )函数时，操作系统先检查套接字数据结构中该字段的值，如果为 1，就表明只有一个套接字描述符指向它，因此操作系统就先把 s 在套接字描述符表中对应的表项清除，并且释放 s 对应的套接字数据结构；如果该字段大于 1，那么操作系统仅仅清除 s 在套接字描述符表中的对应表项，并且把 s 对应的套接字数据结构的引用次数减 1。

closesocket( )函数的语义受 SO_LINGER 与 SO_DONTLINGER 选项影响，具体对比见表 3.2。

表 3.2　closesocket( )函数的不同语义

选项	间隔	关闭方式	等待关闭与否
SO_DONTLINGER	不关心	优雅	否
SO_LINGER	零	强制	否
SO_LINGER	非零	优雅	是

若设置了 SO_LINGER 和零超时间隔，不论套接字中是否有排队数据未发送或未被确认，closesocket( )函数都会立即执行。这种关闭方式称为“强制”或“失效”关闭，因为套接口的虚拟电路立即被复位，且丢失了未发送的数据。远端的 recv( )函数调用将以 WSAECONNRESET 错误返回。

若设置了 SO_LINGER 和非零超时间隔，则 closesocket( )函数会等待，并阻塞调用它的进程，直到所剩数据发送完毕或超过所设定的时间，这种关闭称为“优雅”关闭。

注意　如果套接口被设置为非阻塞模式且 SO_LINGER 被设置非零超时间隔，则 closesocket( )函数调用将以 WSAEWOULDBLOCK 错误返回。

若在一个流类套接口上设置了 SO_DONTLINGER，则 closesocket( )函数会立即返回。在套接口中排队的数据将继续发送，直到数据发送完毕才会关闭。

注意　在这种情况下，Windows 套接口实现将在一段不确定的时间内保留套接口以及其他资源。

（3）closesocket( )函数可能返回的错误代码如下。

① WSAENOTSOCK：表示描述字不是一个套接口。

② WSAEINTR：表示通过 WSACancelBlockingCall( )函数来取消一个（阻塞的）调用。

③ WSAEWOULDBLOCK：表示套接口设置为非阻塞方式且 SO_LINGER 被设置非

零超时间隔。

11．禁止在一个套接口上进行数据的接收与发送——shutdown( )函数

（1）shutdown( )函数的调用格式。

```
int shutdown( SOCKET s, int how);
```

参数说明如下。

① 参数 s：用于标识一个套接口的描述符。

② 参数 how：标志，用于描述禁止哪些操作。

返回值：如果没有错误发生，shutdown( )函数返回 0；否则，返回 SOCKET_ERROR 错误，应用程序可通过 WSAGetLastError( )函数获取相应的错误代码。

（2）shutdown( )函数的功能。shutdown( )函数可用于任何类型的套接口，可以有选择地禁止该套接字接收、发送或收发数据。

如果 how 参数为 0，则该套接口上的后续接收操作将被禁止。对于低层协议来说，这并无影响。对于 TCP 来说，TCP 窗口不改变，并接收到来的数据（但不确认）直至接收窗口满；对于 UDP，接收并将到来的数据进行排队。在任何情况下都不会产生 ICMP 错误包。

若 how 参数为 1，则禁止后续发送操作。对于 TCP，将发送 FIN。

若 how 参数为 2，则同时禁止接收和发送数据。

shutdown( )函数并不会关闭套接口，且套接口所占有的资源将被一直保持到 closesocket( )函数调用。但是，一个应用程序不应依赖于重用一个已被 shutdown( )函数禁止的套接口。

（3）shutdown( )函数可能返回的错误代码如下。

① WSAEINVAL：表示 how 参数非法。

② WSAENOTCONN：表示套接口未连接（仅适用于 SOCK_STREAM 类型套接口）。

③ WSAENOTSOCK：表示描述字不是一个套接口。

3.2.4 Winsock 的辅助函数

1．Winsock 中的字节顺序转换函数

在第 2 章中，我们介绍过本机字节顺序和网络字节顺序的问题。在 Winsock 网络编程中，也有同样的问题。在前面的例子中，我们已经看到了类似的 htonl( )和 htons( )函数。

在不同的计算机中，存放多字节数据的顺序是不同的，通常有两种。内存的地址由小到大排列，当存储一个多字节数据时，系统首先决定一个起始地址。有的机器将数据的低位字节首先存放在起始地址，把数据的高位字节排在后面，即先低后高；有的机器则相反，即先高后低。这种针对具体计算机的多字节数据的存储顺序，称为本机字节顺序或主机字节顺序。

图 3.5 所示为两种本机字节顺序。

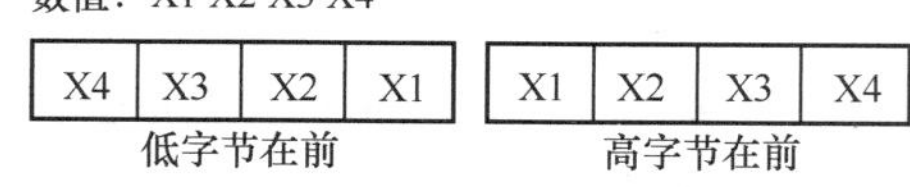

图 3.5　两种本机字节顺序

在网络的协议中，对多字节数据的存储，有它自己的规定，多字节数据在网络协议报头中的存储顺序，称为网络字节顺序。例如，IP 地址有 4 字节，端口号有 2 字节，它们在 TCP/IP 报头中，都有特定的存储顺序。

在套接字中，凡是将来要封装在网络协议报头中的数据都必须使用网络字节顺序。在 sockaddr_in 结构中，sin_addr 是 IP 地址，需要发送到下层协议，并封装在 IP 报头中；sin_port 是端口号，要封装在 UDP 或 TCP 报头中。这两项必须转换成网络字节顺序。而 sin_family 域仅被本机内核使用，决定地址结构中包含的地址家族类型，并不发送到网络上，因此应该是本机字节顺序。

网络应用程序需要在不同的计算机中运行，而不同计算机的本机字节顺序是不同的，但网络字节顺序是固定的。为了保证应用程序的可移植性，在编程中，指定套接字的网络地址时，应把 IP 地址和端口号从本机字节顺序转换为网络字节顺序；相反，如果从网络上接收到对方的网络地址，在本机进行处理或输出时，应将 IP 地址和端口号从网络字节顺序转换为本机字节顺序，Winsock API 特为此设置了以下 4 个函数。

① htonl( )函数：将主机的无符号长整型数从本机字节顺序转换为网络字节顺序，用于 IP 地址，具体用法如下。

```
u_long PASCAL FAR htonl( u_long hostlong);
```

hostlong 是主机字节顺序表达的 32 位数。htonl( )函数用于返回一个网络字节顺序的值。

② htons( )函数：将主机的无符号短整型数从本机字节顺序转换成网络字节顺序，用于端口号，具体用法如下。

```
u_short PASCAL FAR htons( u_short hostshort);
```

hostshort 是主机字节顺序表达的 16 位数。htons( )函数用于返回一个网络字节顺序的值。

③ ntohl( )函数：将一个无符号长整型数从网络字节顺序转换为主机字节顺序，用于 IP 地址，具体用法如下。

```
u_long PASCAL FAR ntohl( u_long netlong);
```

netlong 是一个以网络字节顺序表达的 32 位数，ntohl( )函数用于返回一个以主机字节顺序表达的数。

④ ntohs( )函数：将一个无符号短整型数从网络字节顺序转换为主机字节顺序，用于端口号，具体用法如下。

```
u_short PASCAL FAR ntohs( u_short netshort);
```

netshort 是一个以网络字节顺序表达的 16 位数。ntohs( )函数用于返回一个以主机字节顺序表达的数。

2．获取与套接口相连的端地址 getpeername( )函数

（1）getpeername( )函数的调用格式如下。

```
int getpeername( SOCKET s, struct sockaddr* name,int* namelen);
```

参数说明如下。

① 参数 s：标识一个已连接套接口的描述字。

② 参数 name：接收端地址的名字结构。

③ 参数 namelen：一个指向名字结构的指针。

返回值：若无错误发生，getpeername( )函数返回 0；否则，返回 SOCKET_ERROR，应用程序可通过 WSAGetLastError( )函数来获取相应的错误代码。

（2）getpeername( )函数的功能。getpeername( )函数用于从端口 s 中获取与它捆绑的端口名，并把它存放在 sockaddr 类型的 name 结构中。它适用于数据报或流类套接口。

（3）getpeername( )函数可能返回的错误代码如下。

① WSAEFAULT：namelen 参数不够大。

② WSAENOTCONN：套接口未连接。

③ WSAENOTSOCK：描述字不是一个套接口。

3．获取一个套接口的本地名称 getsockname( )函数

（1）getsockname( )函数的调用格式如下。

```
int getsockname( SOCKET s, struct sockaddr* name, int* namelen);
```

参数说明如下。

① 参数 s：标识一个已绑定套接口的描述字。

② 参数 name：接收套接口的地址（名字）。

③ 参数 namelen：名字缓冲区长度。

返回值：若无错误发生，getsockname( )函数返回 0；否则，返回 SOCKET_ERROR 错误，应用程序可通过 WSAGetLastError( )函数获取相应错误代码。

（2）getsockname( )函数的功能。getsockname( )函数用于获取一个套接口的名称。它用于一个已捆绑或已连接的套接口 s，本地地址将被返回。本函数特别适用于如下情况：未调用 bind( )函数就调用了 Connect( )函数，这时只有 getsockname( )函数可以获知系统内定的本地地址。在返回时，namelen 参数包含了名字的实际字节数。

若一个套接口与 INADDR_ANY 捆绑，也就是说该套接口可以使用任意主机的地址，此时除非调用 Connect( )或 Accept( )函数来建立连接，否则 getsockname( )函数将不会返回主机 IP 地址的任何信息。除非套接口被连接，否则 Windows 套接口应用程序不应假设 IP 地址会从 INADDR_ANY 变成其他地址。这是因为对于多个主机环境，除非套接口被连接，否则该套接口所用的 IP 地址是不可知的。

（3）getsockname( )函数可能返回的错误代码如下。

① WSAEFAULT：namelen 参数不够大。

② WSAENOTSOCK：描述字不是一个套接口。

③ WSAEINVAL：套接口未用 bind( )函数绑定。

4．将一个点分十进制形式的 IP 地址转换成一个长整型数——inet_addr( )函数

（1）inet_addr( )函数的调用格式如下。

```
unsigned long inet_addr (const char* cp);
```

参数说明如下。

参数 cp：字符串，表示一个点分十进制形式的 IP 地址。

返回值：如果正确执行，inet_addr( )函数返回一个无符号长整型数。如果传入的字符串不是一个合法的 IP 地址，如“a.b.c.d”地址中任意一项超过 255，那么函数将返回 INADDR_NONE。

（2）inet_addr( )函数的功能。本函数将点分十进制形式的 IP 地址转换为无符号长整型数。返回值符合网络字节顺序。

5．将网络地址转换成点分十进制的字符串格式——inet_ntoa( )函数

（1）inet_ntoa( )函数的调用格式如下。

```
char* inet_ntoa( struct  in_addr in);
```

参数说明如下。

参数 in：一个 in_addr 结构变量，包含长整数型的 IP 地址。

返回值：如果正确执行，inet_ntoa( )函数返回一个字符指针。其中的数据应在下一个套接口调用前复制出来。如果发生错误，则返回 NULL。

（2）inet_ntoa( )函数的功能。本函数将一个包含在 in_addr 结构变量中的长整型 IP 地址，转换成点分十进制的字符串形式，如“a.b.c.d”。注意：inet_ntoa( )函数返回的字符串存放在套接口实现所分配的内存中，由系统管理。在同一个线程的下一个 Winsock 调用前，数据将保证为有效。

3.2.5　Winsock 的信息查询函数

Winsock API 提供了一组信息查询函数，使用户能方便地获取套接口所需要的网络地址信息以及其他相关信息。

（1）gethostname( )函数：在 UNIX 类操作系统中用于获取当前机器的主机名的函数。其具体用法如下。

```
int gethostname(char* name,int namelen);
```

参数 name 是一个指向将要存放主机名的缓冲区指针，namelen 是缓冲区的长度。

该函数把本地主机名存放到由 name 参数指定的缓冲区中。返回的主机名是一个以 NULL 结束的字符串。主机名的形式取决于 Windows Sockets 实现，可能是一个简单的主机名（如 user），也可能是一个完整的主机域名（如“user.163.com”），然而，返回的名字必定可以在 gethostbyname( )函数和 WSAAsyncGetHostByName( )函数中使用。

如果函数成功执行，函数返回 0；否则返回 SOCKET_ERROR。应用程序可以调用 WSAGetLastError( )函数得到一个特定的错误代码。

（2）gethostbyname( )函数：UNIX 类操作系统中实现的一部分，用于通过主机名称来获取 hostent 结构的指针。其具体用法如下。

```
struct hostent*  gethostbyname(const  char* name);
```

参数 name 是指向主机名字符串的指针。函数返回的指针指向一个 hostent 结构，该结构包含对应于给定主机名的地址信息，以及有关主机名的类型和主机别名的信息。

hostent 结构的声明如下。

```
struct hostent {
char*    h_name;                  //正规的主机名字
char**   h_aliases;              //一个以空指针结尾的可选主机名队列
short    h_addrtype;              //返回地址的类型，对于 Winsock，总是 AF_INET
short    h_length;                //每个地址的字节长度，对应于 AF_INET，应该为 4
char**   h_addr_list;            //以空指针结尾的主机地址的列表
};
```

（3）gethostbyaddr( )函数：UNIX 类操作系统中实现的一部分，用于通过网络地址（IPv4

或 IPv6）和地址长度，以及指定地址类型，来获取 hostent 结构体的指针。其具体用法如下。

```
struct hostent* gethostbyaddr(const char* addr, int len, int type);
```

参数 addr 是指向网络字节顺序的 IP 地址的指针；len 是地址的长度，在 AF_INET 类型地址中为 4；type 是地址类型，应为 AF_INET。返回的指针指向一个 hostent 结构，其中包含主机名称和地址信息。

（4）getservbyname( )函数：UNIX 类操作系统中实现的一部分，用于通过服务名称和协议名称来获取 servent 结构的指针。其具体用法如下。

```
struct servent* getservbyname(const char* name, const char* proto);
```

参数 name 是一个指向服务名的指针；proto 是指向协议名的指针，此参数可选，可设置为空。如果这个指针为空，函数只根据 name 的信息进行匹配查找。函数返回的指针指向一个 servent 结构，该结构包含所需的信息。

servent 结构的声明如下。

```
struct servent {
char*      s_name;          //正规的服务名
char**     s_aliases;       //一个以空指针结尾的可选服务名队列
short      s_port;          //连接该服务时需要用到的端口号，以网络字节顺序排列
char*      s_proto;         //连接该服务时用到的协议名
};
```

（5）getservbyport( )函数：UNIX 类操作系统中实现的一部分，用于通过端口号和协议名称获取 servent 结构的指针。其具体用法如下。

```
struct servent* getservbyport(int port,const char* proto);
```

参数 port 是给定的端口号，以网络字节顺序排列；proto 是指向协议名的指针，是可选的，如果此指针为空，函数只按照 port 进行匹配。返回的指针指向一个 servent 结构，该结构包含所需的信息。

（6）getprotobyname( )函数：UNIX 类操作系统中实现的一部分，用于通过协议名称获取 protoent 结构的指针。其具体用法如下。

```
struct protoent* getprotobyname(const char* name);
```

参数 name 是一个指向协议名的指针。函数返回的指针指向一个 protoent 结构。该结构包含相关协议信息。

protoent 结构的声明如下。

```
struct protoent {
char*     p_name;               //正规的协议名
char**    p_aliases;            //一个以空指针结尾的可选协议名队列
short     p_proto;              //以主机字节顺序排列的协议号
};
```

（7）getprotobynumber( )函数：UNIX 类操作系统中实现的一部分，用于通过协议编号获取 protoent 结构的指针。其具体用法如下。

```
struct protoent* getprotobynumber(int number);
```

参数 number 是一个以主机顺序排列的协议号。函数返回的指针指向一个 protoent 结构，包含相关协议信息。

除了 gethostname( )函数，其他 6 个函数有以下共同特点。

① 函数名都采用“GetXbyY”的形式。

② 如果函数被成功执行，就返回一个指向某种结构的指针，该结构包含所需要的信息。

hostent、protoent 和 servent 结构都是由 Winsock 实现分配的，是由系统管理的，应用程序不应该试图修改这个结构，也不必释放它的任何部分。此外，对于这 3 种结构，每个线程仅有该结构的一份复制实例，如果使用 GetXbyY 函数后，又调用了其他 Winsock 函数，这些结构的内容就可能发生变化。所以应用程序应该及时复制自己所需的信息。

③ 如果函数执行发生错误，就返回一个空指针。应用程序可以立即调用 WSAGetLast-Error( )函数来得到一个特定的错误代码。

④ 执行函数时，可能在本地计算机上查询，也可能通过网络向域名服务器发送请求，来获得所需要的信息，这取决于用户网络的配置方式。由于这些函数往往要借助网络服务，通过查找数据库获得信息，所以又将它们称为 Winsock 的数据库函数。如果网络很忙，或有其他原因，所需要的数据就不能及时返回，这些函数在得到响应之前，就要等待一段时间，在这段时间内，会使调用它们的进程处于阻塞的状态。或者说，GetXbyY 函数是以同步的方式工作的。

⑤ 为了让程序在等待响应时能做其他事情，Winsock API 扩充了一组作用相同的异步查询函数，不会引起进程的阻塞。并且可以使用 Windows 的消息驱动机制，也是 6 个函数，与 GetXbyY 各函数对应，在每个函数名前面加上了 WSAAsync 前缀，名字采用 WSAAsyncGetXByY( )函数的形式。

3.2.6　WSAAsyncGetXByY 类型的扩展函数

WSAAsyncGetXByY 类型的扩展函数是 GetXByY 函数的异步版本，这些函数可以很好地利用 Windows 的消息驱动机制。这些函数在调用格式、参数、功能、返回值和错误码方面非常相似，在第一个函数中将详细叙述，其他函数与之相同的内容将不再重述。

1. WSAAsyncGetHostByName( )函数

（1）函数的调用格式如下。

```
HANDLE WSAAsyncGetHostByName ( HWND hWnd,unsigned int wMsg,
const char* name,char* buf,int buflen );
```

参数说明如下。

① 参数 hWnd：当异步请求完成时，应该接收消息的窗口句柄，其他函数与之相同。

② 参数 wMsg：当异步请求完成时，将要接收的消息，其他函数与之相同。

③ 参数 name：指向主机名的指针。

④ 参数 buf：接收 hostent 数据的数据区指针，注意该数据区必须大于 hostent 结构的大小。这是因为不仅 Windows Sockets 实现要用该数据区域容纳 hostent 结构，hostent 结构的成员引用的所有数据也要在该区域内。建议用户提供一个 MAXGETHOSTSTRUCT 字节大小的缓冲区。该常量定义为“#define　MAXGETHOSTSTRUCT　1024”。

⑤ 参数 buflen：上述数据区的大小。

（2）函数的功能。本函数是 gethostbyname( )函数的异步版本，用于获取对应于一个主机名的主机名称和地址信息。

Windows Sockets 的实现启动 WSAAsyncGetXByY( )函数后立刻返回调用方，并传回一个异步任务句柄，应用程序可以用它来标识该操作。操作完成后，如果有结果，将会把结果复制到调用方提供的缓冲区 buf 中，同时向应用程序的窗口发送一条消息。

异步操作完成后，应用程序的窗口 hWnd 接收到消息 wMsg。该消息结构的 wParam 参数包含了初始函数调用时返回的异步任务句柄，lParam 参数的高 16 位包含错误代码，该代码可以是 winsock.h 中定义的任何错误。错误代码为 0 说明异步操作成功，在该情况下，提供给初始函数调用的缓冲区中包含一个结构，与相应的函数对应，可能是 hostent、servent 或 protoent 结构。为存取该结构中的元素，应将初始的缓冲区指针转换为相应结构的指针，并一如往常地存取。

如果错误代码是 WSAENOBUFS，说明在初始函数调用时由 buflen 指出的缓冲区太小了，不足以容纳所有的结果信息。在这种情况下，lParam 参数的低 16 位包含提供所有信息所需的缓冲区大小数值。如果应用程序认为获取的数据不够，它就可以在设置了足够容纳所需信息的缓冲区后，重新调用 WSAAsyncGetXByY( )函数（也就是大于 lParam 低 16 位提供的大小）。

错误代码和缓冲区大小应使用 WSAGETASYNCERROR 和 WSAGETASYNCBUFLEN 宏从 lParam 中取出，两个宏的定义如下。

```
#define WSAGETASYNCERROR(lParam)      HIWORD(lParam)
#define WSAGETASYNCBUFLEN(lParam)     LOWORD(lParam)
```

使用这些宏可以最大地提高应用程序源代码的可移植性。

（3）返回值。返回值指出异步操作是否成功地初次启动。

它并不说明操作本身的成功或失败。

如果异步操作成功，WSAAsyncGetXByY( )函数返回一个 HANDLE 类型的非 0 值，作为请求需要的异步任务句柄。该值可在两种方式下使用：用在 WSACancelAsyncRequest( )函数中，以取消相应 WSAAsyncGetXByY( )函数所启动的异步操作；用于检查 wParam 消息参数，以匹配异步操作和完成消息。

如果异步操作不能成功启动，WSAAsyncGetXByY( )函数返回一个 0 值，并且可使用 WSAGetLastError( )函数获取错误号。

Winsock 实现使用提供给该函数的缓冲区来构造相应的结构（hostent 结构、servent 或 protoent 结构），以及该结构成员引用的数据区内容。为避免上述的 WSAENOBUFS 错误，应用程序应提供一个足够大小的缓冲区。

（4）错误代码。应用程序的窗口收到消息时，可能会返回以下错误代码。

① WSAENETDOWN：表示 Winsock 实现已检测到网络子系统故障。

② WSAENOBUFS：表示没有可用的缓冲区空间或空间不足。

③ WSAHOST_NOT_FOUND：表示未找到授权的应答主机。

④ WSATRY_AGAIN：表示未找到非授权的应答主机，或服务器故障。

⑤ WSANO_RECOVERY：表示存在不可恢复性错误。

⑥ WSANO_DATA：表示无请求类型的数据记录。

下列错误可能在函数调用时发生，用于指出异步操作不能启动。

① WSANOTINITIALISED：表示在使用本 API 前必须进行一次成功的 WSAStartup( )函数调用。

② WSAENETDOWN：表示 Winsock 实现已检测到网络子系统故障。

③ WSAEINPROGRESS：表示一个阻塞的 Winsock 实现正在进行，系统无法执行本函数。

④ WSAEWOULDBLOCK：表示由于 Winsock 实现的资源或其他限制的制约，此时无法调度本异步操作。

以上对于函数功能、返回值和错误代码的叙述，6 个 WSAAsyncGetXByY( )型的函数都是一样的，仅仅是使用的数据结构有所区别，所以在以下对其他函数的描述中，相同的部分就不再赘述了。

2. WSAAsyncGetHostByAddr( )函数

（1）函数的调用格式如下。

```
HANDLE WSAAsyncGetHostByAddr( HWND hWnd,  unsigned int wMsg, const char* addr,
int len,  int type,  char* buf,  int buflen );
```

参数说明如下。

① 参数 addr：指向主机网络地址的指针，主机地址以网络字节次序存储。

② 参数 len：地址长度，对于 AF_INET 来说必须为 4。

③ 参数 type：地址类型，必须是 AF_INET。

④ 参数 buf：接收 hostent 数据的数据区指针。

接收 hostent 数据的数据区必须大于 hostent 结构的大小，这是因为不仅 Windows Sockets 实现要用该数据区域容纳 hostent 结构，hostent 结构的成员引用的所有数据也要在该区域内。建议用户提供一个 MAXGETHOSTSTRUCT 字节大小的缓冲区。

⑤ 参数 buflen：上述数据区的大小。

（2）函数的功能。本函数是 gethostbyaddr( )函数的异步版本，用于获取对应于一个网络地址的主机名和地址信息。

3. WSAAsyncGetServByName( )函数

（1）函数的调用格式如下。

```
HANDLE WSAAsyncGetServByName( HWND hWnd, unsigned int wMsg, const char* name,
const char* proto,char* buf,int buflen );
```

参数说明如下。

① 参数 name：指向服务名的指针。

② 参数 proto：指向协议名称的指针。它可能是 NULL，在这种情况下，WSAAsyncGetServByName( )函数将搜索第一个服务入口，即满足 s_name 或 s_aliases 和所给的名字匹

配；否则，WSAAsyncGetServByName( )函数将和名称及协议同时匹配。

③ 参数 buf：接收 protoent 数据的数据区指针。

接收 protoent 数据的数据区必须大于 protoent 结构的大小。这是因为不仅 Windows Sockets 实现要用该数据区域容纳 servent 结构，servent 结构的成员引用的所有数据也要在该区域内。建议用户提供一个大于 MAXGETHOSTSTRUCT 字节大小的缓冲区。

④ 参数 buflen：上述数据区的大小。

（2）函数的功能。本函数是 getservbyname( )函数的异步版本，用于获取对应于一个服务名的服务信息。

4．WSAAsyncGetServByPort( )函数

（1）函数的调用格式如下。

```
HANDLE WSAAsyncGetServByPort( HWND hWnd, unsigned int wMsg, int port, const char* proto,  char* buf,  int buflen );
```

参数说明如下。

① 参数 port：以网络字节序表示的端口。

② 参数 proto：指向协议名称的指针。它可能是 NULL，在这种情况下，WSAAsync-GetServByName( )函数将搜索第一个服务入口，即满足 s_name 或 s_aliases 之一与所给的名字匹配；否则，WSAAsyncGetServByName( )函数将同时匹配名称和协议。

③ 参数 buf：接收 servent 数据的数据区指针。

接收 servent 数据的数据区必须大于 servent 结构的大小。这是因为不仅 Windows Sockets 实现要用该数据区域容纳 servent 结构，servent 结构的成员引用的所有数据也要在该区域内。建议用户提供一个 MAXGETHOSTSTRUCT 字节大小的缓冲区。

④ 参数 buflen：上述数据区的大小。

（2）函数的功能。本函数是 getservbyport( )函数的异步版本，用于获取对应于一个接口号的服务信息。

5．WSAAsyncGetProtoByName( )函数

（1）函数的调用格式如下。

```
HANDLE WSAAsyncGetProtoByName( HWND hWnd,unsigned int wMsg, const char* name,char* buf,int buflen);
```

参数说明如下。

① 参数 name：指向要获得的协议名的指针。

② 参数 buf：接收 protoent 数据的数据区指针。

接收 protoent 数据的数据区必须大于 protoent 结构的大小。这是因为不仅 Windows Sockets 实现要用该数据区域容纳 protoent 结构，protoent 结构的成员引用的所有数据也要在该区域内。建议用户提供一个大于 MAXGETHOSTSTRUCT 字节大小的缓冲区。

③ 参数 buflen：上述数据区的大小。

（2）函数的功能。本函数是 getprotobyname( )函数的异步版本，用于获取对应于一个协议名的协议名称和代号。

6．WSAAsyncGetProtoByNumber( )函数

（1）函数的调用格式如下。

```
  HANDLE WSAAsyncGetProtoByNumber( HWND hWnd,unsigned int wMsg, int number,char*
buf,int buflen);
```

参数说明如下。

① 参数 number：要获得的协议号，使用主机字节顺序。

② 参数 buf：接收 protoent 数据的数据区指针。

接收 protoent 数据的数据区必须大于 protoent 结构的大小，这是因为不仅 Windows Sockets 实现要用该数据区域容纳 protoent 结构，protoent 结构的成员引用的所有数据也要在该区域内。建议用户提供一个 MAXGETHOSTSTRUCT 字节大小的缓冲区。

③ 参数 buflen：上述数据区的大小。

（2）函数的功能。本函数是 getprotobynumber( )函数的异步版本，用于获取对应一个协议号的协议名称和代号。

3.2.7　Winsock 编程实例

本小节主要讲解 Winsock，即在 Windows 系统中利用 Socket 套接字进行网络编程的相关函数，它是 Windows 下的网络编程接口。Winsock 在常见的 Windows 平台上有两个主要的版本，即 Winsock 1 和 Winsock 2。编写与 Winsock 1 兼容的程序需要引用头文件 winsock.h，而编写使用 Winsock 2 的程序，则需要引用 winsock2.h。此外还有一个 mswsock.h 头文件，它是专门用于支持在 Windows 平台上高性能网络程序扩展功能的。使用 winsock.h 头文件时，同时需要库文件 wsock32.lib，使用 winsock2.h 时，则需要 ws2_32.lib，如果使用 mswsock.h 中的扩展 api，则需要 mswsock.lib。正确引用了头文件，并链接了对应的库文件，就构建起编写 Winsock 网络程序的环境了。

1．实例的功能

初始化 Winsock，调用 WSAStartup 并将其值作为整数返回，然后检查错误。如果成功，则 WSAStartup 函数返回零，否则返回错误代码。

2．实例程序的命令行参数

当客户端连接被接收时，服务器应用程序通常会将接收的客户端套接字传递给工作线程或 I/O 完成端口（IOCP），并继续接收其他连接。在这个基本的例子中，服务器继续下一步。当服务器完成向客户端发送数据时，可以调用关闭功能，指定 SD_SEND 来关闭套接字的发送端。这允许客户端释放该套接字的一些资源。即使发送端被关闭，服务器应用程序仍然可以在套接字上接收数据。使用 Windows Sockets DLL 完成客户端应用程序时，将调用 WSACleanup( )函数来释放所有 Winsock 资源。

3．客户端程序代码

客户端程序代码如下。

```
//-----------------------------------------------------
// 程序： client.c
//client_winsock.cpp : 定义控制台应用程序的入口点
//

#include "stdafx.h"


#define WIN32_LEAN_AND_MEAN

#include <windows.h>
#include <winsock2.h>
#include <ws2tcpip.h>
#include <stdlib.h>
#include <stdio.h>


//必须连接 ws2_32.lib、mswsock.lib 和 AdvApi32.lib 来支持 Winsock 及其他相关功能
#pragma comment (lib, "ws2_32.lib")
#pragma comment (lib, "mswsock.lib")
#pragma comment (lib, "AdvApi32.lib")
//定义一个常量，表示发送和接收缓冲区的默认大小
#define DEFAULT_BUFLEN 512
 //定义一个常量，表示服务器的默认端口号
#define DEFAULT_PORT "27015"
//定义程序的主函数，接收命令行参数
int_cdecl main(int argc, char** argv) {
//声明一个 WSADATA 结构体变量，用于存储 WSAStartup 的返回值
    WSADATA wsaData;
//声明一个 SOCKET 类型的变量，用于存储客户端和服务器之间的连接
    SOCKET ConnectSocket = INVALID_SOCKET;
    struct addrinfo* result = NULL,
//声明两个 addrinfo 结构体指针，用于存储解析后的服务器地址信息
        *ptr = NULL,
        hints;
    const char* sendbuf = "this is a test";
    char recvbuf[DEFAULT_BUFLEN];
    int iResult;
    int recvbuflen = DEFAULT_BUFLEN;

    //Validate the parameters
    if (argc != 2) {
        printf("usage: %s server-name\n", argv[0]);
        return 1;
    }

    //Initialize Winsock
    iResult = WSAStartup(MAKEWORD(2, 2), &wsaData);
    if (iResult != 0) {
        printf("WSAStartup failed with error: %d\n", iResult);
```

```
        return 1;
    }

    ZeroMemory(&hints, sizeof(hints));
    hints.ai_family = AF_UNSPEC;
    hints.ai_socktype = SOCK_STREAM;
    hints.ai_protocol = IPPROTO_TCP;

    //Resolve the server address and port
//调用 getaddrinfo()函数，解析命令行参数中的服务器地址和端口号
    iResult = getaddrinfo(argv[1], DEFAULT_PORT, &hints, &result);
//检查 getaddrinfo()函数的返回值，如果失败则输出错误信息并返回 1
if (iResult != 0) {
        printf("getaddrinfo failed with error: %d\n", iResult);
        WSACleanup();
        return 1;
    }

    //Attempt to connect to an address until one succeeds
//遍历解析后的服务器地址信息列表，直到找到可用的地址
    for (ptr = result; ptr != NULL; ptr = ptr->ai_next) {

        //Create a SOCKET for connecting to server
//创建一个 SOCKET，用于连接到服务器
        ConnectSocket = socket(ptr->ai_family, ptr->ai_socktype,
            ptr->ai_protocol);
//检查是否成功创建 SOCKET，如果失败则输出错误信息并返回 1
        if (ConnectSocket == INVALID_SOCKET) {
            printf("socket failed with error: %ld\n", WSAGetLastError());
            WSACleanup();
            return 1;
        }

        //Connect to server
//调用 connect()函数，连接到服务器
        iResult = connect(ConnectSocket, ptr->ai_addr, (int)ptr->ai_addrlen);
        if (iResult == SOCKET_ERROR) {
            closesocket(ConnectSocket);
            ConnectSocket = INVALID_SOCKET;
            continue;
        }
        break;
    }

    freeaddrinfo(result);

    if (ConnectSocket == INVALID_SOCKET) {
        printf("Unable to connect to server!\n");
        WSACleanup();
        return 1;
    }
```

```
    //Send an initial buffer
//向服务器发送一个初始缓冲区
    iResult = send(ConnectSocket, sendbuf, (int)strlen(sendbuf), 0);
    if (iResult == SOCKET_ERROR) {
        printf("send failed with error: %d\n", WSAGetLastError());
        closesocket(ConnectSocket);
        WSACleanup();
        return 1;
    }

    printf("Bytes Sent: %ld\n", iResult);

    //shutdown the connection since no more data will be sent
//关闭连接，只允许接收数据
    iResult = shutdown(ConnectSocket, SD_SEND);
    if (iResult == SOCKET_ERROR) {
        printf("shutdown failed with error: %d\n", WSAGetLastError());
        closesocket(ConnectSocket);
        WSACleanup();
        return 1;
    }

    //Receive until the peer closes the connection
    do {
//调用 recv()函数，从服务器将数据接收到 recvbuf 缓冲区
        iResult = recv(ConnectSocket, recvbuf, recvbuflen, 0);
//检查接收到的数据字节数是否大于 0，如果是，则处理接收到的数据
        if (iResult > 0)
//输出接收到的字节数
            printf("Bytes received: %d\n", iResult);
//检查接收到的数据字节数是否等于 0，如果是，则表示服务器已关闭连接
        else if (iResult == 0)
            printf("Connection closed\n");
        else
            printf("recv failed with error: %d\n", WSAGetLastError());

    } while (iResult > 0);

    //cleanup
//关闭与服务器的连接
    closesocket(ConnectSocket);
//清理 Winsock 库
    WSACleanup();

    return 0;
}
```

4. 服务器实例代码

服务器实例代码如下。

```
//---------------------------------------------
// 程序：server.c
//server_winsock.cpp: 定义控制台应用程序的入口点
```

```
//

#include "stdafx.h"
#undef UNICODE

#define WIN32_LEAN_AND_MEAN

#include <windows.h>
#include <winsock2.h>
#include <ws2tcpip.h>
#include <stdlib.h>
#include <stdio.h>

//必须连接 ws2_32.lib
#pragma comment (lib, "ws2_32.lib")
//#pragma comment (lib, "mswsock.lib")
//定义一个常量，表示默认的缓冲区大小
#define DEFAULT_BUFLEN 512
//定义一个常量，表示默认的端口号
#define DEFAULT_PORT "27015"

int __cdecl main(void)
{
//声明一个 WSADATA 类型的变量，用于存储 Winsock 初始化信息
    WSADATA wsaData;
//声明一个整型变量，用于存储函数调用结果
    int iResult;
//声明一个 SOCKET 类型的变量，用于存储服务器套接字
    SOCKET ListenSocket = INVALID_SOCKET;
//声明一个 SOCKET 类型的变量，用于存储客户端套接字
    SOCKET ClientSocket = INVALID_SOCKET;
//声明一个指向 addrinfo 结构体的指针，用于存储解析后的地址信息
    struct addrinfo* result = NULL;
//声明一个 addrinfo 结构体，用于存储地址解析 hints
    struct addrinfo hints;
//声明一个整型变量，用于存储发送结果
    int iSendResult;
//声明一个字符数组，用于存储接收到的数据
    char recvbuf[DEFAULT_BUFLEN];
//声明一个整型变量，用于存储接收缓冲区大小
    int recvbuflen = DEFAULT_BUFLEN;

    //Initialize Winsock
//调用 WSAStartup()函数，初始化 Winsock
    iResult = WSAStartup(MAKEWORD(2, 2), &wsaData);
    if (iResult != 0) {
        printf("WSAStartup failed with error: %d\n", iResult);
        return 1;
    }

    ZeroMemory(&hints, sizeof(hints));
    hints.ai_family = AF_INET;
```

```
    hints.ai_socktype = SOCK_STREAM;
    hints.ai_protocol = IPPROTO_TCP;
    hints.ai_flags = AI_PASSIVE;

    //Resolve the server address and port
//调用 getaddrinfo()函数，解析默认端口的 IP 地址
    iResult = getaddrinfo(NULL, DEFAULT_PORT, &hints, &result);
    if (iResult != 0) {
        printf("getaddrinfo failed with error: %d\n", iResult);
//清理 Winsock 资源
        WSACleanup();
//如果解析失败，返回 1
        return 1;
    }

    //Create a SOCKET for the server to listen for client connections
//根据解析后的地址信息创建一个套接字
    ListenSocket = socket(result->ai_family, result->ai_socktype, result->ai_protocol);
    if (ListenSocket == INVALID_SOCKET) {
        printf("socket failed with error: %ld\n", WSAGetLastError());
        freeaddrinfo(result);
        WSACleanup();
        return 1;
    }

    //Setup the TCP listening socket
//绑定套接字到解析后的地址
    iResult = bind(ListenSocket, result->ai_addr, (int)result->ai_addrlen);
    if (iResult == SOCKET_ERROR) {
        printf("bind failed with error: %d\n", WSAGetLastError());
//释放 getaddrinfo 返回的地址信息
        freeaddrinfo(result);
        closesocket(ListenSocket);
        WSACleanup();
        return 1;
    }

    freeaddrinfo(result);
//设置套接字为监听模式，等待客户端连接
    iResult = listen(ListenSocket, SOMAXCONN);
    if (iResult == SOCKET_ERROR) {
        printf("listen failed with error: %d\n", WSAGetLastError());
        closesocket(ListenSocket);
        WSACleanup();
        return 1;
    }

    //Accept a client socket
//接收来自客户端的连接
    ClientSocket = accept(ListenSocket, NULL, NULL);
    if (ClientSocket == INVALID_SOCKET) {
        printf("accept failed with error: %d\n", WSAGetLastError());
```

```
        closesocket(ListenSocket);
        WSACleanup();
        return 1;
    }

    //No longer need server socket
    closesocket(ListenSocket);

    //Receive until the peer shuts down the connection
//创建一个循环，用于接收客户端发送的数据
    do {
//接收客户端发送的数据
        iResult = recv(ClientSocket, recvbuf, recvbuflen, 0);
        if (iResult > 0) {
//输出接收到的字节数
            printf("Bytes received: %d\n", iResult);

            //Echo the buffer back to the sender
//将接收到的数据回传给客户端
            iSendResult = send(ClientSocket, recvbuf, iResult, 0);
            if (iSendResult == SOCKET_ERROR) {
                printf("send failed with error: %d\n", WSAGetLastError());
                closesocket(ClientSocket);
                WSACleanup();
                return 1;
            }
            printf("Bytes sent: %d\n", iSendResult);
        }
        else if (iResult == 0)
            printf("Connection closing...\n");
        else {
            printf("recv failed with error: %d\n", WSAGetLastError());
            closesocket(ClientSocket);
            WSACleanup();
            return 1;
        }

    } while (iResult > 0);

    //shutdown the connection since we're done
//关闭客户端套接字并停止接收数据
    iResult = shutdown(ClientSocket, SD_SEND);
    if (iResult == SOCKET_ERROR) {
        printf("shutdown failed with error: %d\n", WSAGetLastError());
        closesocket(ClientSocket);
        WSACleanup();
        return 1;
    }

    //cleanup
//关闭客户端套接字
```

```
    closesocket(ClientSocket);
    WSACleanup();
//如果整个程序运行成功，返回 0
    return 0;
}
```

3.3 Winsock 的多线程编程

3.3.1 Winsock 的两种 I/O 模式

如前所述，Winsock 在进行 I/O 操作时，可以使用两种工作模式：“阻塞”模式和“非阻塞”模式，又称为同步模式和异步模式。工作在“阻塞”模式的套接字称为阻塞套接字，工作在“非阻塞”模式下的套接字称为非阻塞套接字。

在阻塞模式下，进程的程序调用了一个 Winsock 的 I/O 函数，如果 I/O 操作未完成，执行操作的 Winsock 函数会一直等待，不会立即返回调用它的程序，即不会立即交出 CPU 的控制权。在 I/O 操作完成之前，其他代码都无法执行，这就使整个应用程序进程处于阻塞的等待状态，无法响应用户的操作（例如双击图标）或其他任务（如同时打印一个文件）。这就大大降低了应用程序的性能。例如，一个客户端程序调用了一个 recv( )函数来接收服务器发来的数据，但网络拥塞导致数据迟迟不能被传送到，这个客户端程序就只能一直等待下去。显然，采用阻塞工作模式的单进程服务器也不能有效地同时为多个客户端服务。

在非阻塞模式下，当进程的程序调用了一个 Winsock 的 I/O 函数后，无论 I/O 操作能否完成，执行操作的 Winsock 函数都会立即返回调用它的程序。如果恰好具备完成操作的条件，这次调用可能就完成了输入或输出；但在大部分情况下，这些调用都会“失败”，并返回一个 WSAEWOULDBLOCK 错误，表示完成操作的条件尚不具备。非阻塞模式下的函数调用会频繁返回错误，所以在任何时候，开发者都应做好“失败”的准备，并仔细检查返回代码。在非阻塞模式下，许多编程者易犯的一个错误便是连续调用一个函数，直到它返回成功的消息为止。这种不停轮询的方法不仅没有提高效率，还增加了程序的复杂性。

“阻塞”与“非阻塞”模式各有利弊。

阻塞套接字的 I/O 操作流程比较明确，即调用、等待和返回。大部分情况下，I/O 操作都能成功地完成，只是花费了等待的时间，因而比较容易使用和编程。但需要建立多个套接字连接来为多个客户端服务、数据的收发量不均匀或 I/O 的时间不确定时，该模式却显得性能低下，甚至无能为力。

非阻塞套接字则需要编写更多的代码，以精确把握调用 I/O 函数的时机，尽量减少无效调用，并详细分析每个 Winsock 调用中收到的 WSAEWOULDBLOCK 错误。由于这种 I/O 操作具有随机性，非阻塞套接字的操作相对复杂。

所以，用户必须采取一些适当的对策，弥补这两种模式的不足，让阻塞和非阻塞套接字能够满足各种应用场景的要求。

对于非阻塞的套接字工作模式，我们进一步引入了 5 种“套接字 I/O 模型”。这些模型有助于应用程序通过一种异步方式，同时对一个或多个套接字上进行的通信加以管理。

在阻塞的套接字工作模式下，我们引入了多线程机制。多线程在宏观上可以同时、并发地运行。在服务器中，我们为每个客户端连接分配一个线程，这样即使某个客户端的读写操作导致阻塞，其他客户端也不必等待。在客户端中，我们把所有涉及读写的操作放在一个单独的线程中，把用户界面操作或其他任务分配到另外一些线程中。这样，当读写操作的线程处于阻塞状态时，其他线程仍然可以继续执行，使用户能对界面的操作进行及时的响应。

3.3.2　多线程编程的应用场景

如果一个应用程序需要同时处理多个任务，多线程机制尤为适用。

在网络编程中，如果客户端采用单线程的编程模式，并结合阻塞或同步模式的套接字，在进行网络数据的接收和发送时，往往由于条件不满足而陷入阻塞等待的状态。这时，客户端程序就不能及时响应用户的操作命令，程序的界面会出现一种类似死机的状态。例如，在 FTP 文件传输的应用程序中，如果正在传输大文件，或者传送文件时网络堵塞，程序将无法接收用户在界面上的任何输入。

利用 Windows 操作系统的多线程支持，可以有效地解决上述问题。采用多线程的编程技术，可以把用户界面的处理放在主线程中，而把数据的 I/O、耗时计算和网络访问等任务分配给其他辅助线程。当这些辅助线程处于阻塞等待状态时，主线程仍在运行，确保及时响应用户的操作，避免某些工作不能及时完成而造成等待。这样不但解决了上述问题，还能继续利用阻塞套接字的优点。

对于网络上众多服务器软件，多线程机制也同样适用。服务器的特点就是要在一段很短的时间内，同时为多个客户端服务。服务器的另一个特点就是要执行许多后台任务，诸如数据库访问、安全验证、日志记录和事务处理等。例如，一个网络文件服务器程序，既要接收多个用户的文件请求、下载或上传文件，又要响应管理员的命令，还要访问磁盘、查找文件，并在适当的时候显示数据。如果使用单线程的方法来实现，可能运行时会卡在一个用户的任务上，导致其他用户的请求不能及时得到处理。采用多线程的编程技术，可以将不同用户和任务分散地安排在不同的线程上，宏观上让它们同时得到处理，即使某个线程因为某种原因阻塞等待，也不会影响其他线程的运行，从而更好地为多个用户服务。

对于客户端应用程序，采用多线程机制也能大大提高运行效率。例如，大家熟悉的东方快车、网络蚂蚁等文件下载软件，就采用多线程机制，可以同时下载一个文件的不同部分，大幅提升了下载速度。

在利用网络实现的在线实时控制领域，多线程机制也展现出良好的应用价值。传统的实时监控程序通常是单线程的，即在程序运行期间，由单个线程独占 CPU 的控制权，负责执行所有任务。在这种情况下，当程序执行一些比较耗时的任务时，它就无法及时响应用户的操作，从而影响了应用程序的实时性能。在监控系统，特别是远程监控系统中，应用程序往往不但要及时把监控对象的最新信息通过图形显示反馈给监视客户端，还要处理本地机与远程机之间的通信以及对控制对象的实时控制等任务。这时，仅依靠单个线程来完成所有任务，显然无法满足监控系统的实时性要求。在 DOS 时代，这些工作可以由中断来完成。而在 Windows 操作系统下，中断机制对用户是不透明的。为此，可引进多线程机制，其中主线程专门负责消息的响应，使程序能够及时响应命令和其他事件。辅助线程可以用于完成其他比较耗时的工作，如通信、图形显示和后台打印等，这样就不会影响主线程的运行，从而保证了软件的实时性能。

总之，多线程机制在网络编程中发挥着重要作用。

3.4 网络应用程序的运行环境

本书主要介绍了在 Win32 平台上的 Winsock 编程。Winsock 是访问多种基层网络协议的首选接口。在每个 Win32 平台上，Winsock 都以不同的形式存在着。Winsock 是一种网络编程接口，而不是协议本身。它从 UNIX 平台上的 Berkeley（BSD）套接字方案中借鉴了许多东西，后者能访问多种网络协议。在 Win32 环境中，尤其是在 Winsock 2 发布之后，Winsock 接口最终成为一个真正的“与协议无关”接口。

1．开发 Windows Sockets 网络应用程序的软、硬件环境

我们采用可视化和面向对象技术的编程语言，如 Microsoft Visual C++ 。Visual C++可在 Windows 环境下运行，增加了全面集成的基于 Windows 操作系统的开发工具，以及一个基于传统 C/C++开发过程的“可视化”用户界面驱动模型。Visual C++中的 Microsoft 基类库（MFC）是一系列 C++类，其中封装着为 Microsoft Windows 操作系统系列编写应用程序所需的各种功能。在有关套接字方面，Visual C++对原来的 Windows Sockets 库函数进行了一系列封装，继而创建了 CSocket、CSocketFile 等类，它们封装着有关套接字的各种功能。

采用的网络通信协议一般是 TCP/IP，Windows 操作系统都带有该协议。但是，开发的网络通信应用程序并不能直接与 TCP/IP 核心交互，而是通过网络应用编程接口 Windows Sockets API 进行操作。Windows Sockets API 则可直接与 TCP/IP 核心进行通信。TCP/IP 核心协议连同网络物理介质（如网卡）一起，共同构成了网络应用程序间相互通信的基础设施。

网络中的计算机应满足 Windows 操作系统的运行配置要求。

为了在网络中运行，各节点上的计算机需安装网卡，并安装相应的网卡驱动程序。可以采用以太网交换机将若干台计算机组建成一个局域网。

在配置网络时，首先应通过 Windows 控制面板中的网络配置，以及 Windows 资源管理器中文件属性的共享设置，使各计算机节点能在“网上邻居”中找到自己和其他计算机，并能实现文件资源相互共享。

为了实现 Windows Sockets 应用程序在网络上的数据通信，仅仅达到文件资源相互共享还不够，还必须在 Windows 控制面板的网络配置中添加 TCP/IP，并分配相应的 IP 地址，这些 IP 地址在所建的局域网中必须是唯一的，不能有重复。

2．进行 Windows Sockets 通信程序开发的基本步骤

Windows Sockets 支持两种类型的套接字，即流式套接字（SOCK_STREAM）和数据报套接字（SOCK_DGRAM）。对于要求精确传输数据的 Windows Sockets 通信程序，一般采用流式套接字。流式套接字提供了一个面向连接的、可靠的、数据无错的、无重复发送的数据传输服务，保证数据按发送顺序接收，数据被看作是字节流，同时具有流量控制功能，防止数据流超限。如前所述，采用不同套接字的应用程序的开发都有相应的基本步骤。

3．使用 Visual C++进行 Windows Sockets 程序开发的其他技术要点

（1）同常规编程一样，无论是服务器方还是客户端方应用程序，都要进行所谓的初始化处理，如 addr、port 默认值的设定等。这部分工作仍可通过消息驱动机制来提前完成。

（2）一般情况下，网络通信程序是某应用程序中的一个模块。在单独调试网络通信程序时，要尽量与采用该通信模块的其他应用程序开发者约定好，统一采用一种界面形式，如单文档界面（SDI）、多文档界面（MDI）或基于对话框的界面。这可简化通信模块移植到目标应用程序的过程。由于 Visual C++这种可视化语言在给用户提供便利的同时，也给用户带来了某些不便，如形成的项目文件中的许多相关文件与所采用的界面形式紧密相关，消息驱动功能也会随所采用的界面形式不同而有所差异。当然，也可将通信模块函数化，并形成一个动态链接库（DLL）文件，供主程序调用。

（3）包含通信程序作为其中模块的应用程序通常不会在等待数据发送或接收完之后再做其他工作。因此在主程序中要采用多线程技术，将数据的发送或接收，放在一个具有一定较高优先级的辅助线程中。在数据发送或接收期间，主程序仍可继续执行其他工作，例如利用上一个周期收到的数据绘制曲线。Visual C++中的 MFC 提供了启动线程、管理线程、同步化线程和终止线程等多种功能函数。

（4）在许多情况下，通信模块应实时地发送或接收数据。例如，调用通信模块的主程序以 0.5 秒为一个周期进行工作：接收数据，利用收到的数据进行运算，将运算结果发送到其他计算机节点，如此循环。我们应充分利用 Windows Sockets 基于消息的网络事件异步选择机制，用消息来驱动数据的发送和接收，结合采取其他措施，如将数据接收和发放在高优先级线程，合理安排软件设计中的时序，尽量避免在同一时间内双方都向对方发送大量数据的情况发生，保证网络有足够的带宽，从而成功地实现数据的实时传输。

习　题

1. 简述 Winsock 1.1 的特点。
2. Winsock 包含哪些常用库函数？它们分别用于完成什么功能？
3. 简述 Winsock 的注册与注销的过程。
4. 说明 WSAStartup( )函数的初始化过程。
5. Winsock 的错误处理函数有什么特点？
6. Winsock 的两种 I/O 模式是什么？各有什么优缺点？如何克服缺点？
7. 简述 select( )函数的操作步骤。

第 4 章

Winsock 的 I/O 模型

前文已经提到，Winsock 在进行 I/O 操作时，可以采用阻塞模式或非阻塞模式。使用非阻塞套接字，带有 I/O 操作的随机性，这使非阻塞套接字难于操作，给编程带来了困难。为了解决这个问题，对于非阻塞的套接字工作模式，我们引入了 5 种“套接字 I/O 模型”，它们有助于应用程序通过一种异步方式，同时对一个或多个套接字上进行的通信加以管理。

这些模型包括 select（选择）、WSAAsyncSelect（异步选择）、WSAEventSelect（事件选择）、Overlapped I/O（重叠式 I/O）和 Completion port（完成端口）。

如何挑选最适合自己应用程序的 I/O 模型呢？每种模型都有自己的优点和缺点。同开发一个简单的、运行多个服务线程的阻塞模式应用程序相比，其他每种 I/O 模型都需要更为复杂的编程工作。因此，针对客户端和服务器应用的开发，有下述建议。

1．客户端的开发

如果要开发一个客户端应用，令其可以同时管理一个或多个套接字，那么建议采用重叠 I/O 或 WSAEventSelect 模型，以便在一定程度上提升性能。然而，假如开发的是一个以 Windows 操作系统为基础的应用程序，要进行窗口消息的管理，那么 WSAAsyncSelect 模型应该是一种最好的选择，因为 WSAAsyncSelect 本身便是基于 Windows 消息模型的。若采用这种模型，程序从一开始便具备了处理消息的能力。

2．服务器的开发

如果开发的是一个服务器应用，要在任何给定的时间内同时控制多个套接字，那么建议采用重叠 I/O 模型，这同样是从性能角度出发考虑的。但是，如果服务器预计在任何给定的时间，都会为大量 I/O 请求提供服务，便应考虑使用 IOCP 模型，从而获得更好的性能。

4.1 select 模型

如前所述，在非阻塞模式下，Winsock 函数无论如何都会立即返回，所以必须采取适当的措施，以确保非阻塞套接字能够满足应用的要求。

select（选择）模型是 Winsock 中最常见的 I/O 模型之一。它最初由 Berkeley 套接字方案设计，后来被集成到了 Winsock 1.1 中。它的中心思想是利用 select( )函数，实现对多个套接字 I/O 的管理。利用 select( )函数，可以判断套接字上是否存在数据，或者能否向一个套接字写入数据。只有在条件满足时，才对套接字进行 I/O 操作，从而避免无效的 I/O 函数调用和频繁产生的 WSAEWOULDBLOCK 错误，使 I/O 操作变得有序。

1．select( )函数

select( )函数原型如下，其中 FD_SET 数据类型代表一系列特定套接字的集合。

```
int select(
    int  nfds,
    FD_SET  FAR*  readfds,
    FD_SET  FAR*  writefds,
    FD_SET  FAR*  exceptfds,
    const  struct  timeval  FAR*  timeout
);
```

参数说明如下。

① 参数 nfds：为了与早期的 Berkeley 套接字应用程序保持兼容，一般忽略此参数。

② 参数 readfds：用于检查套接字的可读性。readfds 集合包括想要检查的下述任何一个条件的套接字。

- 有数据到达，可以读取。
- 连接已经关闭、重置或中止。
- 假如已调用了 Listen( )函数，并且一个连接正在建立，那么 Accept( )函数调用将会成功。

③ 参数 writefds：用于检查套接字的可写性。writefds 集合包括想要检查的下述任何一个条件的套接字。

- 发送缓冲区已空，可以发送数据。
- 如果已完成了对一个非阻塞连接调用的处理，连接就会成功。

④ 参数 exceptfds：用于检查套接字的带外数据。exceptfds 集合包括想要检查的下述任何一个条件的套接字。

- 假如已完成了对一个非阻塞连接调用的处理，连接尝试就会失败。
- 有带外（OOB）数据可供读取。

⑤ 参数 timeout：一个指向一个 timeval 结构的指针，用于确定 select( )函数等待 I/O 操作完成的最长时间。如果 timeout 是一个空指针，那么 select( )函数调用会无限期地等待下去，直到至少有一个套接字符合指定的条件后才结束。

timeval 结构的定义如下。

```
struct timeval {
    long tv_sec;          //以秒为单位指定等待时间
    long tv_usec;          //以毫秒为单位指定等待时间
};
```

select( )函数会对 readfds、writefds 和 exceptfds 这 3 个集合中指定的套接字进行检查，看是否有数据可读、可写或有带外数据。如果至少有一个套接字符合条件，select( )函数就立即返回。符合条件的套接字将保留在集合中，而不符合条件的套接字则被移除。如果没有套接字符合条件，select( )函数则等待，但最多只等待 timeout 参数所指定的时间，便返回。

例如，假定想测试一个套接字是否“可读”，首先将该套接字增添到 readfds 集合中，然后执行 select( )函数，并等待它完成。select( )函数返回后，必须检查该套接字是否仍在 readfds 集合中。如果在，就说明该套接字有数据“可读”，可立即从中读取数据。

在 3 个套接字集合（readfds、writefds 和 exceptfds）参数中，至少有一个不能为空值（NULL）。在任何非空的集合中，必须至少包含一个套接字句柄；否则，select( )函数便没有对象可以等待。如果将 timeout 设置为(0,0)，select( )函数会立即返回，这就相当于允许应用程序对 select( )函数操作进行“轮询”。出于对性能方面的考虑，应避免这样的设置。select( )函数成功调用后，会返回所有 FD_SET 集合中符合条件的套接字句柄的总数。如果超过 timeval 设定的时间，便会返回 0。不管由于什么原因，假如 select( )函数调用失败，都会返回 SOCKET_ERROR。

2．操作套接字集合的宏

在应用程序中，使用 select( )函数对套接字进行监视之前，必须先将要检查的套接字句柄分配给某个集合，并设置好相应的 fd_set 结构，再来调用 select( )函数，这样便可知道一个套接字上是否正在发生上述 I/O 活动。

Winsock 提供了下列宏来操作 FD_SET 数据类型。

（1）FD_CLR(s, *set)：从 set 中移除套接字 s。

（2）FD_ISSET(s, *set)：检查套接字 s 是不是 set 集合的一名成员；如果是，则返回 TRUE。

（3）FD_SET(s, *set)：将套接字 s 添加到 set 集合。

（4）FD_ZERO (*set)：将 set 初始化成空集合。

其中，参数 s 是一个要检查的套接字，参数*set 是一个 FD_SET 集合类型的指针。

例如，在调用 select( )函数前，可使用 FD_SET 宏，将指定的套接字加入 FD_READ 集合中。select( )函数完成后，可使用 FD_ISSET 宏，来检查该套接字是否仍在 FD_READ 集合中。

3．select( )函数的操作步骤

使用 select( )函数实现一个或多个套接字句柄，操作步骤如下。

（1）使用 FD_ZERO 宏，初始化自己感兴趣的每一个 FD_SET 集合。

（2）使用 FD_SET 宏，将要检查的套接字句柄添加到自己感兴趣的每个 FD_SET 集合中，相当于在指定的 FD_SET 集合中，设置好要检查的 I/O 活动。

（3）调用 select( )函数，然后等待。select( )函数完成后，会修改每个 fd_set 结构，移除那些不存在待决 I/O 操作的套接字句柄，并在各个 FD_SET 集合中返回符合条件的套接字。

（4）根据 select( )函数的返回值，使用 FD_ISSET 宏，对每个 FD_SET 集合进行检查，判断一个特定的套接字是否仍在集合中，便可判断出哪些套接字存在尚未完成（待决）的 I/O 操作。

（5）知道了每个集合中待决的 I/O 操作后，对相应的套接字的 I/O 进行处理，然后返回步骤（1），继续进行 select( )函数处理。

4.2 WSAAsyncSelect 异步 I/O 模型

异步 I/O 模型通过调用 WSAAsyncSelect 函数实现。利用这个模型，应用程序可以在一个套接字上，接收以 Windows 消息为基础的网络事件通知。该模型最早出现在 Winsock 1.1 中，以适应其多任务消息驱动的环境。

1. WSAAsyncSelect( )函数

函数的定义如下。

```
int WSAAsyncSelect(
        SOCKET  s,
        HWND   hWnd,
        unsigned  int  wMsg,
        long  lEvent
);
```

参数说明如下。

① 参数 s：指定用户感兴趣的套接字。

② 参数 hWnd：指定一个窗口或对话框句柄。当网络事件发生后，该窗口或对话框会收到通知消息，并自动执行对应的回调例程。

③ 参数 wMsg：指定在发生网络事件时打算接收的消息。该消息会被发送到由 hWnd 指定的窗口。通常，应用程序需要将这个消息设为比 Windows 操作系统的 WM_USER 大的一个值，以避免网络窗口消息与预定义的标准窗口消息发生混淆与冲突。

④ 参数 lEvent：指定一个位掩码，代表应用程序感兴趣的一系列事件。可以使用表 4.1 中预定义的事件类型符号常量。如果应用程序同时对多个网络事件感兴趣，只需对各种类型执行一次按位 OR（或）运算。例如下面的代码。

```
WSAAsyncSelect( s, hWnd, WM_SOCKET,
   FD_CONNECT | FD_READ | FD_WRITE | FD_CLOSE);
```

上述代码表示应用程序将在套接字 s 上，接收有关连接请求、接收数据、发送数据以及套接字关闭这一系列网络事件的通知。

表 4.1　用于 WSAAsyncSelect( )函数的网络事件类型

事件类型	含义
FD_READ	用于接收有关是否有数据可读的通知，以便读取数据
FD_WRITE	用于接收有关是否可写的通知，以便发送数据
FD_OOB	用于接收是否有带外（OOB）数据抵达的通知
FD_ACCEPT	用于接收与传入的连接请求有关的通知
FD_CONNECT	用于接收一次连接请求操作已经完成的通知
FD_CLOSE	用于接收与套接字关闭有关的通知

说明　要想使用 WSAAsyncSelect 异步 I/O 模型，在应用程序中，首先必须用 CreateWindow( )函数创建一个窗口，并为该窗口提供一个窗口回调例程。因为对话框的本质也是“窗口”，所以也可以创建一个对话框，为其提供一个对话框回调例程。

设置好窗口的框架后，就可以开始创建套接字，并调用 WSAAsyncSelect( )函数，在该函数中，指定关注的套接字、窗口句柄、打算接收的消息，以及程序感兴趣的套接字事件。成功地执行 WSAAsyncSelect( )函数后，应用程序将开启窗口的消息通知，并注册相关事件。应用程序往往对一系列事件感兴趣。到底使用什么事件类型，取决于应用程序的角色是客户端还是服务器。

执行 WSAAsyncSelect( )函数时，如果注册的套接字事件之一发生，指定的窗口就会收到指定的消息，并自动执行该窗口的回调例程。用户可以在窗口回调例程中添加自己的代码，处理相应的事件。

2．窗口回调例程

当应用程序在一个套接字上调用 WSAAsyncSelect( )函数时，该函数的 hWnd 参数用于指定一个窗口句柄。成功调用函数后，当指定的网络事件发生时，应用程序会自动执行该窗口对应的窗口回调例程，并将网络事件通知和 Windows 消息的相关信息，传递给该例程的入口参数。用户可以在该例程中添加自己的代码，以便针对不同的网络事件进行处理，从而实现有序的套接字 I/O 操作。

窗口回调例程应定义成以下形式。

```
LRESULT CALLBACK WindowProc(
    HWND hWnd,
    UINT uMsg,
    WPARAM wParam,
    LPARAM lParam
);
```

例程的名字在上述代码中用 WindowProc 代表，但实际名称可由用户自定义。参数说明如下。

① 参数 hWnd：指示一个窗口的句柄，对此窗口例程的调用正是由该窗口发出的。

② 参数 uMsg：指示触发调用此函数的消息，它可能是 Windows 操作系统的标准窗口消息，也可能是 WSAAsyncSelect( )函数调用中用户定义的消息。

③ 参数 wParam：指示发生网络事件的套接字。假若同时为这个窗口例程分配了多个套接字，这个参数的重要性便显示出来。

④ 参数 lParam：包含两方面重要的信息。其中，lParam 的低位字指定了已经发生的网络事件，而 lParam 的高位字包含了可能出现的任何错误代码。

当网络事件消息到达一个窗口例程后，窗口例程首先应检查 lParam 的高位字，以判断是否在套接字上发生了网络错误。可使用特殊的宏 WSAGETSELECTERROR，来返回 lParam 的高位字中包含的错误信息。如果套接字上没有发生任何错误，接着就应辨别到底发生哪个网络事件类型，触发了这条 Windows 消息。可使用宏 WSAGETSELECTEVENT 来读取 lParam 的低位字的内容。

4.3 WSAEventSelect 事件选择模型

WSAEventSelect 事件选择模型和 WSAAsyncSelect 模型类似，它也允许应用程序在一个或多个套接字上，接收以事件为基础的网络事件通知。表 4.1 总结的由 WSAAsyncSelect 模型所采用的网络事件，均可原封不动地应用到事件选择模型中。也就是说，在用新模型开发的应用程序中，也能接收和处理这些事件。两个模型最主要的区别在于，WSAEventSelect 事件选择模型的网络事件会被投递至一个事件对象句柄，而非投递至一个窗口例程。以下将按照使用此模型的编程步骤进行介绍。

1．创建事件对象句柄

事件选择模型要求应用程序先为每一个套接字创建一个事件对象。创建方法是调用 WSACreateEvent( )函数，函数的定义如下。

```
WSAEVENT  WSACreateEvent(void);
```

该函数的返回值很简单，就是一个已创建的事件对象句柄。

2．关联套接字和事件对象，注册关心的网络事件

有了事件对象句柄后，必须将其与某个套接字关联在一起，同时注册感兴趣的网络事件类型（见表 4.2），这就需要调用 WSAEventSelect( )函数，函数的定义如下。

```
int WSAEventSelect(
    SOCKET  s,
    WSAEVENT  hEventObject,
    long  lNetworkEvents
);
```

参数说明如下。

① 参数 s：代表自己感兴趣的套接字。

② 参数 hEventObject：指定要与套接字关联的事件对象，即通过 WSACreateEvent( )函数取得的事件对象。

③ 参数 lNetworkEvents：对应一个“位掩码”，用于指定应用程序感兴趣的各种网络事件类型的组合，与 WSAAsyncSelect( )函数中的 lEvent 参数的用法相同。

WSAEventSelect( )函数创建的事件对象拥有两种工作状态和两种工作模式。两种工作状态分别是已传信和未传信状态。两种工作模式分别是人工重设和自动重设模式。WSACreateEvent( )函数最开始在一种未传信的工作状态中创建事件句柄，并使用人工重设模式。随着网络事件触发与一个套接字关联的事件对象，事件对象的工作状态便会从未传信转变成已传信。

由于事件对象是在人工重设模式下创建的，所以处理完一个 I/O 请求后，应用程序需要负责将事件对象的工作状态从已传信更改为未传信。这可以通过调用 WSAResetEvent( )函数来实现，函数的定义如下。

```
BOOL WSAResetEvent(WSAEVENT  hEvent);
```

该函数唯一的参数便是一个事件句柄。如果调用成功，函数返回 TRUE；如果失败，则返回 FALSE。

3．等待网络事件触发事件对象句柄的工作状态

将一个套接字与一个事件对象句柄关联在一起后，应用程序便可以调用 WSAWaitForMultipleEvents( )函数，等待网络事件触发事件对象句柄的工作状态。该函数用于等待一个或多个事件对象句柄，其中一个或所有句柄进入“已传信”状态后，或在超过了规定的时间期限后，立即返回。该函数的定义如下。

```
DWORD WSAWaitForMultipleEvents(
   DWORD  cEvents,
   const  WSAEVENT FAR*  lphEvents,
   BOOL  fWaitAll,
   DWORD  dwTimeout,
   BOOL  fAlertable
);
```

其中的参数说明如下。

① 参数 cEvents 和 lphEvents：定义了一个由 WSAEVENT 对象构成的数组。数组中事件对象的数量由 cEvents 参数指定，而 lphEvents 是指向该数组的指针，用于直接引用该数组。数组元素的数量受限于预定义常量 WSA_MAXIMUM_WAIT_EVENTS，其最大值是 64。因此，每个调用本函数的线程，其 I/O 模型一次最多只能支持 64 个套接字。假如想同时管理超过 64 个套接字，就必须创建额外的工作线程，以便等待更多的事件对象。

② 参数 fWaitAll：指定函数等待事件数组中对象的方式。若设置为 TRUE，那么只有等到 lphEvents 数组内包含的所有事件对象都进入“已传信”状态，函数才会返回；若设置为 FALSE，则任何一个事件对象进入“已传信”状态，函数就会返回。就后一种情况来说，返回值指出了到底是哪个事件对象造成了函数的返回。通常，应用程序应将该参数设置为 FALSE，以便一次只为一个套接字事件提供服务。

③ 参数 dwTimeout：规定函数等待一个网络事件发生的最长时间，以毫秒为单位。这是一项“超时”设定。如果超过规定的时间，函数就会立即返回，即使由 fWaitAll 参数规定的条件尚未满足也如此。如果超时值被设置为 0，函数会检测指定的事件对象的状态，并立即返回。这样一来，应用程序实际便可实现对事件对象的“轮询”。但这样做导致性能并不好，应尽量避免将超时值设置为 0。假如没有等待处理的事件，函数便返回 WSA_WAIT_TIMEOUT。如将 dwTimeout 设置为 WSA_INFINITE，那么只有在一个网络事件传信了一个事件对象后，函数才会返回。

④ 参数 fAlertable：用户使用 WSAEventSelect 模型时，可以忽略此参数，且应将其设置为 FALSE。该参数主要用于处理重叠式 I/O 模型中的完成例程。

当 WSAWaitForMultipleEvents( )函数收到一个事件对象的网络事件通知时，它将返回一个值，指出造成函数返回的事件对象。应用程序便可引用事件数组中已传信的事件，并检查与该事件对应的套接字，判断到底该套接字上发生了哪种类型的网络事件。引用事件数组中的事件时，用函数的返回值减去预定义值 WSA_WAIT_EVENT_0，就可以得到该事件的索引位置。代码如下。

```
Index = WSAWaitForMultipleEvents(…);
MyEvent = EventArray[Index - WSA_WAIT_EVENT_0];
```

4. 检查套接字上所发生的网络事件类型

确定了造成网络事件的套接字后，就可以调用 WSAEnumNetworkEvents( )函数来检查在该套接字上发生了哪些类型的网络事件。该函数定义如下。

```
int  WSAEnumNetworkEvents(
    SOCKET  s,
    WSAEVENT  hEventObject,
    LPWSANETWORKEVENTS  lpNetworkEvents
);
```

其中的参数说明如下。

① 参数 s：表示造成了网络事件的套接字。

② 参数 hEventObject：可选参数，用于指定一个事件句柄。执行此函数将使该事件对象从“已传信”状态自动成为“未传信”状态。如果不想用此参数来重置事件，可以使用前面所讲的 WSAResetEvent( )函数。

③ 参数 lpNetworkEvents：一个指向 WSANTWORKEVENTS 结构的指针，用于接收套接字上发生的网络事件类型以及可能出现的任何错误代码。该结构的定义如下。

```
typedef  struct _WSANTWORKEVENTS
{
    long  lNetworkEvents;
    int  iErrorCode[FD_MAX_EVENTS];
} WSANETWORKEVENTS, FAR* LPWSANETWORKEVENTS;
```

参数说明如下。

- 参数 lNetworkEvents：用于指定一个值，该值对应于套接字上发生的所有网络事件类型（见表 4.1）。

当一个事件进入传信状态时，可能会同时发生多个网络事件类型。例如，一个繁忙的服务器应用可能同时收到 FD_READ 和 FD_WRITE 通知，这时此参数是它们的逻辑或（OR）结果。

- 参数 iErrorCode[]：用于指定一个错误代码数组，同 lNetworkEvents 中的事件关联在一起。针对每个网络事件类型，都存在一个对应的事件索引，其名称与事件类型的名字类似，只是要在事件名字后面添加一个“_BIT”后缀字串。例如，对于 FD_READ 事件类型来说，iErrorCode[]数组中的索引标识符便是 FD_READ_BIT。下述代码片段针对 FD_READ 事件进行了说明。

```
//处理 FD_READ 事件通知
if (NetworkEvents.lNetworkEvents & FD_READ)
{
    if (NetworkEvents.lErrorCode[FD_READ_BIT] != 0)
    {
        printf("FD_READ failed with error %d\n",
            NetworkEvents.lErrorCode[FD_READ_BIT]);
    }
}
```

5. 处理网络事件

确定了套接字上发生的网络事件类型后，可以根据不同的情况作出相应的处理。完成了对 WSANETWORKEVENTS 结构中的事件的处理后，应用程序应在所有可用的套接字上，继续等待更多的网络事件。

应用程序完成了对一个事件对象的处理后，便应调用 WSACloseEvent( )函数来释放由事件句柄使用的系统资源。函数的定义如下。

```
BOOL  WSACloseEvent(WSAEVENT  hEvent);
```

该函数也将一个事件句柄作为自己唯一的参数，并会在调用成功后返回 TRUE，调用失败后返回 FALSE。

4.4 重叠 I/O 模型

4.4.1 重叠 I/O 模型的优点

重叠 I/O 模型的优点如下。

① 可以运行在支持 Winsock 2 的所有 Windows 平台上。

② 使用重叠 I/O 模型的应用程序（下文简称为“前者”）可以直接在通知缓冲区进行数据的收发，提升了应用程序的性能，优于使用阻塞、select、WSAAsyncSelect 以及 WSAEventSelect 等模型的应用程序（下文简称为“后者”）。例如，在接收数据时，后者先把数据复制到套接字的接收缓冲区中，再由接收函数把数据复制到应用程序的缓冲区；而前者则把接收到的数据直接复制到应用程序的缓冲区。

③ 可以处理数万个 Socket 连接，且性能良好。

4.4.2 重叠 I/O 模型的基本原理

重叠 I/O 模型以 Win32 重叠 I/O 机制为基础，适用于安装了 Winsock 2 的所有 Windows 平台。

重叠 I/O 模型的基本原理是让应用程序使用一个重叠的数据结构，一次投递一个或多个 Winsock 的 I/O 请求。系统完成 I/O 操作后会通知应用程序。系统向应用程序发送通知的形式有两种：事件通知和完成例程。由应用程序设置接收 I/O 操作完成的通知形式。

重叠 I/O 模型的事件通知方法要求将 Win32 事件对象与 WSAOVERLAPPED 的结构（即重叠数据结构）关联在一起。如果使用一个重叠数据结构，发出类似 WSASend 和 WSARecv 的 I/O 调用，它们会立即返回。通常情况下，这些 I/O 调用会以失败告终，返回 SOCKET_ERROR。此时使用 WSAGetLastError( )函数，便可获得与错误状态有关的报告。这个错误状态意味着 I/O 操作正在进行，应用程序需要等候与这个重叠数据结构对应的事件对象，以了解重叠 I/O 模型请求何时完成。WSAOVERLAPPED 结构为重叠 I/O 模型请求的初始化及其后续的完成，提供了一种通信机制。

重叠I/O模型的完成例程通知方法是指在重叠I/O模型请求完成时自动调用一个例程。

套接字的重叠 I/O 模型是一种真正的异步 I/O 模型。应用程序调用输入或者输出函数后，立即返回，线程继续运行。I/O 操作完成，并且将数据复制到用户缓冲区后，系统会通知应用程序。应用程序接收到通知后，即可对数据进行处理。利用重叠 I/O 模型，应用程序调用输入或者输出函数后，只需要等待 I/O 操作完成的通知。

4.4.3　重叠 I/O 模型的关键函数和数据结构

下面介绍套接字重叠 I/O 模型的关键函数和数据结构。

1. 创建套接字

要想在一个套接字上使用重叠 I/O 模型来处理网络数据通信，创建套接字时必须使用 WSA_FLAG_OVERLAPPED 标志，例如：

```
SOCKET s = WSASocket(AF_INET, SOCK_STEAM, 0, NULL, 0, WSA_FLAG_OVERLAPPED);
```

如果使用 Socket 函数创建套接字，那么系统会默认设置 WSA_FLAG_OVERLAPPED 标志。

成功创建一个套接字，并将其与本地接口绑定到一起后，便可开始在这个套接字上进行重叠 I/O 操作。需要调用以下 Winsock 2 函数，同时为它们指定一个 WSAOVERLAPPED 结构参数（在 winsock2.h 中定义）。

① WSASend( )和 WSASendTo( )函数：用于发送数据。

② WSARecv( )和 WSARecvFrom( )函数：用于接收数据。

③ WSAIoctl( )函数：用于控制套接字模式。

④ AcceptEx( )函数：用于接收连接。

2. WSAOVERLAPPED 结构

WSAOVERLAPPED 结构是重叠模型的核心，定义如下。

```
typedef  struct _WSAOVERLAPPED {
DWORD Internal;
DWORD InternalHigh;
DWORD Offset;
DWORD OffsetHigh;
WSAEVENT hEvent;            //此参数用于关联 WSAEvent 对象
} WSAOVERLAPPED, LPWSAOVERLAPPED*;
```

在 WSAOVERLAPPED 结构中，Internal、InternalHigh、Offset 和 OffsetHigh 字段均由系统内部使用。hEvent 字段为事件对象句柄，应用程序用它将事件对象与套接字关联起来。WSAOVERLAPPED 结构与重叠数据结构“绑定”在一起的事件对象通知我们操作已完成。下面的例子展示了实现关联的步骤。

```
WSAOVERLAPPED AcceptOverlapped ;          //定义重叠结构
ZeroMemory(&AcceptOverlapped, sizeof(WSAOVERLAPPED));     //初始化重叠数据结构
WSAEVENT event;                           //定义事件对象变量
event = WSACreateEvent();                //创建事件对象句柄
AcceptOverlapped.hEvent = event;          //建立重叠数据结构与事件的关联
```

3．输入/输出系列函数

在重叠 I/O 模型中，使用 WSARecv( )或者 WSARecvFrom( )函数来接收数据，而使用 WSASend( )函数和 WSASendTo( )函数来发送数据。现以 WSARecv( )函数为例，说明它在重叠 I/O 模型中定义的变化，以及使用方法。WSASend( )函数、WSASendTo( )函数、WSARecvFrom( )函数的使用方式与此类似。

WSARecv( )函数的定义如下。

```
int WSARecv(
SOCKET s,                        //用于接收数据的套接字
LPWSABUF*  lpBuffers,            //指向 WSABUF 结构数组的指针，接收缓冲区
DWORD  dwBufferCount,            //数组中成员的数量
LPDWORD  lpNumberOfBytesRecvd,
//如果接收操作立即完成，此参数返回接收到数据的字节数
LPDWORD  lpFlags,                //标志位，将其设置为 0 即可
LPWSAOVERLAPPED*  lpOverlapped,
//指向 WSAOVERLAPPED 结构指针，用于“绑定”重叠数据结构
LPWSAOVERLAPPED_COMPLETION_ROUTINE   lpCompletionRoutine
//指向完成例程的指针，若选择事件通知的方式，应将其设置为 NULL
);
```

返回值：如果重叠操作立即完成，函数返回值为 0，并且 lpNumberOfBytesRecvd 参数指明接收数据的字节数；如果重叠操作未能立即完成，则函数返回 SOCKET_ERROR 值，错误代码为 WSA_IO_PEN DING，且不更新 lpNumberOfBytesRecvd 的值。

特别要指出，函数中 lpOverlapped 和 lpCompletionRoutine 参数用于设置接收 I/O 操作完成的通知形式。

如果这两个参数都为 NULL，则该套接字作为非重叠套接字使用。

如果 lpCompletionRoutine 参数为 NULL，lpOverlapped 指定了重叠数据结构，则采用事件通知方式。lpOverlapped 将事件对象与重叠数据结构关联在一起。当接收数据操作完成时，lpOverlapped 参数中的事件对象将变为“已传信”状态。应用程序应调用 WSAWaitForMultipleEvents( )函数或者 WSAGetOverlappedResult( )函数来等待该事件。

如果 lpCompletionRoutine 参数不为 NULL，且指定了完成例程，则 lpOverlapped 参数中的事件对象将被忽略。应用程序使用完成例程来传递重叠操作的结果。

接收数据的 WSABUF 结构的定义如下。

```
typedef struct _WSABUF {
    u_long          len;       //缓冲区长度
    char FAR*       buf;        //缓冲区指针
} WSABUF, FAR*  LPWSABUF;
```

示例代码如下。

```
//定义 WSABUF 结构的缓冲区并将其初始化
WSABUF DataBuf;
#define DATA_BUFSIZE 5096
char buffer[DATA_BUFSIZE];
ZeroMemory(buffer, DATA_BUFSIZE);
DataBuf.len = DATA_BUFSIZE;
DataBuf.buf = buffer;
DWORD dwBufferCount = 1, dwRecvBytes = 0, Flags = 0;
```

```
//建立重叠数据结构，如要处理多个操作，可定义一个 WSAOVERLAPPED 数组
WSAOVERLAPPED AcceptOverlapped ;
//创建事件对象句柄，如果需要多个事件，可定义一个 WSAEVENT 数组，
可能一个 Socket 同时会有多个重叠 I/O 的请求，就会对应多个 WSAEVENT
WSAEVENT event;
Event = WSACreateEvent();
ZeroMemory(&AcceptOverlapped, sizeof(WSAOVERLAPPED));
//把事件句柄“绑定”到重叠数据结构上
AcceptOverlapped.hEvent = event;
//调用 WSARecv()函数，把接收请求投递到重叠数据结构上
WSARecv(s, &DataBuf, dwBufferCount, &dwRecvBytes,
&Flags, &AcceptOverlapped, NULL);
```

4．WSAWaitForMultipleEvents( )函数

WSAWaitForMultipleEvents( )函数用于等待一个或者所有事件对象转变为“已传信”状态，或者在函数调用超时后返回。使用该函数的返回值来索引事件对象数组，即可得到转变为“已传信”状态的事件和对应的套接字，然后可以调用 WSAGetOverlappedResult( )函数来判断重叠操作是否成功。

函数的定义如下。

```
DWORD WSAWaitForMultipleEvents(
DWORD cEvents,                          //等候事件的总数量
const WSAEVENT* lphEvents,              //事件数组的指针
BOOL fWaitAll,
//如果将 fWaitAll 设置为 TRUE，则事件数组中所有事件被传信时，函数才会返回
//如果将 fWaitAll 设置为 FALSE，则只要有一个事件被传信函数就返回，一般将其设置为 FALSE
DWORD dwTimeout,
//超时时间，如果超时，函数会返回 WSA_WAIT_TIMEOUT
//如果将超时时间设置为 0，函数会立即返回
//如果将超时时间设置为 WSA_INFINITE，则只有某一个事件被传信后才会返回
BOOL fAlertable //在完成例程方式中使用，应将选择事件通知设置为 FALSE
);
```

返回值的说明如下。

① WSA_WAIT_TIMEOUT：最常见的返回值，表示需要继续等待。

② WSA_WAIT_FAILED：出现了错误，请检查 cEvents 和 lphEvents 两个参数是否有效。

如果事件数组中某一个事件被传信了，函数会返回这个事件的索引值，但是这个索引值需要减去预定义值 WSA_WAIT_EVENT_0 才能得到这个事件在事件数组中的位置。

注意：WSAWaitForMultipleEvents( )函数只能支持 WSA_MAXIMUM_WAIT_EVENTS 对象定义的最大值，即 64，就是说 WSAWaitForMultipleEvents( )函数一次只能等待 64 个事件，如果想同时等待超过 64 个事件，就要创建额外的工作线程，并管理一个线程池。

5．WSAGetOverlappedResult( )函数

我们使用 WSAWaitForMultipleEvents( )函数得到重叠操作完成的通知，并使用 WSAGetOverlappedResult( )函数查询套接字上重叠 I/O 操作的结果。WSAGetOverlapped-Result( )函数的定义如下。

```
BOOL WSAGetOverlappedResult(
```

```
SOCKET  s,
LPWSAOVERLAPPED  lpOverlapped,
LPDWORD*  lpcbTransfer,
BOOL  fWait,
LPDWORD  lpdwFlags
);
```

参数说明如下。

① 参数 s：套接字句柄。

② 参数 lpOverlapped：为参数 s 关联的 WSAOVERLAPPED 结构。

③ 参数 lpcbTransfer：指向字节计数器的指针，负责接收一次重叠发送或接收操作实际传输的字节数。

④ 参数 fWait：确定函数是否等待的标志。fWait 参数用于决定函数是否应该等待一次重叠操作完成。若将 fWait 设置为 TRUE，那么直到操作完成函数才返回；若将 fWait 设置为 FALSE，并且操作仍然处于未完成状态，那么 WSAGetOverlappedResult( )函数会返回 FALSE。

⑤ 参数 lpdwFlags：lpdwFlags 是接收完成状态的附加标志。当返回 TRUE 时，表示重叠 I/O 操作已经完成，lpOverlapped 字段指明了实际传输的数据。当返回 FALSE 时，可能是因为重叠 I/O 操作还未完成，或者重叠 I/O 操作已完成，但存在错误，又或者是该函数的一个或者多个参数错误导致不能确定重叠 I/O 操作完成的状态。

如果函数调用失败，由 BytesTransfered 参数指向的值不会更新，而且应用程序会调用 WSAGetLastError( )函数来检查造成调用失败的原因并采取相应的容错处理。如果错误码为 ERROR/WSA_IO_INCOMPLETE（重叠 I/O 操作未处于信号状态）或 ERROR/WSA_IO_PENDING（重叠 I/O 操作正在进行），则表明重叠 I/O 操作仍在进行。当然，这不是真正的错误，任何其他错误码才真正表明发生了实际错误。

4.4.4 使用事件通知实现重叠 I/O 模型的步骤

应用程序通过 WSAOVERLAPPED 结构中的 hEvent 字段，将一个事件对象句柄与套接字关联起来。

当重叠 I/O 操作完成时，系统更改与 WSAOVERLAPPED 结构对应的事件对象的传信状态，使其从“未传信”变成“已传信”。由于我们之前将事件对象分配给了 WSAOVERLAPPED 结构，所以只需简单地调用 WSAWaitForMultipleEvents( )函数，即可判断出一个或多个重叠 I/O 操作是在什么时候完成的。通过函数返回的索引可以知道完成的重叠 I/O 事件是在哪个 Socket 上发生的。

调用 WSAGetOverlappedResult( )函数，将发生事件的 Socket 传给该函数的第一个参数，将这个 HANDLE 对应的 WSAOVERLAPPED 结构传给该函数的第二个参数，以判断重叠 I/O 操作到底是成功还是失败。如果函数返回 FALSE，则表示重叠 I/O 操作已经完成但含有错误，或者重叠 I/O 操作的完成状态无法判断，因为给 WSAGetOverlappedResult( )函数提供的一个或多个参数存在错误。失败后，由 BytesTransferred 参数指向的值不会进行更新，应用程序会调用 WSAGetLastError( )函数，确定造成调用失败的原因。

如果 WSAGetOverlappedResult( )函数返回 TRUE，则可以根据先前调用异步 I/O 函数时设置的缓冲区（WSARecv/WSASend.lpBuffers)和 BytesTransferred 参数，使用指针偏移定位就可以准确操作接收到的数据了。

以下是采用事件通知方式实现重叠 I/O 模型的大体步骤。

1. 定义变量

定义变量的代码如下。

```
#define DATA_BUFSIZE     4096                    //接收缓冲区大小
SOCKET  ListenSocket, AcceptSocket;              //监听与客户端通信的套接字
WSAOVERLAPPED  AcceptOverlapped;                 //重叠数据结构
WSAEVENT  EventArray[WSA_MAXIMUM_WAIT_EVENTS];
//用于通知重叠 I/O 操作完成的事件句柄数组
WSABUF      DataBuf[DATA_BUFSIZE] ;
DWORD       dwEventTotal = 0,                    //程序中事件的总数
             dwRecvBytes = 0,                    //接收到的字符长度
             Flags = 0;                          //WSARecv 的参数
```

2. 创建监听套接字并在指定的端口上监听连接请求

创建监听套接字并在指定的端口上监听连接请求的代码如下。

```
WSADATA wsaData;
WSAStartup(MAKEWORD(2,2),&wsaData);
ListenSocket = socket(AF_INET,SOCK_STREAM,IPPROTO_TCP);        //创建监听套接字
sockaddr_in ServerAddr;                  //分配端口及协议族并绑定
ServerAddr.sin_family = AF_INET;
ServerAddr.sin_addr.S_un.S_addr = htonl(INADDR_ANY);
ServerAddr.sin_port = htons(11111);
bind(ListenSocket,(lpSockAddr)&ServerAddr, sizeof(ServerAddr));     //绑定套接字
listen(ListenSocket, 5);       //开始监听
```

3. 接收一个客户端的连接请求

接收一个客户端的连接请求的代码如下。

```
sockaddr_in ClientAddr;                                  //定义一个客户端的地址结构作为参数
int addr_length = sizeof(ClientAddr);
AcceptSocket = accept(ListenSocket,(sockaddr*)&ClientAddr, &addr_length);
LPCTSTR lpIP =  inet_ntoa(ClientAddr.sin_addr);         //获取客户端的 IP
UINT nPort = ClientAddr.sin_port;                       //获取客户端的 Port
```

4. 建立并初始化重叠数据结构

建立并初始化重叠数据结构的代码如下。

```
//创建一个事件
EventArray[dwEventTotal] = WSACreateEvent();      //dwEventTotal 的初始值为 0
ZeroMemory(&AcceptOverlapped, sizeof(WSAOVERLAPPED));
AcceptOverlapped.hEvent = EventArray[dwEventTotal];             //关联事件
char buffer[DATA_BUFSIZE];
ZeroMemory(buffer, DATA_BUFSIZE);
DataBuf.len = DATA_BUFSIZE;
DataBuf.buf = buffer;    //初始化一个 WSABUF 结构
dwEventTotal ++;         //总数加一
```

5．以 WSAOVERLAPPED 结构为参数，在套接字上投递 WSARecv 请求

以 WSAOVERLAPPED 结构为参数，在套接字上投递 WSARecv 请求的代码如下。

```
if(WSARecv(AcceptSocket,&DataBuf,1,&dwRecvBytes,&Flags,
                              & AcceptOverlapped, NULL) == SOCKET_ERROR)
{
   //返回 WSA_IO_PENDING 是正常情况，表示 I/O 操作正在进行，不能立即完成
   //如果不是返回 WSA_IO_PENDING 错误，就存在问题
     if(WSAGetLastError() != WSA_IO_PENDING)
     {
          closesocket(AcceptSocket);
          WSACloseEvent(EventArray[dwEventTotal]);
     }
     }
```

6．调用 WSAWaitForMultipleEvents( )函数，等待重叠 I/O 操作返回的结果

调用 WSAWaitForMultipleEvents( )函数，等待重叠 I/O 操作返回的结果的代码如下。

```
DWORD dwIndex;
//等候重叠 I/O 操作结束
//因为把事件和 Overlapped 绑定在一起了，所以重叠 I/O 操作完成后我们会接到事件通知
dwIndex = WSAWaitForMultipleEvents(dwEventTotal,
EventArray ,FALSE ,WSA_INFINITE,FALSE);
//注意这里返回的并非事件在数组中的 Index，而是需要减去 WSA_WAIT_EVENT_0
dwIndex = dwIndex - WSA_WAIT_EVENT_0;
```

7．使用 WSAResetEvent( )函数重设当前用完的事件对象

事件被触发后，需要将它重置一下，以便下一次使用，代码如下。

```
WSAResetEvent(EventArray[dwIndex]);
```

8．使用 WSAGetOverlappedResult( )函数取得重叠调用的返回状态

使用 WSAGetOverlappedResult( )函数取得重叠调用的返回状态的代码如下。

```
DWORD dwBytesTransferred;
WSAGetOverlappedResult( AcceptSocket, AcceptOverlapped ,
&dwBytesTransferred, FALSE, &Flags);
//首先检查通信对方是否已经关闭连接，如果连接已经关闭，则关闭套接字
if(dwBytesTransferred == 0)
{
       closesocket(AcceptSocket);
       WSACloseEvent(EventArray[dwIndex]);       //关闭事件
       return;
}
```

9．使用接收到的数据

WSABUF 结构中保存着接收到的数据，DataBuf.buf 就是一个 char*字符串指针，用户可根据需要使用。

10．重复操作

回到第 5 步，在套接字上继续投递 WSARecv 请求，并重复步骤 6～9。

4.4.5　使用完成例程实现重叠 I/O 模型的步骤

在 Winsock 2 中，WSARecv/WSASend 的最后一个参数 lpCompletionRoutine 是一个

可选的指针，它用于指向一个完成例程。若指定此参数（自定义函数地址），则在重叠请求完成后，将调用完成例程进行处理。

Winsock 2 中完成例程指针 LPWSAOVERLAPPED_COMPLETION_ROUTINE 的定义如下。

```
//winsock2.h
typedef void (CALLBACK* LPWSAOVERLAPPED_COMPLETION_ROUTINE)(
            DWORD dwError,
            DWORD cbTransferred,
            LPWSAOVERLAPPED lpOverlapped,
            DWORD dwFlags );
```

使用完成的例程实现一个重叠 I/O 请求之后，参数中会包含下述信息。

① 参数 dwFlags：一般不会用到，将其设置为 0。

② 参数 dwError：表示一个重叠 I/O 操作（由 lpOverlapped 指定）的完成状态。

③ 参数 cbTransferred：BytesTransferred 参数指定了在重叠 I/O 操作实际传输的字节量。

④ 参数 lpOverlapped：指定的是调用这个完成例程的异步 I/O 操作函数的 WSAOVERLAPPED 结构参数。

用一个完成例程提交重叠 I/O 请求时，WSAOVERLAPPED 结构的事件字段 hEvent 并未使用。也就是说，我们不可以将一个事件对象同重叠 I/O 请求关联到一起。使用一个含有完成例程指针参数的异步 I/O 函数发出一个重叠 I/O 请求后，一旦重叠 I/O 操作完成，就必须能够通知调用线程，使其开始执行完成例程指针指向的自定义函数，提供数据处理服务。这样一来，便要求将调用线程置于一种“可警告的等待状态”，重叠 I/O 操作完成后，自动调用完成例程加以处理。WSAWaitForMultipleEvents( )函数可用于将线程置于一种可警告的等待状态。这样做的代价是必须创建一个事件对象，可用于 WSAWaitForMultipleEvents( )函数。假定应用程序只用完成例程对重叠请求进行处理，则可能不需要任何事件对象。作为一种变通方法，应用程序可用 Win32 的 SleepEx( )函数将自己的线程置为一种可警告的等待状态。当然，亦可创建一个伪事件对象，不将它与任何东西关联在一起。假如调用线程经常处于繁忙状态，而且不处于可警告的等待状态，那么完成例程根本不会得到调用。

如前面所述，WSAWaitForMultipleEvents( )函数通常用于等待同 WSAOVERLAPPED 结构关联在一起的事件对象。该函数也可以用于将线程设计成一种可警告的等待状态，并为已经完成的重叠 I/O 请求调用完成例程进行处理（前提是将 fAlertable 参数设置为 TRUE）。使用一个含有完成例程指针的异步 I/O 函数提交重叠 I/O 请求后，WSAWaitForMultipleEvents( )函数的返回值是 WAIT_IO_COMPLETION，而不是事件数组中的一个事件对象索引。WAIT_IO_COMPLETION 的意思是有完成例程需要执行。SleepEx( )函数的行为实际上和 WSAWaitForMultipleEvents( )函数类似，只是它不需要任何事件对象。对 SleepEx( )函数的定义如下。

```
WINBASEAPI DWORD WINAPI
SleepEx(
    DWORD dwMilliseconds,
    BOOL bAlertable );
```

其中，dwMilliseconds 参数定义了 SleepEx( )函数的等待时间，以 ms 为单位。假如将 dwMilliseconds 设置为 INFINITE，那么 SleepEx( )函数会无休止地等待下去。bAlertable 参数规定了一个完成例程的执行方式：若将它设置为 FALSE，则使用一个含有完成例程指针的异步 I/O 函数提交重叠 I/O 请求后，不会执行 I/O 完成例程，而且 SleepEx( )函数不会返回，直到超过由 dwMilliseconds 规定的时间；若将它设置为 TRUE，则完成例程会得到执行，同时 SleepEx( )函数将返回 WAIT_IO_COMPLETION。

利用完成例程处理重叠 I/O 模型的 Winsock 程序的编写步骤如下。

① 新建一个监听套接字，在指定端口上等待客户端的连接请求。

② 接收客户端的连接请求，并返回一个会话套接字来负责与客户端的通信。

③ 为会话套接字关联一个 WSAOVERLAPPED 结构。

④ 在套接字上发起一个异步 WSARecv 请求，指定 WSAOVERLAPPED 结构作为参数，同时提供一个完成例程。

⑤ 在将 fAlertable 参数设置为 TRUE 的情况下，调用 WSAWaitForMultipleEvents( )函数，并等待一个重叠 I/O 请求的完成。重叠 I/O 请求完成后，完成例程会自动执行，而且 WSAWaitForMultipleEvents( )函数会返回一个 WAIT_IO_COMPLETION。

⑥ 检查 WSAWaitForMultipleEvents( )函数是否返回 WAIT_IO_COMPLETION。

⑦ 重复步骤⑤和步骤⑥。

当调用 Accept( )处理连接时，一般创建一个 AcceptEvent 伪事件。当有客户连接时，需要手动调用 SetEvent(AcceptEvent)；当调用 AcceptEx 处理重叠的连接时，一般为 ListenSocket 创建一个 ListenOverlapped 结构，并为其指定一个伪事件。这些伪事件的作用在于，当含有完成例程指针的异步 I/O 操作（如 WSARecv)完成时，设置了 fAlertable 的 WSAWaitForMultipleEvents( )函数将返回 WAIT_IO_COMPLETION，并调用完成例程指针指向的完成例程对数据进行处理。

重叠 I/O 模型的缺点是它为每一个 I/O 请求都开启了一个线程。当有成千上万个请求同时发生时，系统处理线程上下文切换是非常耗时的。所以就引出更为先进的——IOCP 模型，它通过线程池来解决这个问题。

4.5 IOCP 模型

I/O 完成端口（IOCP）模型是最复杂的一种 I/O 模型。当应用程序需要管理大量套接字时，IOCP 模型提供了最佳的系统性能。这个模型具备极佳的伸缩性，非常适合用于处理成百上千个套接字。IOCP 模型被广泛应用于各种类型的高性能服务器，如 Apache 等。

4.5.1 IOCP 模型的概念

Windows 的 IOCP 模型是一个非常实用的模型。简单地说，IOCP 就是一种使用有限的线程资源来管理大数据量对象的技术。

假如要设计一个大型网络游戏，能支持 10 万人以上同时在线。简单的做法是，为每个用户创建一个 Socket 对象，再创建一个线程单独负责这个 Socket 的数据通信。这意味着需要创建超过 10 万个线程才能正常运行游戏。但实际上是不可行的。

在 Windows 系统中，每创建一个线程，系统就为之分配一个运行堆栈。运行堆栈最小是 4 KB。就是说，一个线程的开销除了核心对象和线程上下文外，还有最小为 4 KB 的内存开销。且不说这么多线程之间切换带来的系统开销有多大，仅仅是占用的内存就难以让系统承受。

而 IOCP 模型就能很好地解决此问题。它把成千上万个 I/O 对象绑定在一个完成端口对象句柄上。每个 I/O 对象完成读写操作后，都会把事件“存放”在这个完成端口对象句柄中。存放过程是一个事件对象加入队列的过程。然后，有限的几个线程会访问这个队列，从队列中取出事件，并进行处理。

IOCP 模型是一种应用程序使用线程池处理异步 I/O 请求的机制。首先创建一个 Win32 完成端口对象，再创建一定数量的工作线程。应用程序发起一些异步 I/O 请求，当这些请求完成时，系统将把这些工作项目排序到完成端口。这样，在完成端口上等待的线程池便可以处理这些完成的 I/O 请求，为已经完成的重叠 I/O 请求提供服务。需要注意的是，所谓“完成端口”，实际是一个 Windows I/O 结构，它可以接收多种 I/O 对象的句柄，如文件对象、套接字对象等。下面仅介绍使用 IOCP 模型管理套接字的方法。

4.5.2　使用 IOCP 模型的方法

1. 创建完成端口对象

使用 IOCP 模型之前，需要调用 CreateIoCompletionPort( )函数来创建一个完成端口对象。Winsock 将使用这个对象来管理任意数量的套接字句柄的 I/O 请求。该函数的定义如下。

```
HANDLE CreateIoCompletionPort(
    HANDLE  FileHandle,
    HANDLE  ExistingCompletionPort,
    ULONG_PTR  CompletionKey,
    DWORD  NumberOfConcurrentThreads);
```

该函数有以下 2 个用途。

① 创建一个新的完成端口对象。

② 将一个 I/O 句柄（如套接字句柄）同已经存在的完成端口关联到一起。

在创建一个完成端口时，前 3 个参数都会被忽略。只需要用 NumberOfConcurrentThreads 参数定义在要创建的完成端口上，允许同时执行的线程数量。一般，这个值被设置为 CPU 数量，以确保每个处理器各自负责一个线程的运行，从而为完成端口提供服务，避免频繁地进行线程“上下文”切换。

若将该参数设置为 0，则表明允许同时运行的线程数量等于系统内安装的处理器个数。可用下述代码创建一个完成端口。

```
hIOCP = CreateIoCompletionPort(INVALID_HANDLE_VALUE, NULL, 0, 0);
```

该语句的作用是返回一个完成端口句柄。

2．I/O 服务线程和完成端口

成功创建一个完成端口后，便可将套接字句柄与完成端口对象关联起来。

在关联套接字之前，必须首先创建一个或多个“工作线程”，以便在 I/O 请求提交给完成端口对象后，为完成端口提供服务。那么，应该创建多少个线程呢？

我们在调用 CreateIoCompletionPort( )函数创建完成端口对象时，函数的 NumberOfConcurrentThreads 参数规定了在该完成端口上，一次允许同时运行的工作线程数量。但实际创建的工作线程数量往往会多一些。这是由于某些线程可能会调用类似 Sleep( )或 WaitForSingleObject( )函数，而进入了暂停（锁定或挂起）状态，此时其他线程可以代替它的位置。创建比较多的线程，可以充分发挥系统潜力。一般工作线程的数量等于处理器数量的 2 倍。

创建好工作线程以后，就可以将套接字句柄与完成端口关联到一起。方法是在一个现有的完成端口上，再次调用 CreateIoCompletionPort( )函数，此时需要提供函数的前 3 个参数以指定套接字的信息。其中：

① FileHandle 参数用于指定一个要与完成端口关联在一起的套接字句柄；

② ExistingCompletionPort 参数用于指定一个现有的完成端口；

③ CompletionKey 参数是一个指向数据结构的指针，该结构包含套接字的句柄，以及与该套接字有关的其他信息。由于它只对应与套接字句柄关联在一起的数据，因此被称为“单句柄数据”。

3．完成端口和重叠 I/O

将套接字句柄与完成端口关联在一起后，便可利用该套接字句柄，提交发送与接收请求。当这些 I/O 操作完成时，系统会向完成端口对象发送一个完成通知封包。完成端口以先进先出的方式将这些封包排队。从本质上说，IOCP 模型利用了 Win32 重叠 I/O 机制。在这种机制中，像 WSASend 和 WSARecv 这样的 Winsock API 调用会立即返回。此时，应用程序需要在以后的某个时间，通过 OVERLAPPED 结构，来接收调用的结果。在 IOCP 模型中，应用程序需要使用 GetQueuedCompletionStatus( )函数来取得这些队列中的封包。该函数应该在处理完成端口对象的服务线程中调用，定义如下。

```
BOOL GetQueuedCompletionStatus(
    HANDLE  CompletionPort,
    LPDWORD  lpNumberOfBytes,
    PULONG_PTR  lpCompletionKey,
    LPOVERLAPPED*  lpOverlapped,
    DWORD dwMilliseconds
);
```

参数说明如下。

① 参数 CompletionPort：完成端口对象句柄。

② 参数 lpNumberOfBytes：取得 I/O 操作期间传输的字节数。

③ 参数 lpCompletionKey：取得在关联套接字时指定的句柄唯一数据。

④ 参数 lpOverlapped：取得提交 I/O 操作时指定的 OVERLAPPED 结构。

⑤ 参数 dwMilliseconds：用于指定调用者希望等待完成数据报在完成端口上出现的时间。假如将其设置为 INFINITE，调用将会无休止地等待下去。

调用 GetQueuedCompletionStatus( )函数时，某个线程就会等待一个完成包进入完成端口的队列中，而不是直接等待异步 I/O 请求的完成。线程们会在完成端口上阻塞，并按照后进先出的顺序被释放，这就意味着当一个完成包进入完成端口的队列时，系统会释放最近被阻塞在该完成端口的线程。

4．单句柄数据和单 I/O 操作数据

工作线程调用 GetQueuedCompletionStatus( )函数，可以取得有 I/O 事件发生的套接字的信息。利用这些信息，可以通过完成端口，继续处理一个套接字上的 I/O 操作。

lpNumberOfBytes 参数包含了传输的字节数量。

lpCompletionKey 参数包含了“单句柄数据”。这是因为当套接字第一次与完成端口关联时，“单句柄数据”就与一个特定的套接字句柄对应起来了。“单句柄数据”正是传递给 CreateIoCompletionPort( )函数的 CompletionKey 参数。如前所述，应用程序可通过该参数传递任意类型的数据。通常情况下，应用程序会把与 I/O 请求有关的套接字句柄保存在该参数中。

lpOverlapped 参数指向一个 OVERLAPPED 结构，该结构包含了称为单 I/O 操作的数据，这些数据可以是工作线程处理完成封包时想要知道的任何信息。当工作线程处理一个完成数据报时（如将数据原封不动地发送回去，接收连接或提交另一个线程等），这些信息是必不可少的。单 I/O 操作数据可以是附加到一个 OVERLAPPED 结构末尾的、任意数量的字节。假如一个函数要求用到一个 OVERLAPPED 结构，我们必须将这样的一个结构传递进去，以满足它的要求。要想做到这一点，一个简单的方法是定义一个新结构，然后将 OVERLAPPED 结构作为新结构的第一个元素使用。举个例子来说，可定义下述数据结构，实现对单 I/O 操作数据的管理。

```
typedef struct
{
    OVERLAPPED Overlapped;
    WSABUF          DataBuf;
    char            Buffer[DATA_BUFSIZE];
    BOOL            OperationType;
}PER_IO_OPERATION_DATA
```

该结构演示了通常要与 I/O 操作关联在一起的一些重要数据元素，例如刚完成的 I/O 操作的类型（发送或接收请求），以及用于已完成 I/O 操作的数据缓冲区等。要想调用一个 Winsock API 函数并为其分配一个 OVERLAPPED 结构，既可将自己的结构“强制转型”为一个 OVERLAPPED 指针，也可简单地引用结构中的 OVERLAPPED 元素。示例代码如下。

```
PER_IO_OPERATION_DATA PerIoData;
//调用一个函数，将自己的结构“强制转型”为一个 OVERLAPPED 指针
WSARecv(socket, …, (OVERLAPPED*)&PerIoData);
//或像这样，简单地引用结构中的 OVERLAPPED 元素
WSARecv(socket, …, &(PerIoData.Overlapped));
```

在工作线程的后半部分，一旦 GetQueuedCompletionStatus( )函数返回了一个重叠数据结构（和完成键），便可通过 OperationType 成员确定到底是哪个操作被提交到了这个句柄上（只需要将返回的重叠数据结构指针强制转型为自己的 PER_IO_OPERATION_DATA

结构指针）。

对于单 I/O 操作数据来说，它最大的优点是允许在同一个句柄上，同时管理多个 I/O 操作（读/写、多个读、多个写）。例如，如果机器安装了多个中央处理器，并且每个处理器上都运行着一个工作线程，那么完全可能有几个不同的处理器同时在同一个套接字上，进行数据的收发操作。

5．恰当地关闭 IOCP 模型

最后要注意的一处细节是如何正确地关闭 I/O 完成端口，特别是在运行一个或多个线程的情况下。在多个套接字上执行 I/O 操作时，要避免的一个重要问题是在进行重叠 I/O 操作的同时，不要强行释放一个 OVERLAPPED 结构。要想避免出现这种情况，最好的办法是针对每个套接字句柄，调用 closesocket( )函数，这样任何尚未完成的重叠 I/O 操作都会完成。一旦所有套接字句柄都已关闭，便需要在完成端口上，终止所有工作线程的运行。要想做到这一点，需要使用 PostQueuedCompletionStatus( )函数，向每个工作线程都发送一个特殊的完成数据报。该函数会指示每个线程都“立即结束并退出”。下面是 PostQueuedCompletionStatus( )函数的定义。

```
BOOL PostQueuedCompletionStatus(
    HANDLE CompletionPort,
    DWORD dwNumberOfBytesTransferred,
    ULONG_PTR dwCompletionKey,
    LPOVERLAPPED lpOverlapped
);
```

参数说明如下。

① CompletionPort 参数：指定要发送完成数据报的完成端口对象。

② dwNumberOfBytesTransferred 参数：指定 GetQueuedCompletionStatus( )函数的 lpNumberOfBytesTra nsferred 参数的返回值。

③ dwCompletionKey 参数：指定 GetQueuedCompletionStatus( )函数的 lpCompletionKey 参数的返回值。

④ lpOverlapped 参数：指定 GetQueuedCompletionStatus( )函数的 lpOverlapped 参数的返回值。

这 3 个参数允许我们指定一个值，直接传递给 GetQueuedCompletionStatus( )函数中对应的参数。这样一来，一个工作线程在接收到传递过来的 3 个 GetQueuedCompletionStatus( )函数参数后，便可根据这 3 个参数的某一个设置的特殊值，来决定何时应该退出。例如，可用 CompletionPort 参数传递 0 值，工作线程会将其解释成中止指令。所有工作线程都关闭后，便可使用 CloseHandle( )函数关闭完成端口，最终安全退出程序。

使用完成端口模型构建一个应用程序框架的基本步骤如下。

① 调用 CreateIoCompletionPort( )函数，创建一个完成端口。将第 4 个参数设置为 0，表示在完成端口上，每个处理器一次只允许执行一个工作线程。

② 判断系统内安装的处理器数量。

③ 创建工作线程，在完成端口上，为已完成的 I/O 请求提供服务。

④ 准备好一个监听套接字，在指定端口上监听进入的连接请求。

⑤ 使用 Accept( )函数，接收进入的连接请求。

⑥ 创建一个数据结构，用于存储“单句柄数据”，并将接收的套接字句柄存入该结构。

⑦ 再次调用 CreateIoCompletionPort( )函数，将 Accept( )函数返回的新套接字句柄同完成端口关联到一起。

⑧ 在已接收的连接上进行 I/O 操作。通过重叠 I/O 机制，在新建的套接字上投递一个或多个异步 WSARecv 或 WSASend 请求。完成这些 I/O 请求后，工作线程会为 I/O 请求提供服务，同时继续处理未来的 I/O 请求。

⑨ 重复步骤⑤～⑧，直至服务器中止运行。

习　题

1. 用于非阻塞套接字的 5 种“套接字 I/O 模型”是什么？
2. 简述 WSAAsyncSelect 异步 I/O 模型的编程步骤。
3. 简述 WSAEventSelect 事件选择模型的编程步骤。

第5章

CAsyncSocket 类编程

直接使用 Windows Sockets API 进行网络编程，需要了解其网络编程的框架，这涉及复杂的消息驱动机制，并且需要自行设计处理套接字发送数据和接收数据的事件函数。

为了简化套接字网络编程并更方便地利用 Windows 系统的消息驱动机制， MFC 提供了以下 2 个套接字类（它们在不同的层次上对 Windows Sockets API 函数进行封装），为编写 Windows Sockets 网络通信程序提供了 2 种编程模式。

一个是 CAsyncSocket 类，它在很低的层次上对 Windows Sockets API 进行了封装，它的成员函数和 Windows Sockets API 的函数调用一一对应。一个 CAsyncSocket 对象代表一个 Windows 套接字，即网络通信的端点。除了把套接字封装成 C++面向对象的形式供程序员使用外，这个类唯一的抽象就是将与套接字相关的 Windows 消息转换为 CAsyncSocket 类的回调函数。

如果程序员对网络通信的细节很熟悉，仍希望充分利用 Windows Sockets API 编程的灵活性以及完全控制程序，同时还希望利用 Windows 系统提供的网络事件通知的回调函数的便利性，就应当使用 CAsyncSocket 类进行网络编程。不过，它的缺点是需要自己处理阻塞问题、字节顺序问题和字符串转换问题。

另一个是 CSocket 类，它是从 CAsyncSocket 类派生来的，是对 Windows Sockets API 的高级封装。CSocket 类继承了 CAsyncSocket 类的许多成员函数，这些函数封装了 Windows 套接字应用程序编程接口。在 2 个套接字类中，这些成员函数的用法是一致的。CSocket 类的高级性表现在以下 3 个方面。

（1）CSocket 类结合 Archive 类来使用套接字，就像使用 MFC 的系列化协议一样。

（2）CSocket 类管理了通信的许多方面，如字节顺序问题和字符串转换问题。而这些在使用原始 API 或者 CAsyncSocket 类时，都必须由用户自行处理，这就使 CSocket 类比 CAsyncSocket 类更易于使用。

（3）最重要的是，CSocket 类为 Windows 消息的后台处理提供了阻塞的工作模式，而这是进行 CArchive 同步操作所必需的。

这两个类提供了事件处理函数，编程者通过对事件处理函数进行重载，来方便地对套接字发送数据、接收数据等事件进行处理。同时，可以结合 MFC 的其他类来使用这两个套接字类，并利用 MFC 的各种可视化向导，从而大大简化编程。本章将介绍 CAsyncSocket 类编程，下一章将介绍 CSocket 类编程。

在 MFC 中，有一个名为 afxSock.h 的包含文件，在这个文件中定义了 CAsyncSocket、CSocket 和 CSocketFile 这 3 个套接字类。这个文件又引用了 afxwin.h 和 winsock.h 包含文件，清楚地表明了这 3 个套接字类是在 Windows 应用程序编程接口和 Windows Sockets

API 的基础上定义的。文件同时指出，这 3 个类的具体实现在 wsock32.lib 库文件中。如果计算机安装了 Visual Studio 或 Visual C++ 6.0，那么利用 Windows 的“查找”功能，可以找到 afxSock.h 文件。仔细阅读它，可以全面了解这 3 个类的成员变量、成员函数、事件处理函数和相关符号常量的定义，这对于理解本章的内容很有帮助。

微软公司的 Windows 操作系统提供了 Windows Sockets 动态链接库（DLL），如 ws2_32.dll。Visual C++提供了相应的头文件和库文件。

5.1　CAsyncSocket 类概述

CAsyncSocket 类从 CObject 类派生而来，如图 5.1 所示。

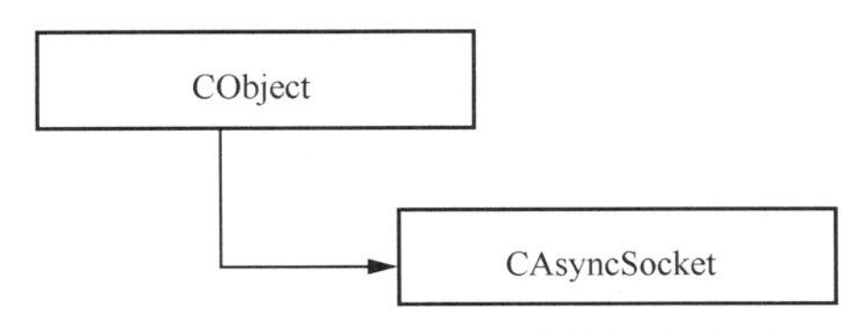

图 5.1　CAsyncSocket 类的派生关系

使用 CAsyncSocket 类，有 2 个优势。一方面，进行网络编程时，该类可以充分利用 Windows 操作系统提供的消息驱动机制，通过应用程序框架传递消息，便于处理各种网络事件。另一方面，作为 MFC 微软基础类库中的一员，CAsyncSocket 类可以与 MFC 的其他类融为一体，扩大了网络编程的空间，简化了编程过程。例如，利用 Visual C++的各种可视化控件，可以方便地构造应用程序的用户界面，使编程者能够把精力集中到网络编程的算法上。同时，CAsyncSocket 类还有利于处理多个协议，具有较大的灵活性。

5.1.1　使用 CAsyncSocket 类的一般步骤

使用 CAsyncSocket 类编程的一般步骤见表 5.1。

在使用 CAsyncSocket 类对象进行网络通信时，编程者还必须处理好以下问题。

（1）阻塞处理。CAsyncSocket 类对象专用于异步操作，不支持阻塞工作模式。如果应用程序需要支持阻塞操作，必须自行解决。

（2）字节顺序的转换。在不同的结构类型的计算机之间进行数据传输时，可能会有计算机之间字节存储顺序不一致的情况。用户程序需要自己对不同的字节顺序进行转换。

（3）字符串转换。同样，不同结构类型的计算机的字符编码也可能不同，需要自行转换，如 Unicode 和多字节字符集（MBCS）字符串之间的转换。

后文将详细介绍上述步骤中所用到的重要成员函数。

（1）客户端与服务器都要首先构造一个 CAsyncSocket 对象，然后通过该对象的 Create( )函数来创建底层的 SOCKET 句柄。服务器要将其绑定到特定的端口。

（2）对于服务器的套接字对象，应使用 Listen( )函数将它设置到开始监听状态。一旦收到来自客户端的连接请求，就调用 Accept( )函数来接收它。对于客户端的套接字对象，应使用 Connect( )函数，将它连接到一个服务器的套接字对象。建立连接以后，双方就可以按照应用层协议交换数据，如执行密码验证等任务。

注意，Accept( )函数将一个新的、空的 CAsyncSocket 对象作为它的参数，在调用 Accept( )函数之前必须构造这个对象。对于这个新的套接字对象，不需要调用 Create( )函数来创建它的底层套接字。

（3）调用 CAsyncSocket 对象的其他成员函数，如 Send( )函数和 Receive( )函数，可以执行与其他套接字对象的通信。这些成员函数与 Windows Sockets API 函数在形式和用法上基本是一致的。

（4）关闭并销毁 CAsyncSocket 对象。如果在堆栈上创建了套接字对象，当包含此对象的函数退出时，将自动调用该类的析构函数来销毁此对象。在销毁该对象之前，析构函数会调用该对象的 Close( )函数。如果在堆上使用 new 操作符创建了套接字对象，应先调用 Close( )函数关闭它，再使用 delete 操作符来销毁这个对象。

表 5.1　使用 CAsyncSocket 类编程的一般步骤

序号	服务器	客户端
1	//构造一个套接字 CAsyncSocket　sockSrvr;	//构造一个套接字 CAsyncSocket　sockClient;

2	//创建 Socket 句柄并绑定到指定的端口
	sockSrvr.Create(nPort);
		//创建 Socket 句柄，使用默认参数
		sockClient.Create( );

3	//启动监听，时刻准备接收连接请求
	sockSrvr.Listen( );	

4		//请求连接到服务器
		sockClient.Connect(strAddr, nPort);

5	//构造一个新的空的套接字
	CAsyncSocket sockRecv;
	//接收连接请求
	sockSrvr.Accept(sockRecv);	

6	//接收数据
	sockRecv.Receive(pBuf, nLen);
		//发送数据
		sockClient.Send(pBuf, nLen);

7	//再次发送数据
	sockRecv.Send(pBuf, nLen);
		//再次接收数据
		sockClient.Receive(pBuf, nLen);

8	//关闭套接字对象
	sockRecv.Close( );
		//关闭套接字对象
		sockClient.Close( );

5.1.2　创建 CAsyncSocket 类对象

本书将 CAsyncSocket 类对象称为异步套接字对象。创建异步套接字对象一般分为两个步骤：先构造一个 CAsyncSocket 对象，再创建该对象的底层的 Socket 句柄。

1．创建空的异步套接字对象

调用 CAsyncSocket 类的构造函数，可以创建一个新的、空的 CAsyncSocket 类套接字对象，该构造函数不带参数。创建套接字对象以后，必须调用它的成员函数，来创建底层的套接字数据结构，并将其绑定到地址。

创建空的异步套接字对象有以下两种方法。

（1）第一种方法的代码如下。

```
CAsyncSocket  aa;
aa.Create(…);
```

这种方式直接定义了 CAsyncSocket 类的变量。在编译时，会隐式地调用该类的构造函数，在堆栈上创建该类对象实例。使用这样的对象实例变量调用该类的成员变量或成员函数时，要用点操作符（.）。

（2）第二种方法的代码如下。

```
CAsyncSocket*  Pa;
Pa = new  CAsyncSocket;
Pa->Create(…);
```

这种方式首先定义了一个指向异步套接字类型的指针变量，再显式地调用该类的构造函数，在堆栈上生成该类对象实例，并将指向该对象实例的指针赋值给套接字指针变量。使用此类对象实例指针变量调用该类的成员函数时，要用箭头操作符（->）。

2．创建异步套接字对象的底层套接字句柄

调用 CAsyncSocket 类的 Create( )函数，可以创建该对象的底层套接字句柄，并决定套接字对象的具体特性。调用格式如下。

```
BOOL  Create( UINT nSocketPort = 0,
    int nSocketType = SOCK_STREAM,
    long  lEvent = FD_READ | FD_WRITE | FD_OOB | FD_ACCEPT |
    FD_CONNECT | FD_CLOSE, LPCTSTR lpszSocketAddress = NULL );
```

参数说明如下。

① 参数 nSocketPort 为无符号整数型，指定分配给套接字的传输层端口号。默认值为 0，表示让系统为这个套接字分配一个自由端口号。但是对于服务器应用程序，一般都使用事先分配的众所周知的公认端口号。所以服务器应用程序在调用此成员函数时，一般会指定端口号。

② 参数 nSocketType 为整数型，指定套接字的类型。若使用 SOCK_STREAM 符号常量，则生成流式套接字；若使用 SOCK_DGRAM 符号常量，则生成数据报套接字。SOCK_STREAM 是默认值。

③ 参数 lEvent 为长整数型，指定将为此 CAsyncSocket 对象生成通知消息的套接字事件，默认对所有的套接字事件都生成通知消息。

④ 参数 lpszSocketAddress 为字符串指针，指定套接字的网络地址。对互联网通信域来说，这可以是主机域名或 IP 地址，如“ftp.microsoft.com”或“128.56.22.8”。如果使用默认值 NULL，则表示使用本机默认的 IP 地址。

例如，创建一个使用端口 27 的流式异步套接字对象，代码如下。

```
CAsyncSocket* pSocket = new CAsyncSocket;
int nPort = 27;
pSocket->Create( nPort, SOCK_STREAM );
```

5.1.3 CAsyncSocket 类可以接收并处理的消息事件

在 CAsyncSocket 类的 Create( )函数中，参数 lEvent（网络事件）用于指定为此 CAsyncSocket 对象生成通知消息的套接字事件。这充分体现了 CAsyncSocket 类对 Windows 消息驱动机制的支持。

1．6 种与套接字相关的事件与通知消息

参数 lEvent 可以选用的 6 个符号常量是在 winsock.h 文件中定义的，代码如下。

```
#define FD_READ          0x01
#define FD_WRITE         0x02
#define FD_OOB           0x04
#define FD_ACCEPT        0x08
#define FD_CONNECT       0x10
#define FD_CLOSE         0x20
```

它们代表 MFC 套接字对象可以接收并处理的 6 种网络事件。当事件发生时，套接字对象会收到相应的通知消息，并自动执行套接字对象相应的事件处理函数。

① FD_READ 事件通知：通知有数据可读。当一个套接字对象的数据输入缓冲区收到其他套接字对象发送来的数据时，将触发此事件，并通知该套接字对象，表示可以调用 Receive( )函数来接收数据（即读数据）。

② FD_WRITE 事件通知：通知可以写入数据。当一个套接字对象的数据输出缓冲区中的数据已被发送，输出缓冲区已清空时，将触发此事件，并通知该套接字对象，表示可以调用 Send( )函数向外发送数据（即写数据）。

③ FD_ACCEPT 事件通知：通知监听套接字有连接请求可以接收。当客户端的连接请求到达服务器时，即当客户端的连接请求已经进入服务器监听套接字的接收缓冲区队列时，将触发此事件，并通知监听套接字对象，告诉它可以调用 Accept( )函数来接收待处理的连接请求。这个事件仅对流式套接字有效，并且发生在服务器。

④ FD_CONNECT 事件通知：通知请求连接的套接字，连接的要求已被处理。当客户端的连接请求已被处理时，将触发此事件。存在两种情况：一种是服务器已接收了连接请求，双方的连接已经建立，通知客户端套接字可以使用连接来传输数据；另一种情况是连接请求被拒绝，通知客户端套接字连接失败。这个事件仅对流式套接字有效，并且发生在客户端。

⑤ FD_CLOSE 事件通知：通知套接字已关闭。当所连接的套接字关闭时发生。

⑥ FD_OOB 事件通知：通知将有带外数据到达。当对方的流式套接字发送带外数据时，发生此事件，并通知接收套接字，正在发送的套接字有带外数据要发送。带外数据是

与每对连接的流式套接字相关的在逻辑上独立的通道，通常用于发送紧急数据。MFC支持带外数据，使用CAsyncSocket类的高级用户可能需要使用带外数据通道，但不鼓励使用CSocket类的用户使用它。更容易的方法是创建第二个套接字来传输此类数据。

2. MFC框架对6个网络事件的处理

当上述网络事件发生时，MFC框架作何处理呢？按照Windows系统的消息驱动机制，MFC框架会把消息发送给相应的套接字对象，并调用该对象成员函数——事件处理函数。事件与处理函数是一一对应的。

afxSock.h文件的CAsyncSocket类的声明，定义了与这6个网络事件对应的事件处理函数，代码如下。

```
virtual void OnReceive(int nErrorCode);              //对应 FD_READ 事件
virtual void OnSend(int nErrorCode);                 //对应 FD_WRITE 事件
virtual void OnAccept(int nErrorCode);               //对应 FD_ACCEPT 事件
virtual void OnConnect(int nErrorCode);              //对应 FD_CONNECT 事件
virtual void OnClose(int nErrorCode);                //对应 FD_CLOSE 事件
virtual void OnOutOfBandData(int nErrorCode);        //对应 FD_OOB 事件
```

其中，参数nErrorCode的值是在函数被调用时由MFC框架提供的，它表明套接字最新的状况。如果值为0，说明没有错误，函数能成功执行；如果值不为0，说明套接字对象有某种错误。

当某个网络事件发生时，MFC框架会自动调用套接字对象对应的事件处理函数。这就相当于给了套接字对象一个通知，告诉它某个重要的事件已经发生。所以，这些函数也被称为套接字类的通知函数或回调函数。

3. 重载套接字对象的回调函数

套接字对象的回调函数定义的前面都有virtual关键字，这表明它们是可重载的。在编程时，一般并不直接使用CAsyncSocket类或CSocket类，而是从它们派生出自己的套接字类。然后在派生出的类中，可以对这些虚拟函数进行重载，以加入应用程序对网络事件处理的特定代码。

如果从CAsyncSocket类派生了自己的套接字类，就必须重载该应用程序所感兴趣的那些网络事件所对应的通知函数。如果从CSocket类派生了一个类，是否重载所感兴趣的通知函数则由开发者自己决定。也可以使用CSocket类本身的回调函数，但在默认情况下，CSocket类本身的回调函数不做任何操作，只是提供了一个框架。

MFC框架自动调用通知函数，使用户可以在套接字接收到通知时优化套接字的行为。例如，用户可以从自己的OnReceive( )通知函数中调用套接字对象的Receive( )函数。也就是说，只有在通知到达且数据可读时，才调用Receive( )函数来读取数据。这个方法不是必需的，但它是一个有效的方案。此外，还可以利用通知函数来跟踪进程，例如打印TRACE消息等。

对于CSocket对象，还有以下几点不同。

在执行接收或发送数据等操作期间，CSocket对象会成为同步模式。在同步状态下，在当前套接字等待所需通知时（例如，在Receive( )函数调用期间，套接字等待一个可读的通知），其他套接字的通知将被排成队列。只有该套接字完成了它的同步操作，并再次成为异步模式，其他套接字才可以开始接收队列中的通知。

重要的一点是，在 CSocket 中，从来不会调用 OnConnect( )通知函数。建立连接时，只简单地调用 Connect( )函数。无论连接成功与失败，该函数都会返回连接通知，连接通知如何被处理是 MFC 内部的实现细节。

5.1.4 客户端套接字对象连接服务器套接字对象

使用流式套接字需要事先建立客户端和服务器之间的连接，然后才能进行数据传输。在服务器套接字对象进入监听状态之后，客户端应用程序可以调用 CAsyncSocket 类的 Connect( )函数，向服务器发出一个连接请求。如果服务器接收了这个连接请求，两端的连接请求就建立了起来；否则，该成员函数将返回 FALSE。

Connect( )函数有 2 种重载的调用形式，区别在于入口参数不同。

（1）调用形式一的代码如下。

```
BOOL  connect( LPCTSTR  lpszHostAddress,  UINT  nHostPort );
```

参数说明如下。

① 参数 lpszHostAddress：一个表示主机名的 ASCII 格式的字符串，指定所要连接的服务器套接字的网络地址，可以是主机域名，如ftp.microsoft.com，也可以是点分十进制的 IP 地址，如“128.56.22.8”。

② 参数 nHostPort：指定所要连接的服务器套接字的端口号。

（2）调用形式二的代码如下。

```
BOOL  connect(const sockaddr* lpSockAddr, int nSockAddrLen );
```

参数说明如下。

① lpSockAddr：一个指向 sockaddr 结构变量的指针，该结构包含了所要连接的服务器套接字的地址，包括主机名和端口号等信息。

② nSockAddrLen：给出 lpSockAddr 结构变量中地址的长度，以字节为单位。

返回值：两种格式的返回值都是布尔型。如果返回 TRUE（非零值），说明客户端程序调用此成员函数发出连接请求后，服务器接收了请求，函数调用成功，连接已经建立；否则，返回 FALSE（即 0），则说明调用发生了错误，或者服务器不能立即响应，函数就返回。这时，可以调用 GetLastError( )函数获得具体的错误代码。

如果调用成功或者发生了 WSAEWOULDBLOCK 错误，当调用结束函数返回时，都会发生 FD_CONNECT 事件，MFC 框架会自动调用客户端套接字的 OnConnect( )事件处理函数，并将错误代码作为参数传递给它。它的原型调用格式如下。

```
virtual  void  OnConnect( int  nErrorCode );
```

参数 nErrorCode 是调用 Connect( )函数获得的返回错误代码，如果它的值为 0，表明连接成功建立，套接字对象可以进行数据传输；如果连接发生错误，该参数将包含一个特定的错误码。

可调用这个成员函数来连接一个流式或数据报套接字对象。参数结构中的地址字段不能全为 0，否则函数将返回 0。函数成功执行时，流式套接字初始化与服务器的连接，套接字已准备好发送或接收数据；数据报套接字仅设置了一个默认的目标，它将被用于随后的 Send( )和 Receive( )函数调用。

5.1.5　服务器接收客户端的连接请求

在服务器，使用 CAsyncSocket 流式套接字对象，一般按照以下步骤来接收客户端套接字对象的连接请求。

① 服务器应用程序必须首先创建一个 CAsyncSocket 流式套接字对象，并调用它的 Create( )函数以创建底层套接字句柄。这个套接字对象专门用于监听来自客户端的连接请求，所以称它为监听套接字对象。

② 调用监听套接字对象的 Listen( )函数，使监听套接字对象开始监听来自客户端的连接请求。此函数的调用格式如下。

```
BOOL  Listen( int  nConnectionBacklog = 5);
```

其中，参数 nConnectionBacklog 指定了监听套接字对象等待队列中最大的待处理连接请求个数，其取值范围为 1～5，默认值是 5。

调用这个成员函数来启动对于到来的连接请求的监听，启动后，监听套接字处于被动状态。如果有连接请求到来，它就被确认，并加入监听套接字对象的等待队列，等待处理。如果参数 nConnectionBacklog 的值大于 1，等待队列缓冲区将具有多个位置，监听套接字就可以同时确认接纳多个连接请求；但是如果连接请求到来时，等待队列已满，这个连接请求将被拒绝，客户端套接字对象将收到一个 WSAECONNREFUSED 错误码。已排在等待队列中的待处理连接请求，由随后调用的 Accept( )函数接收。每接收一个请求，等待队列就会腾空一个位置，从而可以确认接纳新到来的连接请求。因此，监听套接字的等待队列是动态变化的。Listen( )函数仅对面向连接的流式套接字对象有效，一般用于服务器。

当 Listen( )函数确认并接纳了一个来自客户端的连接请求后，会触发 FD_ACCEPT 事件，监听套接字会收到通知，表示监听套接字已经接纳了一个客户端的连接请求。MFC 框架会自动调用监听套接字的 OnAccept( )事件处理函数，它的原型调用格式如下。

```
virtual void OnAccept( int nErrorCode );
```

编程者一般应重载此函数，并在其中调用监听套接字对象的 Accept( )函数，来接收客户端的连接请求。

③ 创建一个新的、空的套接字对象，不需要使用它的 Create( )函数来创建底层套接字句柄。这个套接字专门用于与客户端连接，并进行数据的传输。一般称它为连接套接字，并将其作为参数传递给下一步的 Accept( )函数。

④ 调用监听套接字对象的 Accept( )函数，其调用格式如下。

```
    virtual BOOL accept( CAsyncSocket&  rConnectedSocket,
        sockaddr*  lpSockAddr = NULL, int*  lpSockAddrLen = NULL );
```

参数说明如下。

① rConnectedSocket：一个服务器新的空的 CAsyncSocket 对象，专门用于和客户端套接字建立连接并交换数据，就是上一步骤中创建的连接套接字对象。必须在调用 Accept( )函数之前创建此对象，但不需要调用它的 Create( )函数来构建该对象的底层套

接字句柄，因为底层套接字句柄在 Accept( )函数的执行过程中，会自动创建，并绑定到此对象。

② lpSockAddr：一个指向 sockaddr 结构的指针，用于返回所连接的客户端套接字的网络地址。如果 lpSockAddr 和 lpSockAddrLen 中的任意一个取默认值 NULL，则不返回任何地址信息。

③ lpSockAddrLen：一个整型指针，用于返回客户端套接字网络地址的长度。在调用时，它表示 sockaddr 结构的长度；在返回时，它表示 lpSockAddr 所指地址的实际长度，以字节为单位。

调用服务器的监听套接字对象的 Accept( )函数，可以接收一个客户端套接字对象的连接请求。函数的执行过程：首先从监听套接字的待处理连接队列中取出第一个连接请求，然后使用与监听套接字相同的属性创建一个新的底层套接字，将它绑定到 rConnectedSocket 参数指定的套接字对象上，以与客户端建立连接。如果调用此函数时队列中没有待处理的连接请求，Accept( )函数就立即返回，返回值为 0。此时，可以调用 GetLastError( )函数返回一个错误码。

rConnectedSocket 的套接字对象不能用于接收更多的连接，它仅用于和已连接的客户端套接字对象交换数据。而原来的监听套接字仍然保持打开和监听的状态。lpSockAddr 参数是一个输出参数，它被填充为请求连接的套接字的地址。Accept( )函数仅用于面向连接的流式套接字。

5.1.6 发送与接收流式数据

服务器和客户端建立连接后，就可以在服务器的连接套接字对象和客户端的套接字对象之间传输数据。对于流式套接字对象，使用 CAsyncSocket 类的 Send( )函数向流式套接字发送数据，使用 Receive( )函数从流式套接字接收数据。

1. 用 Send( )函数发送数据

Send( )函数的调用格式如下。

```
virtual  int  send( const void* lpBuf, int nBufLen, int nFlags = 0);
```

参数说明如下。

① lpBuf：一个指向发送缓冲区的指针，该缓冲区中存放了要发送的数据。

② nBufLen：给出发送缓冲区 lpBuf 中数据的长度，以字节为单位。

③ nFlags：指定发送的方式，可以使用预定义的符号常量，指定执行此调用的方法。这个函数的执行方式由套接字选项和参数共同决定，参数可以使用以下符号常量的。

- MSG_DONTROUTE：表示采用非循环的数据发送方式，说明数据不应该是路由的对象，Windows Sockets 的提供者可以选择忽略这个参数。
- MSG_OOB：表示要发送的数据是带外数据，仅对流式套接字有效。

如果没有发生错误，Send( )函数返回实际发送的字节总数，这个数可能小于参数 nBufLen 所指定的数量；否则，返回值为 SOCKET_ERROR，紧接着调用 GetLastError( )函数可以获得一个错误码。

调用这个成员函数可以向一个已建立连接的套接字发送数据，CAsyncSocket 套接字既可以是流式套接字，也可以是数据报套接字。

对于 CAsyncSocket 流式套接字对象，实际发送的字节数可以在 1 和所要求的长度之间，这取决于通信双方的缓冲区大小。

对于数据报套接字，发送的字节数不应超出底层子网的最大 IP 包的长度，这个参数在执行 AfxSocketInit( )函数时，发送的字节数由返回的 WSADATA 结构中的 iMaxUdpDg 成员指定。如果数据太长，以至于不能通过底层协议自动发送，就会通过 GetLastError( )函数返回一个 WSAEMSGSIZE 错误，并且不发送任何数据。当然，对于数据报套接字，即使成功调用 Send( )函数，也不表示数据已成功地到达对方。

对于一个 CAsyncSocket 套接字对象，当它的发送缓冲区有空余时，将触发 FD_WRITE 事件，套接字会得到通知，MFC 框架会自动调用这个套接字对象的 OnSend( )事件处理函数。一般情况下，编程者会重载这个函数，并在其中调用 Send( )函数来发送数据。

2．用 Receive( )函数接收数据

Receive( )函数的调用格式如下。

```
Virtual  int  receive( void* lpBuf, Int nBufLen, Int nFlags = 0);
```

参数说明如下。

① lpBuf：表示指向接收缓冲区的指针，该缓冲区用于接收到达的数据。

② nBuf Len：表示缓冲区的字节长度。

③ nFlags：用于设置数据的接收方式，可以使用的预定义的符号常量如下。

- MSG_PEEK：表示将数据从等待队列读入缓冲区，并且不将数据从缓冲区清除。
- MSG_OOB：表示接收带外数据。

如果没有发生错误，Receive( )函数将返回接收到的字节数。如果连接已经关闭，它将返回 0；否则，返回值为 SOCKET_ERROR，此时调用 GetLastError( )函数可以得到一个错误码。

通过调用这个成员函数，可从一个套接字接收数据。这个函数用于已建立连接的流式套接字或数据报套接字，将已经到达套接字输入队列中的数据读取到指定的接收缓冲区中。

在所提供的接收缓冲区容量允许的情况下，流式套接字将接收尽可能多的数据。如果对方已经关闭了连接，Receive( )函数将立即返回，返回值为 0。如果连接已经复位，此函数将失败，返回值为 SOCKET_ERROR，错误码为 WSAECONNRESET。

如果所提供的接收缓冲区足够大，数据报套接字就接收一个完整的数据报。如果数据报比所提供的缓冲区大，那么按照缓冲区的容量，接收数据报的前半部分，超出的部分将被丢掉，并且 Receive( )函数返回 SOCKET_ERROR，错误码是 WSAEWOULDBLOCK。

对于一个 CAsyncSocket 套接字对象，当有数据到达它的接收队列时，会激发 FD_READ 事件，套接字会得到数据到达的通知。MFC 框架会自动调用这个套接字对象的 OnReceive( )事件处理函数。一般编程者会重载这个函数，并在其中调用 Receive( )函数来接收数据。在应用程序将数据取走之前，套接字接收的数据将一直保留在套接字的缓冲区中。

5.1.7 关闭套接字

1. 使用 CAsyncSocket 类的 Close( )函数

Close( )函数的调用格式如下。

```
virtual  void  close();
```

数据交换结束后，应用程序应调用 CAsyncSocket 类的 Close( )函数来释放套接字占用的系统资源。也可以在 CAsyncSocket 对象被删除时，由该类的析构函数自动调用 Close( )函数。Close( )函数运行的行为取决于套接字选项的设置：如果设置了 SO_LINGER，在调用 Close( )函数时如果缓冲区中还有尚未发送出去的数据，那就要等到这些数据发送完毕再关闭套接字；如果设置了 SO_DONTLINGER 选项，则可以不等待而立即关闭。

2. 使用 CAsyncSocket 类的 ShutDown( )函数

使用 CAsyncSocket 类的 ShutDown( )函数，可以选择关闭套接字的方式，可将套接字设置为不能发送数据，或不能接收数据，或二者均不能的状态。

ShutDown( )函数调用格式如下。

```
BOOL  ShutDown( int  nHow = sends );
```

其中，参数 nHow 是一个标志，用于描述本函数所要禁止的套接字对象的功能。可以从以下 3 种枚举值中选择。

- receives = 0：表示禁止套接字对象接收数据。
- sends = 1：表示禁止套接字对象发送数据，这是默认值。
- both = 2：表示禁止套接字对象发送和接收数据。

返回值：如果函数执行成功，返回非零值；否则，返回 0，此时调用 GetLastError( )函数可以得到一个特定的错误码。

调用 ShutDown( )函数可以禁止套接字的发送或接收操作。ShutDown( )函数可用于所有类型的套接字。如果 nHow 是 0，将禁止随后的接收操作，这对于比较低的协议层没有影响。对于 TCP， TCP 的滑动窗口不变，到达的数据仍被接收（但不确认），直到窗口耗尽。对于 UDP，到达的数据被接收并排成队列，不会产生 ICMP 错误包。如果 nHow 是 1，将禁止随后的发送操作。如果将 nHow 设置为 2，则发送和接收都被禁止。

ShutDown( )函数并不关闭套接字，而是禁止套接字的发送或接收操作。但套接字既不能被重新使用，也不释放套接字占用的资源，应用程序还必须调用 Close( )函数来真正释放套接字占用的资源，所以仅当套接字无用时，才这样处理。

5.1.8 错误处理

一般来说，调用 CAsyncSocket 对象的成员函数后，会返回一个逻辑型的值。如果成员函数执行成功，则返回 TRUE；如果失败，则返回 FALSE。究竟是什么原因造成错误呢？这时，可以进一步调用 CAsyncSocket 对象的 GetLastError( )函数，来获取更详细的错误代码，并进行相应的处理。

WSAGetLastError( )函数的调用格式如下。

```
static  int  WSAGetLastError();
```

该函数的返回值是一个错误码，针对刚刚执行的 CAsyncSocket( )函数。

调用这个成员函数可得到一个关于最近失败操作的错误状态码。当一个特定的成员函数指示已出现一个错误时，就应当调用它来获取相应的错误码。在微软公司提供的 MSDN 资料中，可以找到每一个成员函数可能的错误码及其含义。感兴趣的读者可以查阅这些资料。

5.1.9　其他成员函数

1．关于套接字属性的函数

要设置底层套接字对象的属性，可以调用 SetSocketOpt( )函数；要获取套接字的设置信息，可调用 GetSocketOpt( )函数；要控制套接字的工作模式，可调用 ioctl( )函数。通过选择合适的参数，可以将套接字设置在阻塞模式下工作。

2．发送和接收数据

发送和接收数据与创建 CAsyncSocket 对象时选择的套接字类型有关。如果创建的是数据报类型的套接字，可以用 sendto( )函数来向指定的地址发送数据，事先不需要建立发送端和接收端之间的连接。用 ReceiveFrom( )函数可以从某个指定的网络地址接收数据。

sendto( )函数的调用格式有两种重载的形式，区别在于参数不同。

```
int  sendto( const  void*  lpBuf, int  nBufLen, UINT  nHostPort,
      LPCTSTR lpszHostAddress = NULL, int nFlags = 0 );
int  sendto( const  void*  lpBuf, int  nBufLen,
      const sockaddr*  lpSockAddr, int  nSockAddrLen, int  nFlags = 0 );
```

此函数的返回值、功能与 Send( )函数相同，多了两个参数，用于指定发送数据的目的套接字对象。

增加的参数说明如下。

① nHostPort：发送目的方的端口号。

② lpszHostAddress：发送目的方的主机地址。

③ lpSockAddr：一个指向 SockAddr 结构的指针，包含发送目的方的网络地址。

④ nSockAddrLen：给出 SockAddr 结构的长度。

ReceiveFrom( )函数的调用格式也有两种重载的形式，区别在于参数不同。

```
int ReceiveFrom( void* lpBuf, int nBufLen, CString& rSocketAddress,
     UINT& rSocketPort, int nFlags = 0 );
int ReceiveFrom( void* lpBuf, int nBufLen, sockaddr* lpSockAddr,
     int* lpSockAddrLen, int nFlags = 0 );
```

此函数的返回值、功能与 Receive( )函数相同，多了两个参数，用于指定接收数据的来源套接字对象。

增加的参数说明如下。

① rSocketAddress：一个 CString 对象，包含一个点分十进制的 IP 地址。

② rSocketPort：一个 UINT，包含一个端口号。

③ lpSockAddr：一个指向 sockaddr 结构的指针，用于返回源地址。

④ lpSockAddrLen：一个整型指针。

调用本函数可从套接字接收一个数据报，并将该数据报的源地址存在 sockaddr 结构中，或 rSocketAddress 中。本函数用于读取一个套接字上的到达数据，并获取该数据报的发送端地址。这个套接字可能已经建立了连接。

对于流式套接字，本函数与 Receive( )函数一样，参数 lpSockAddr 和 lpSockAddrLen 将被忽略。

5.2 用 CAsyncSocket 类实现聊天室程序

5.2.1 实现目标

本实例是一个简单的聊天室程序，采用 C/S 模型，分为客户端程序和服务器程序。由于服务器只能支持一个客户端，实际上这是一个点对点通信的程序。客户端程序和服务器程序通过网络交换聊天的字符串内容，并在窗口的列表框中显示。实例程序的技术要点如下。

（1）如何从 CAsyncSocket 类派生出自己的 Winsock 类。

（2）理解 Winsock 类与应用程序框架的关系。

（3）重点学习流式套接字对象的使用。

（4）处理网络事件的方法。

这个实例虽然比较简单，但能说明网络编程的许多问题，作为本书的第一个 MFC 编程实例，我们将结合它详细说明使用 MFC 编程环境的细节，而在其他的例子中，只做简单叙述。

5.2.2 创建客户端应用程序

编程环境使用 Visual Studio 2019。首先利用可视化语言的集成开发环境（IDE）来创建应用程序框架。为简化编程，我们采用基于对话框的架构，具体的步骤如下。

1．使用 MFC Application Wizard 创建客户端应用程序框架

① 打开 Visual Studio 2019，执行“File”/“New”/“Project”命令，出现图 5.2 所示的“New Project”对话框。在“New Project”对话框中，从左边的列表框中选择 Visual C++下的 MFC 条目，然后在中间区域选中“MFC Application（MFC 应用程序）”，在下方的“Name（工程名）”文本框中填入工程名“talkc”，在“Location（位置）”文本框中选定存放此工程的目录，并勾选右下角的“Create directory for solution（为解决方案创建目录）”复选框，然后单击“OK”按钮。

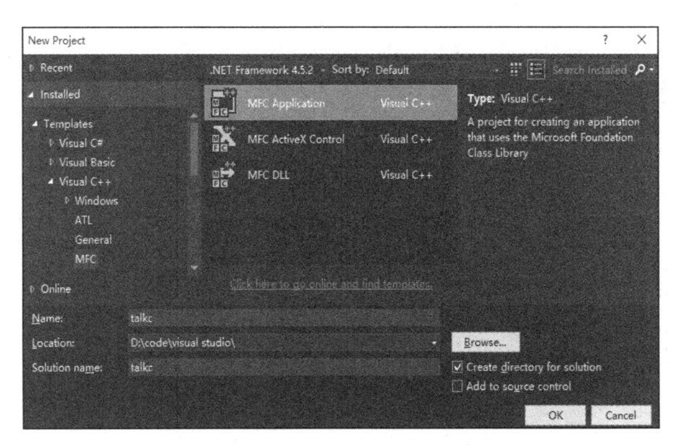

图 5.2　利用 MFC Application Wizard 创建应用程序

② 出现“MFC Application Wizard-talkc（MFC Application Wizard 设置）”对话框，如图 5.3 所示。因为这里有些设置需要自定义，直接单击“Next”按钮。

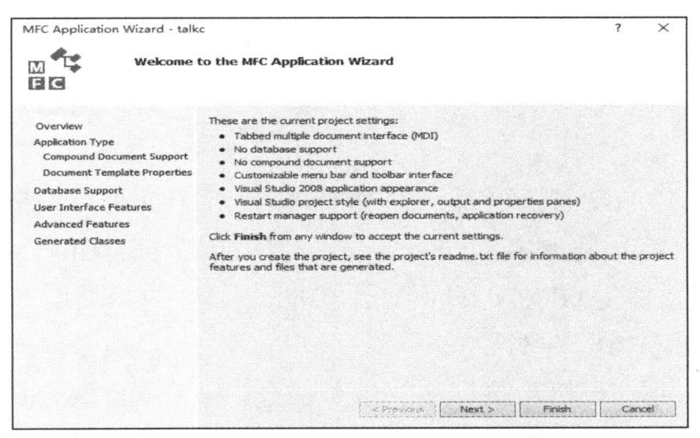

图 5.3　MFC Application Wizard 设置

③ 在“MFC Application Wizard-talkc”对话框中，将出现“Application Type（应用程序类型）”窗口，如图 5.4 所示，勾选“Dialog based”复选框，并将下面的 Resource language 改为“中文（简体，中国）”，其他设置保持默认。完成后，直接单击“Next”按钮，随后将出现 User interface Features（用户界面特性）设置，还是按照默认设置，单击“Next”按钮。

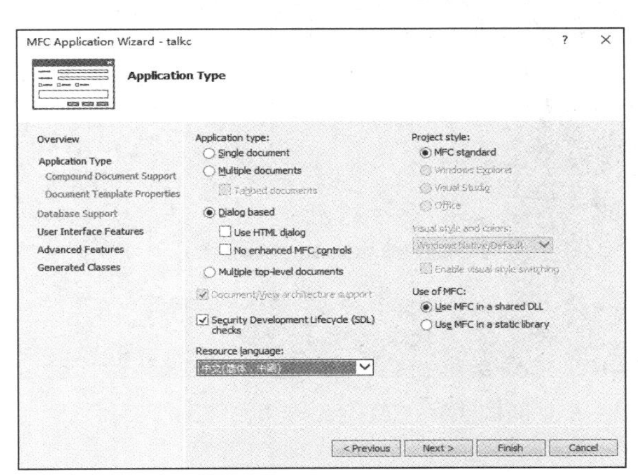

图 5.4　设置应用程序类型以及语言

④ 接下来，将显示“Advanced Features（高级功能）”窗口，如图 5.5 所示，勾选“Windows sockets”复选框，表示支持 Windows Sockets 编程，其他设置保持默认，然后直接单击“Finish”按钮以完成项目的创建。

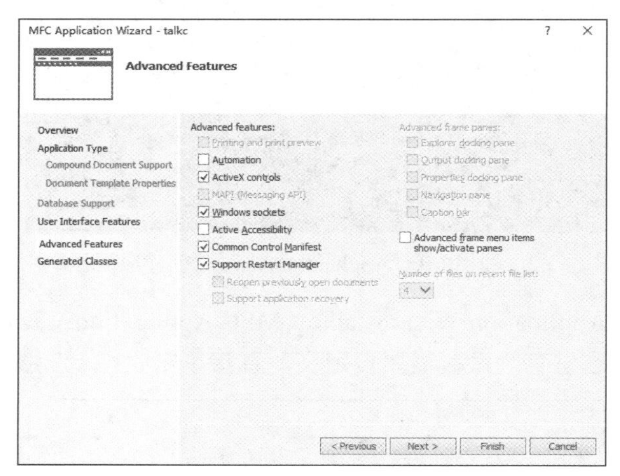

图 5.5　增加对 Windows Sockets 的支持

至此，应用程序创建成功。此向导所创建的程序是一个基于对话框的 Win32 应用程序，它将自动创建两个类：应用程序类 CTalkcApp，对应的文件是 talkc.h 和 talkc.cpp；对话框类 CTalkcDlg，对应的文件是 talkcDlg.h 和 talkcDlg.cpp。这两个类均支持 Windows Sockets。

2．为对话框界面添加控件对象

创建应用程序框架后，可以设置程序的主对话框。在 Visual Studio 的“Solution Explorer（解决方案资源管理器）”中（可通过 View-Solution Explorer 调出）选择“Resource Files”并通过单击展开，然后双击其子项“talkc.rc”。在出现的界面中展开 Dialog，双击其中的 IDD_TALKC_DIALOG，便会出现图形界面的可视化设计窗口以及图形界面控件面板。利用控件面板可以方便地在程序的主对话框界面中添加相应的可视控件对象，如图 5.6 所示。

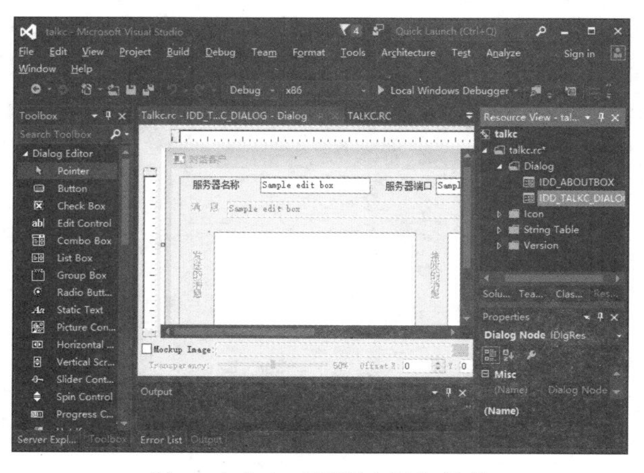

图 5.6　在主对话框中添加控件

完成的对话框如图 5.7 所示，然后按照表 5.2 修改控件的属性。

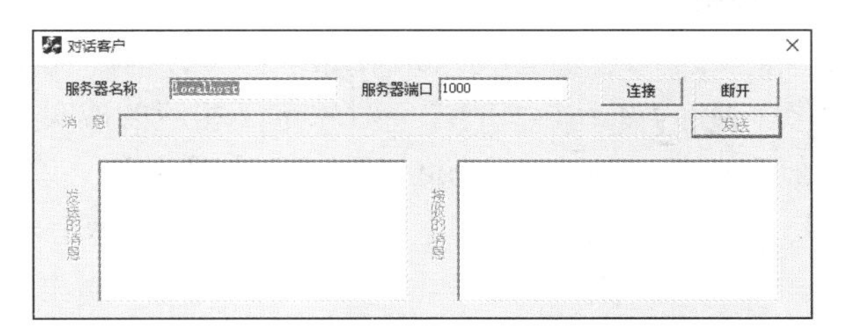

图 5.7　Talkc 程序的主对话框

表 5.2　Talkc 程序主对话框中的控件属性

控件类型	控件 ID	描述
静态文本（static text）	IDC_STATIC_SERVNAME	服务器名称
静态文本（static text）	IDC_STATIC_SERVPORT	服务器端口
静态文本（static text）	IDC_STATIC_MSG	消息
静态文本（static text）	IDC_STATIC_SENT	发送的消息
静态文本（static text）	IDC_STATIC_RECEIVED	接收的消息
编辑框（edit box）	IDC_EDIT_SERVNAME	—
编辑框（edit box）	IDC_EDIT_SERVPORT	—
编辑框（edit box）	IDC_EDIT_MSG	—
命令按钮（command button）	IDC_BUTTON_CONNECT	连接
命令按钮（command button）	IDC_BUTTON_CLOSE	断开
命令按钮（command button）	IDOK	发送
列表框（listbox）	IDC_LIST_SENT	—
列表框（listbox）	IDC_LIST_RECEIVED	—

3．为对话框中的控件对象定义相应的成员变量

在窗口菜单中执行“Project（项目）”/“Class Wizard（类向导）”命令，进入“Class Wizard（类向导）”对话框，如图 5.8 所示。

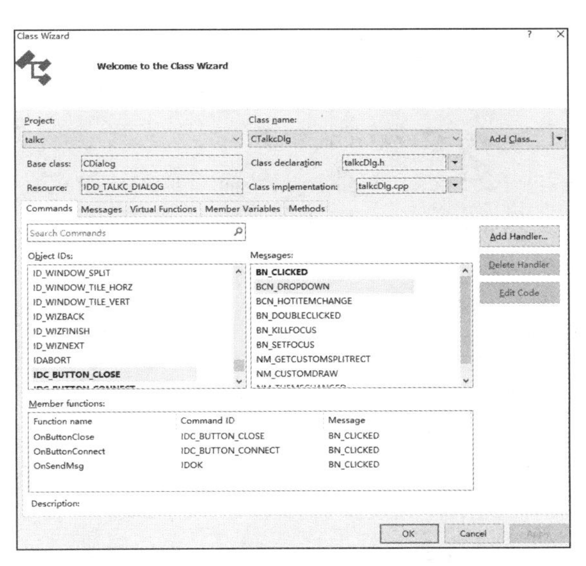

图 5.8　“Class Wizard（类向导）”对话框

在“Class name”下拉列表中选择“CTalkcDlg”，然后选择“Member Variables（成员变量）”选项卡，用类向导为对话框中的控件对象定义相应的成员变量。在左边的列表框中选择一个控件，然后单击“Add Variable（添加变量）”按钮，会弹出“Add Member Variable Wizard-talkc（添加成员变量向导）”对话框，如图 5.9 所示，然后按照表 5.3 输入相应的参数即可。

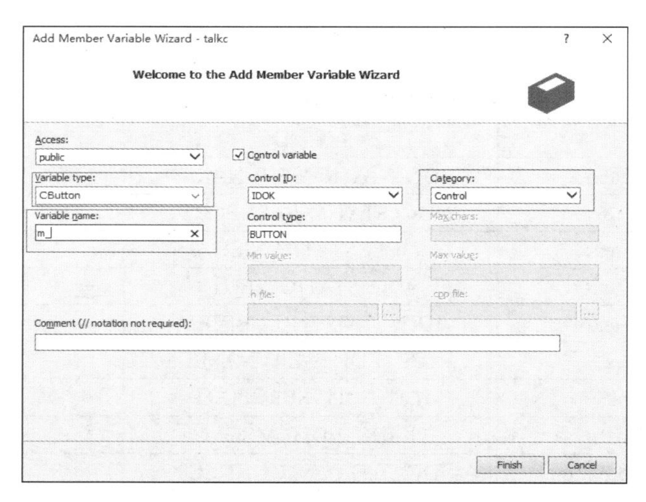

图 5.9　添加控件成员变量的对话框

表 5.3　客户端程序对话框中的控件对象对应的成员变量

控件 ID	变量名称	类别	变量类型
IDC_BUTTON_CONNECT	m_btnConnect	Control	CButton
IDC_EDIT_SERVNAME	m_strServName	Value	CString
IDC_EDIT_SERVPORT	m_nServPort	Value	int
IDC_EDIT_MSG	m_strMsg	Value	CString
IDC_LIST_SENT	m_listSent	Control	CListBox
IDC_LIST_RECEIVED	m_listReceived	Control	CListBox

4. 创建从 CAsyncSocket 类继承的派生类

① 为了能够捕获并响应 Socket 事件，应创建一个用户自定义的套接字类。套接字类应当从 CAsyncSocket 类派生，还能将套接字事件传递给对话框，以便执行用户自己的事件处理函数。在 Solution Explorer（解决方案资源管理器）中，单击鼠标右键，在弹出的快捷菜单中选中“talkc”，执行“Add”/“Class”命令。在弹出的对话框里选择 MFC 下的 MFC Class，然后单击“Add”按钮，进入“MFC Add Class Wizard-talkc（添加类向导）”对话框，如图 5.10 所示。

选择或输入以下信息。

- Class name：输入 CMySocket。
- Base class（基类）：从下拉列表中选择 CAsyncSocket。

单击“Finish”按钮，系统会自动生成 CMySocket 类对应的文件 MySocket.h 和 MySocket.cpp。在 Visual Studio 界面的 Class View（类视图）中就可以看到这个类。

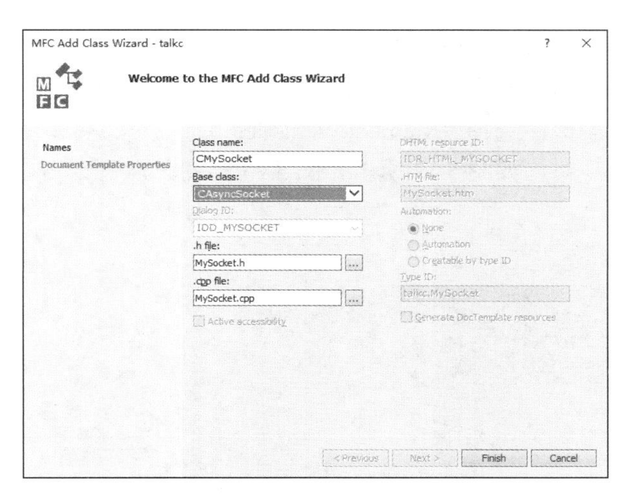

图 5.10　添加自己的套接字类

② 利用类向导（Class Wizard）为这个套接字类添加响应消息的事件处理成员函数。执行“Project（项目）”/“Class Wizard（类向导）”命令，进入“Class Wizard”对话框，通过下拉列表选择“Class name”为“CMySocket”，然后切换到“Virtual Functions（虚函数）”选项卡。从“Virtual functions（虚函数）”列表框中选择事件消息对应的虚函数，然后单击“Add Function（添加函数）”按钮或直接双击虚函数，就会看到在“Overridden virtual functions（重写的虚函数）”列表框中添加了相应的事件处理函数。如图 5.11 所示，在此程序中需要添加 OnConnect、OnClose 和 OnReceive 这 3 个函数。这一步会在 CMySocket 类的 MySocket.h 文件中自动生成这些函数的声明，并在 MySocket.cpp 中生成这些函数的框架，以及消息映射的相关代码（可参看后面的程序清单）。

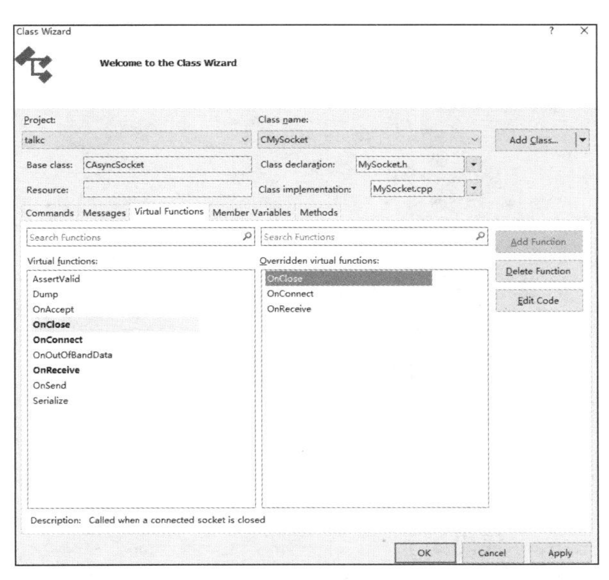

图 5.11　为套接字类添加响应消息的事件处理成员函数

③ 为套接字类添加一般的成员函数和成员变量。在 Visual Studio 2019 中，执行

“Project（项目）”/“Class Wizard（类向导）”命令，进入类向导对话框。在“Class name”下拉列表中选择“CMySocket”，选择“Methods”选项卡，单击“Add Method”按钮，可以为该类添加成员函数；选择“Member Variables”选项卡，单击“Add Custom”按钮可以为该类添加成员变量，如图 5.12 所示。图 5.13 和图 5.14 所示是添加操作的对话框。

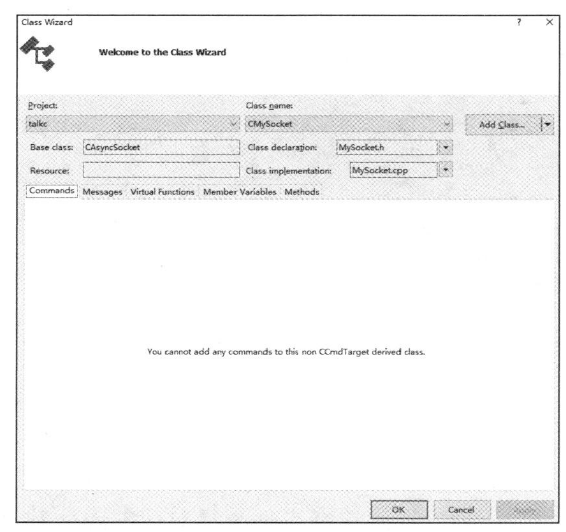

图 5.12　通过类向导添加成员变量或成员函数

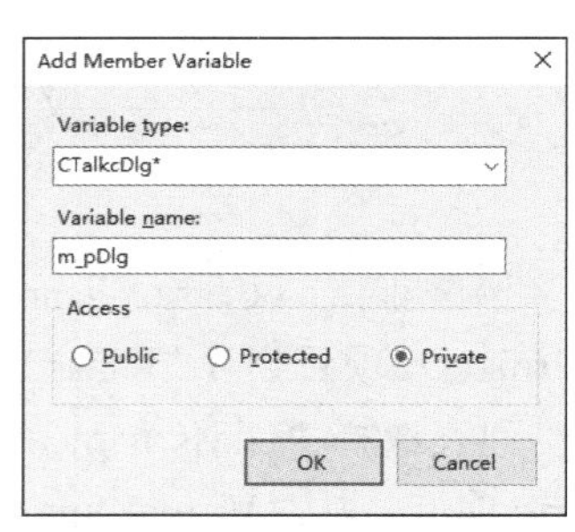

图 5.13　为套接字类添加一般的成员变量

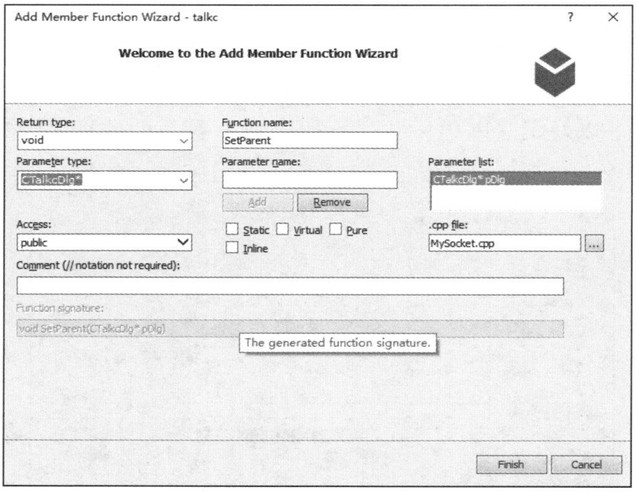

图 5.14　为套接字类添加一般的成员函数

对这个套接字类，添加一个私有的成员变量（一个指向对话框类的指针），代码如下。

```
private:
    CTalkcDlg* m_pDlg;
```

再添加一个成员函数，代码如下。

```
void SetParent(CTalkcDlg* pDlg);
```

这一步同样会在 MySocket.h 中生成变量或函数的声明，并在 MySocket.cpp 中生成函数的框架代码。如果熟悉的话，这一步的代码也可以直接手动添加。

④ 手动添加其他代码。在 VC++的界面中，在工作区窗口选择“FileView”选项卡，双击要编辑的文件，在右面的窗口中就会展示该文件的代码，用户可以进行编辑。

对于 MySocket.h，应在文件开头添加对此应用程序对话框类的声明，代码如下。

```
class  CTalkcDlg;
```

对于 MySocket.cpp，需要进行以下 4 处添加操作。

- 在文件开头，添加以下代码。这是因为此套接字类用到了对话框类的变量。

```
#include  "TalkcDlg.h"
```

- 在构造函数中，添加对话框指针成员变量的初始化代码。

```
CMySocket::CMySocket() { m_pDlg = NULL; }
```

- 在析构函数中，添加对话框指针成员变量的初始化代码。

```
CMySocket::~CMySocket() { m_pDlg = NULL; }
```

- 为成员函数 SetParent( )以及事件处理函数 OnConnect( )、OnClose( )和 OnReceive( )添加实现代码（详见后面的程序清单）。

5．为对话框类添加控件对象事件的响应函数

用类向导为对话框中的控件对象添加事件响应函数。打开类向导后选择 Class name 为 CtalkcDlg，然后选择“Commands”选项卡，按照表 5.4 所示，依次为 3 个按钮的单击事件添加处理函数，如图 5.15 所示。其他函数保持不变。

表 5.4　为对话框中的控件对象添加事件响应函数

控件类型	对象标识	消息	成员函数
命令按钮	IDC_BUTTON_CLOSE	BN_CLICKED	OnButtonClose( )
命令按钮	IDC_BUTTON_CONNECT	BN_CLICKED	OnButtonConnect( )
命令按钮	IDOK	BN_CLICKED	OnSendMsg( )

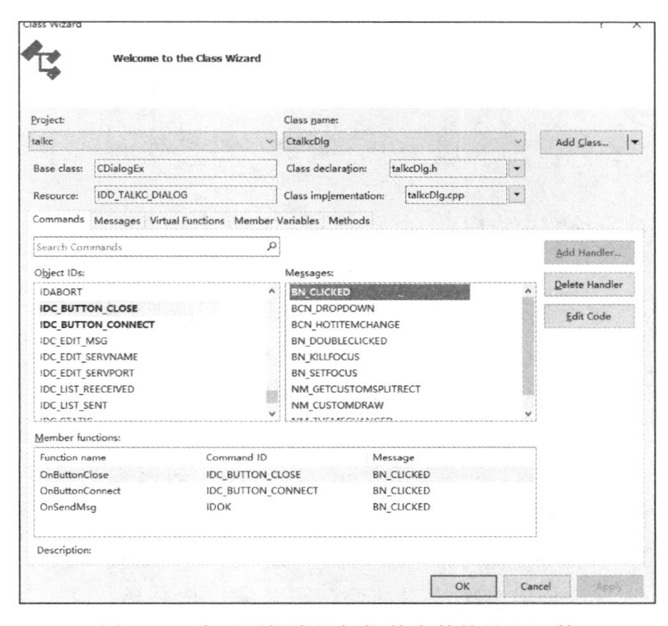

图 5.15　为对话框类添加控件事件的处理函数

这一步会在 talkcDlg.h 中自动添加这 3 个事件处理函数的声明，并在 talkcDlg.cpp 中生成消息映射的代码和这 3 个函数的框架代码。

6．为 CTalkcDlg 对话框类添加其他成员函数和成员变量

成员变量，代码如下。

```
CMySocket  m_sConnectSocket;          //用于与服务器连接的套接字
```

成员函数，代码如下。

```
void  OnClose();                      //用于处理与服务器的通信
void  OnConnect();
void  OnReceive();
```

7．手工添加的代码

在 CTalkcDlg 对话框类的 talkcDlg.h 中添加包含 MySocket.h 的语句，来获得对套接字的支持。

```
#include "MySocket.h"
```

在 CTalkcDlg 对话框类的 talkcDlg.cpp 中添加对控件变量的初始化代码。

```
// TODO: Add extra initialization here
//用户添加的控件变量的初始化代码
BOOL CTalkcDlg::OnInitDialog()
{
    m_strServName = "localhost";                //服务器名 = localhost
    m_nServPort = 1000;                         //服务端口 = 1000
    UpdateData(FALSE);                          //更新用户界面
                                                //设置套接字类的对话框指针成员变量
    m_sConnectSocket.SetParent(this);
}
```

8．添加事件函数和成员函数的代码

主要在 CTalkcDlg 对话框类的 talkcDlg.cpp 和 CMySocket 类的 MySocket.cpp 文件中，添加用户自定义的事件函数和成员函数的代码。注意，这些函数的框架已经在前面的步骤中由 VC++的向导生成，只需要将用户自己的代码填入。

9．进行测试

测试应分步骤进行。在上面的步骤中，每完成一步，都可以试着编译并执行程序。

5.2.3 客户端程序的类与消息驱动

图 5.16 所示为点对点交谈的客户端程序的类与消息驱动的关系。

程序运行后，经过初始化处理，向用户展示对话框，然后就进入消息循环。执行消息触发相应类的事件处理函数，实现程序的功能。主要有两类消息：一类是套接字类收到的来自网络的消息；另一类是对话框类收到的来自用户操作对话框产生的消息。

CMySocket 套接字类对象，具体来说是 m_sConnectSocket 变量所代表的套接字对象，负责接收来自网络的套接字事件消息，并执行相应的事件处理函数。这些函数并不执行具体操作，而是转而调用对话框类的相应成员函数，由这些函数真正完成发送连接请求、接收数据和关闭的任务。套接字类的事件处理函数就像传令兵，在发生情况时就向对话框类报告。之所以这样做，是因为操作涉及对话框的多个成员变量和控件变量，由对话

框类的成员函数来处理更为方便和直接。套接字类的成员变量 m_pDlg 是指向对话框类的指针，在消息传递中起关键作用。

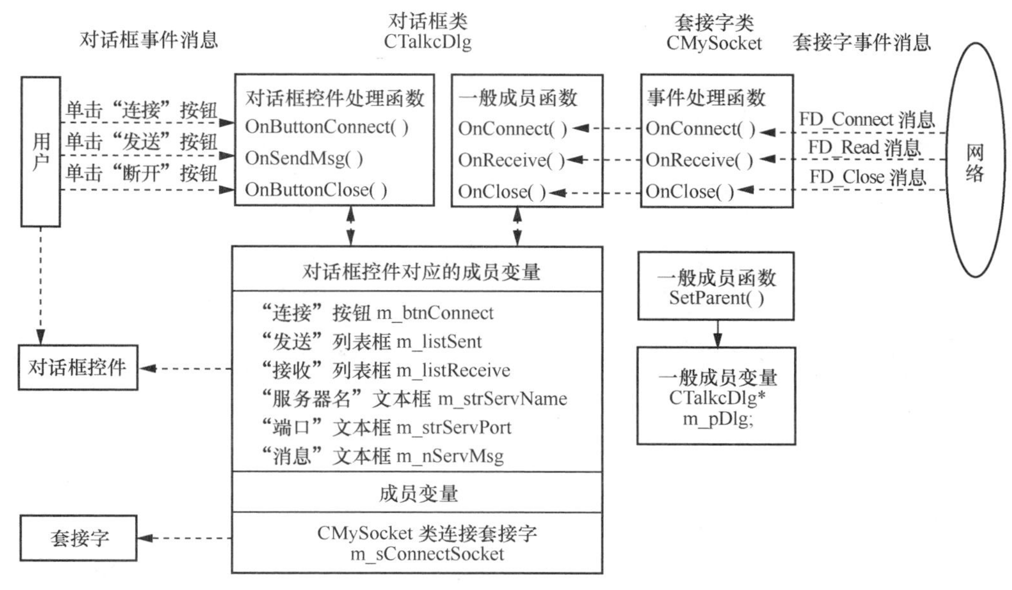

图 5.16　talkc 客户端程序的类与消息驱动的关系

用户直接与对话框交互，可以直接操作对话框中的控件，如输入服务器的名称、端口号等。用户单击按钮时，会产生事件消息，触发相应处理函数的执行。

从用户操作的流程来看，应首先启动服务器程序，并单击“监听”按钮，使其进入监听状态，然后启动客户端程序。用户单击“连接”按钮，与服务器建立连接，然后就可以在“消息”文本框中输入聊天的消息，单击“发送”按钮，向服务器发送消息。如果服务器向客户端发送消息，客户端会接收它，并将它显示在列表框中。

5.2.4　客户端程序主要功能的代码和分析

以下是点对点交谈的客户端程序 talkc 工程的主要文件清单。VC++自动生成的框架代码大多省略，并用省略号表示。上一小节各步骤涉及的代码将详细列出，并作出说明。

1．应用程序类 CTalkcApp 对应的文件

应用程序类 CTalkcApp 对应的文件是 talkc.h 和 talkc.cpp。talkc.h 定义了 CTalkcApp 类，talkc.cpp 是该类的实现代码，这些代码完全由 VC++自动创建，用户不必做任何改动。

2．派生的套接字类 CMySocket 对应的文件

CMySocket 类对应 MySocket.h 头文件和 MySocket.cpp 文件。

（1）MySocket.h 头文件清单，代码如下。

```
//MySocket.h: header file
#if !defined(AFX_MYSOCKET_H__9741_9F2125BA065C__INCLUDED_)
#define AFX_MYSOCKET_H__9741_9F2125BA065C__INCLUDED_
```

```
#if _MSC_VER > 1000
#pragma once
#endif //_MSC_VER > 1000

class CTalkcDlg;                                          //手工添加的对话框类的声明
//////////////////////////////////////////////////////////////////////////////
//CMySocket 类的定义
class CMySocket : public CAsyncSocket
{
//Attributes
public:
//Operations
public:
      CMySocket();                                        //构造函数
      virtual ~CMySocket();                               //析构函数
//Overrides
public:
      void SetParent(CTalkcDlg* pDlg);                    //编程者添加的一般成员函数
      //ClassWizard generated virtual function overrides
      //{{AFX_VIRTUAL(CMySocket)
      public:
                                                          //类向导添加的 3 个事件响应函数的声明
      virtual void OnConnect(int nErrorCode);             //响应 OnConnect 事件
      virtual void OnReceive(int nErrorCode);             //响应 OnReceive 事件
      virtual void OnClose(int nErrorCode);               //响应 OnClose 事件
      //}}AFX_VIRTUAL
      //Generated message map functions
      //{{AFX_MSG(CMySocket)
      //NOTE - the ClassWizard will add and remove member functions here.
          //}}AFX_MSG

      //Implementation
private:
CTalkcDlg* m_pDlg;                                        //编程者添加的私有成员变量
};
//////////////////////////////////////////////////////////////////////////////

//{{AFX_INSERT_LOCATION}}
//Microsoft Visual C++ will insert additional declarations immediately before the
previous line

#endif //!defined(AFX_MYSOCKET_H__9741_9F2125BA065C__INCLUDED_)
```

（2）MySocket.cpp 文件清单，代码如下。

```
//MySocket.cpp: implementation file
#include "stdafx.h"
#include "talkc.h"
#include "MySocket.h"
#include "TalkcDlg.h"                                     //编程者添加的包含语句

#ifdef _DEBUG
```

```
#define new DEBUG_NEW
#undef THIS_FILE
static char THIS_FILE[ ] = __FILE__;
#endif

/////////////////////////////////////////////////////////////////////////////
//CMySocket

CMySocket::CMySocket()
{
      //编程者在构造函数中手动添加的初始化代码，将指针成员变量设置为NULL
      m_pDlg=NULL;
}
CMySocket::~CMySocket()
{
      //编程者在析构函数中手动添加的终止处理代码，将指针成员变量设置为NULL
      m_pDlg = NULL;
}

//Do not edit the following lines, which are needed by ClassWizard
#if 0
BEGIN_MESSAGE_MAP(CMySocket, CAsyncSocket)
    //{{AFX_MSG_MAP(CMySocket)
    //}}AFX_MSG_MAP
END_MESSAGE_MAP()
#endif    //0

/////////////////////////////////////////////////////////////////////////////
//CMySocket member functions
//套接字类的成员函数，函数的框架是由类向导或VC++创建的，代码是由编程者手工添加的
void CMySocket::OnConnect(int nErrorCode)
{
      //当OnConnect事件发生时，会自动执行此函数，此函数首先进行判断
      //如果没有错误，就调用对话框类的OnConnect()函数做具体处理
      if (nErrorCode = = 0)  m_pDlg->OnConnect();
}

void CMySocket::OnReceive(int nErrorCode)
{
      //当OnReceive事件发生时，会自动执行此函数，此函数首先进行判断
      //如果没有错误，就调用对话框类的OnReceive()函数做具体处理
      if (nErrorCode = = 0)  m_pDlg->OnReceive();
}

void CMySocket::OnClose(int nErrorCode)
{
      //当OnClose事件发生时，会自动执行此函数，此函数首先进行判断
      //如果没有错误，就调用对话框类的OnClose()函数做具体处理
      if (nErrorCode = = 0)  m_pDlg->OnClose();
}
```

```
void CMySocket::SetParent(CTalkcDlg* pDlg)
{
	//将套接字类的对话框指针成员变量指向主对话框，完成对话框类的初始化
m_pDlg = pDlg;
}
```

3．对话框类 CTalkcDlg 对应的文件

对话框类 CTalkcDlg，对应的文件是 talkcDlg.h 和 talkcDlg.cpp。

（1）talkcDlg.h 文件清单，代码如下。

```
//talkcDlg.h: header file
#if !defined(AFX_TALKCDLG_H__AC4F7955_C0AD185__INCLUDED_)
#define AFX_TALKCDLG_H__AC4F7955_C0AD185__INCLUDED_

#if _MSC_VER > 1000
#pragma once
#endif //_MSC_VER > 1000

#include "MySocket.h"                        //手动加入的包含语句，因为要使用套接字
//////////////////////////////////////////////////////////////////////////////
//CTalkcDlg 对话框类的定义
class CTalkcDlg : public CDialog
{
public:
	void OnClose();                          //编程者添加成员函数时，生成的函数声明
	void OnConnect();
	void OnReceive();
	CMySocket  m_sConnectSocket;             //编程者添加的成员变量声明
	CTalkcDlg(CWnd* pParent = NULL);         //standard constructor

//Dialog Data
	//{{AFX_DATA(CTalkcDlg)
	enum { IDD = IDD_TALKC_DIALOG };
//以下 6 条是由类向导生成的控件变量声明
	CListBox    m_listSent;
	CListBox    m_listReceived;
	CButton    m_btnConnect;
	CString     m_strMsg;
	CString     m_strServName;
	int          m_nServPort;
	//}}AFX_DATA

	//ClassWizard generated virtual function overrides
	//{{AFX_VIRTUAL(CTalkcDlg)
	protected:
	virtual void DoDataExchange(CDataExchange* pDX);    //DDX/DDV support
	//}}AFX_VIRTUAL

//Implementation
protected:
	HICON m_hIcon;
```

```
    //Generated message map functions
    //{{AFX_MSG(CTalkcDlg)
    virtual BOOL OnInitDialog();
    afx_msg void OnSysCommand(UINT nID, LPARAM lParam);
    afx_msg void OnPaint();
    afx_msg HCURSOR OnQueryDragIcon();
    //以下 3 条是由类向导生成的消息映射函数声明，处理按钮的单击事件
    afx_msg void OnButtonConnect();
    afx_msg void OnSendMsg();
    afx_msg void OnButtonClose();
    //}}AFX_MSG
    DECLARE_MESSAGE_MAP()
};

//{{AFX_INSERT_LOCATION}}
//Microsoft Visual C++ will insert additional declarations immediately before the
previous line
#endif //!defined(AFX_TALKCDLG_H__AC4F7955_C0AD185__INCLUDED_)
```

（2）talkcDlg.cpp 文件清单，代码如下。

```
//talkcDlg.cpp : implementation file

#include "stdafx.h"
#include "talkc.h"
#include "talkcDlg.h"

#ifdef _DEBUG
#define new DEBUG_NEW
#undef THIS_FILE
static char THIS_FILE[] = __FILE__;
#endif

//////////////////////////////////////////////////////////////////////////////
//CAboutDlg dialog used for App About
//以下是“关于对话框”类 CAboutDlg 的相关代码，全部由 VC++自动生成，这里省略
……
//以下是 CTalkcDlg 对话框类的实现代码
//CTalkcDlg 类的构造函数
CTalkcDlg::CTalkcDlg(CWnd* pParent /* = NULL*/)
    : CDialog(CTalkcDlg::IDD, pParent)
{
    //{{AFX_DATA_INIT(CTalkcDlg)
    //以下 3 条是由类向导添加的控件变量初始化代码
    m_strMsg = _T("");
    m_strServName = _T("");
    m_nServPort = 0;
    //}}AFX_DATA_INIT
    //Note that LoadIcon does not require a subsequent DestroyIcon in Win32
    m_hIcon = AfxGetApp()->LoadIcon(IDR_MAINFRAME);
}
```

```
void CTalkcDlg::DoDataExchange(CDataExchange* pDX)
{
     CDialog::DoDataExchange(pDX);
     //{{AFX_DATA_MAP(CTalkcDlg)
     //以下 6 条是由类向导生成的对话框控件和对应的控件变量的映射语句
     DDX_Control(pDX, IDC_LIST_SENT, m_listSent);
     DDX_Control(pDX, IDC_LIST_RECEIVED, m_listReceived);
     DDX_Control(pDX, IDC_BUTTON_CONNECT, m_btnConnect);
     DDX_Text(pDX, IDC_EDIT_MSG, m_strMsg);
     DDX_Text(pDX, IDC_EDIT_SERVNAME, m_strServName);
     DDX_Text(pDX, IDC_EDIT_SERVPORT, m_nServPort);
     //}}AFX_DATA_MAP
}

BEGIN_MESSAGE_MAP(CTalkcDlg, CDialog)
     //{{AFX_MSG_MAP(CTalkcDlg)
     ON_WM_SYSCOMMAND()
     ON_WM_PAINT()
     ON_WM_QUERYDRAGICON()
     //以下 3 条是由类向导生成的控件消息和对应的事件处理函数的映射语句
     ON_BN_CLICKED(IDC_BUTTON_CONNECT, OnButtonConnect)
     ON_BN_CLICKED(IDOK, OnSendMsg)
     ON_BN_CLICKED(IDC_BUTTON_CLOSE, OnButtonClose)
     //}}AFX_MSG_MAP
END_MESSAGE_MAP()

//////////////////////////////////////////////////////////////////////////////
//CTalkcDlg message handlers

BOOL CTalkcDlg::OnInitDialog()
{
    CDialog::OnInitDialog();
    …

    //TODO: Add extra initialization here
    //编程者添加的控件变量的初始化代码
    m_strServName = "localhost";          //服务器名 = localhost
    m_nServPort = 1000;                   //服务端口 = 1000
    UpdateData(FALSE);                    //更新用户界面
    //设置套接字类的对话框指针成员变量
    m_sConnectSocket.SetParent(this);
    return TRUE;  //return TRUE  unless you set the focus to a control
}

void CTalkcDlg::OnSysCommand(UINT nID, LPARAM lParam)
{
    //代码省略
}

void CTalkcDlg::OnPaint()
```

```
{
    //代码省略
}

HCURSOR CTalkcDlg::OnQueryDragIcon()
{
    //代码省略
}

//当用户单击“连接”按钮时，执行此函数
void CTalkcDlg::OnButtonConnect()
{
     UpdateData(TRUE);                                    //从对话框中获取数据
     //禁止“连接”按钮，服务器名和端口的文本框，以及相关的标签。在连接时，禁止再输入
     GetDlgItem(IDC_BUTTON_CONNECT)->EnableWindow(FALSE);
     GetDlgItem(IDC_EDIT_SERVNAME)->EnableWindow(FALSE);
     GetDlgItem(IDC_EDIT_SERVPORT)->EnableWindow(FALSE);
     GetDlgItem(IDC_STATIC_SERVNAME)->EnableWindow(FALSE);
     GetDlgItem(IDC_STATIC_SERVPORT)->EnableWindow(FALSE);
     //创建客户端套接字对象的底层套接字，使用默认的参数
     m_sConnectSocket.Create();
     //调用套接字类的成员函数，连接到服务器
     m_sConnectSocket.Connect(m_strServName,m_nServPort);
}

//当用户单击“发送”按钮时，执行此函数
void CTalkcDlg::OnSendMsg()
{
      int nLen;                                            //消息的长度
      int nSent;                                           //被发送的消息的长度
      UpdateData(TRUE);                                    //从对话框获取数据
      //有消息需要发送吗?
      if (!m_strMsg.IsEmpty())
      {
             nLen = m_strMsg.GetLength();           //得到消息的长度
             //发送消息，返回实际发送的字节长度
             nSent = m_sConnectSocket.send(LPCTSTR(m_strMsg),nLen);
             if (nSent! = SOCKET_ERROR)                    //发送成功了吗?
             {
                    m_listSent.AddString(m_strMsg);        //成功则把消息添加到发送列表框
                    UpdateData(FALSE);                     //更新对话框
             } else {
                 AfxMessageBox("信息发送错误！",MB_OK|MB_ICONSTOP);
             }
             m_strMsg.Empty();                             //清除当前的消息
             UpdateData(FALSE);                            //更新对话框
      }
}

//当用户单击“断开”按钮时，调用此函数
void CTalkcDlg::OnButtonClose()
```

```
{
      OnClose();    //调用 OnClose()函数
}

//当套接字收到服务器的数据时，通过套接字类的 OnReceive()函数调用此函数
void CTalkcDlg::OnReceive()
{
      char* pBuf = new char[1025];          //客户端的数据接收缓冲区
      int nBufSize = 1024;                  //可接收的最大长度
      int nReceived;                        //实际接收到的数据长度
      CString strReceived;

      //接收套接字中的服务器发来的消息
      nReceived = m_sConnectSocket.Receive(pBuf,nBufSize);
      if (nReceived!= SOCKET_ERROR)         //接收成功了吗?
      {
            pBuf[nReceived] = NULL;         //如果接收成功，将字符串的结尾置为空
            strReceived = pBuf;             //把消息复制到串变量中
            //把消息显示到“接收到的数据”列表框中
            m_listReceived.AddString(strReceived);
            UpdateData(FALSE);              //更新对话框
      } else {
            AfxMessageBox("信息接收错误！",MB_OK|MB_ICONSTOP);
      }
}

//当套接字收到连接请求已被接收的消息时，通过套接字类的 OnConnect()函数调用此函数
void CTalkcDlg::OnConnect()
{
      //开放“消息”文本框和“发送”按钮，开放“断开”按钮，并显示连接被接收的信息
      GetDlgItem(IDC_EDIT_MSG)->EnableWindow(TRUE);
      GetDlgItem(IDOK)->EnableWindow(TRUE);
      GetDlgItem(IDC_STATIC_MSG)->EnableWindow(TRUE);
      GetDlgItem(IDC_BUTTON_CLOSE)->EnableWindow(TRUE);
}

//当套接字收到 OnClose 消息时，通过套接字类的 OnClose()函数调用此函数
void CTalkcDlg::OnClose()
{
      m_sConnectSocket.Close();  //关闭客户端的连接套接字
      //禁止消息发送的对话框中的控件，如“消息”文本框、“发送”按钮和“断开”按钮
      GetDlgItem(IDC_EDIT_MSG)->EnableWindow(FALSE);
      GetDlgItem(IDOK)->EnableWindow(FALSE);
      GetDlgItem(IDC_STATIC_MSG)->EnableWindow(FALSE);
      GetDlgItem(IDC_BUTTON_CLOSE)->EnableWindow(FALSE);
      //清除两个列表框
      while (m_listSent.GetCount()!= 0)  m_listSent.DeleteString(0);
      while (m_listReceived.GetCount()!= 0)
                                 m_listReceived.DeleteString(0);
      //开放连接配置的相关控件，如“连接”按钮、服务器名、端口的文本框和标签
      GetDlgItem(IDC_BUTTON_CONNECT)->EnableWindow(TRUE);
```

```
    GetDlgItem(IDC_EDIT_SERVNAME)->EnableWindow(TRUE);
    GetDlgItem(IDC_EDIT_SERVPORT)->EnableWindow(TRUE);
    GetDlgItem(IDC_STATIC_SERVNAME)->EnableWindow(TRUE);
    GetDlgItem(IDC_STATIC_SERVPORT)->EnableWindow(TRUE);
}
```

4．其他文件

不需要对 VC++为 talkc 工程创建的其他文件，如 stdafx.h 和 stdafx.cpp，以及 Resource.h 和 talkc.rc 用户进行任何处理。

5.2.5　创建服务器程序

同样地，我们可以利用可视化语言的集成开发环境（IDE）来创建服务器应用程序框架，步骤如下。

1．使用 MFC AppWizard 创建服务器应用程序框架

工程名为 talks，选择 Dialog based 的应用程序类型，并确保启用了 Windows Sockets 支持。其他选项接收系统的默认值。所创建的程序将自动创建两个类：应用程序类 CTalksApp（对应的文件是 talks.h 和 talks.cpp）以及对话框类 CTalksDlg（对应的文件是 talksDlg.h 和 talksDlg.cpp）。

2．为对话框界面添加控件对象

完成的对话框如图 5.17 所示，然后按照表 5.5 修改控件的属性。

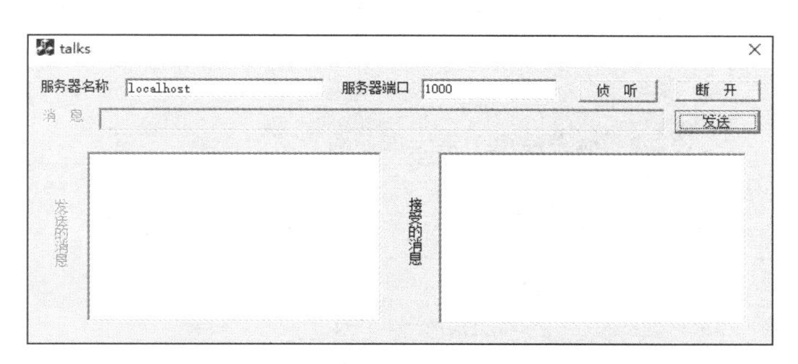

图 5.17　talks 程序的主对话框

表 5.5　talkc 程序主对话框中的控件属性

控件类型	控件 ID	描述
静态文本	IDC_STATIC_SERVNAME	服务器名称
静态文本	IDC_STATIC_SERVPORT	服务器口
静态文本	IDC_STATIC_MSG	消息
静态文本	IDC_STATIC_SENT	发送的消息
静态文本	IDC_STATIC_RECEIVED	接收的消息
编辑框	IDC_EDIT_SERVNAME	—
编辑框	IDC_EDIT_SERVPORT	—

续表

控件类型	控件 ID	描述
编辑框	IDC_EDIT_MSG	—
命令按钮	IDC_BUTTON_LISTEN	监听
命令按钮	IDC_BUTTON_CLOSE	断开
命令按钮	IDOK	发送
列表框	IDC_LIST_SENT	—
列表框	IDC_LIST_RECEIVED	—

3. 为对话框中的控件对象定义相应的成员变量

使用类向导为对话框中的控件对象定义相应的成员变量，按照表 5.6 输入即可。

4. 创建从 CAsyncSocket 类继承的派生类

从 CAsyncSocket 类派生自己的套接字类，类名为 CMySocket。创建方法与客户端程序基本相同。不同的是，事件处理函数分别是 OnAccept( )、OnClose( )和 OnReceive( )，这些是服务器可能发生的事件。同样也要添加一个私有的成员变量，它是一个指向对话框类的指针，代码如下。

```
private:
CTalksDlg*    m_pDlg;
```

还要添加一个成员函数：void SetParent（CTalksDlg* pDlg）。

手动添加其他代码与客户端程序基本相同。但要注意的是，服务器的对话框类是 CTalksDlg。

表 5.6　服务器对话框中控件对象对应的成员变量

控件 ID	变量名称	变量类别	变量类型
IDC_BUTTON_LISTEN	m_btnListen	Control	CButton
IDC_EDIT_SERVNAME	m_strServName	Value	CString
IDC_EDIT_SERVPORT	m_nServPort	Value	int
IDC_EDIT_MSG	m_strMsg	Value	CString
IDC_LIST_SENT	m_listSent	Control	CListBox
IDC_LIST_RECEIVED	m_listRecetved	Control	CListBox

5. 为对话框类添加控件对象事件的响应函数

按照表 5.7，用类向导为服务器的对话框中的控件对象添加事件响应函数，主要是针对 3 个按钮的单击事件的处理函数。

表 5.7　服务器的控件对象对应的事件响应函数

控件类型	对象标识	消息	成员函数
命令按钮	IDC_BUTTON_CLOSE	BN_CLICKED	OnButtonClose( )
命令按钮	IDC_BUTTON_LISTEN	BN_CLICKED	OnButtonListen( )
命令按钮	IDOK	BN_CLICKED	OnSendMsg( )

6. 为 CTalksDlg 对话框类添加其他成员函数和成员变量

为 CTalksDlg 对话框类添加其他成员变量，代码如下。

```
CMySocket m_sListenSocket;       //用于监听客户端连接请求的套接字
CMySocket  m_sConnectSocket;     //用于与客户端连接的套接字
```

为 CTalksDlg 对话框类添加其他成员函数，代码如下。

```
void  OnClose();                //用于处理与客户端的通信
void  OnAccept();
void  OnReceive();
```

7. 手动添加代码

手动添加代码的操作与客户端程序相同。

8. 添加事件函数和成员函数的代码

主要在 CTalksDlg 对话框类的 talksDlg.cpp 和 CMySocket 类的 Mysocket.cpp 文件中，添加用户自定义的事件函数和成员函数的代码。

9. 编译运行

编译运行后可以得到图 5.17 所示的对话框。

5.2.6 服务器程序的流程和消息驱动

图 5.18 所示为点对点交谈的服务器程序的类和消息驱动的关系。从图中不难看出，服务器程序与客户端的情况是非常类似的，区别是，服务器的套接字要接收 FD_ACCEPT 消息，对话框的按钮控件是“监听”。

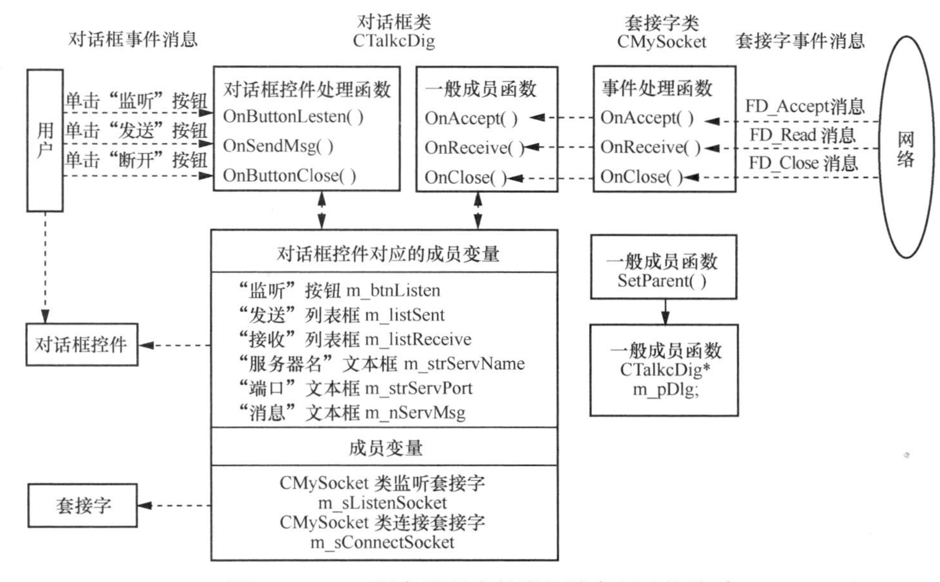

图 5.18　talks 服务器程序的类与消息驱动的关系

从用户操作的过程看，服务器程序启动后，应单击“监听”按钮，等候客户端的连接请求，一旦客户端的连接请求到来，服务器就会接收它，并在列表框中显示相应信息，然后就可以与客户端交谈了。

5.2.7 点对点交谈的服务器程序主要功能的代码和分析

本小节列出了点对点交谈的服务器程序各类对应的文件。代码中将 MFC 自动生成并且用户不必再改动的部分省略了，仅保留了需要添加的部分。用户将这些代码添加到 MFC 生成的工程框架中即可。有些代码，如控件变量声明、消息映射等，只要按照 5.2.5 小节的步骤操作，就能自动生成，不用手动添加。

1．CTalksApp 类对应的文件

不需要对 talks.h 和 talks.cpp 进行任何改动。

2．CMySocket 类对应的文件

① MySocket.h 文件，与客户端程序 talkc 的 MySocket.h 文件基本相同，下面仅列出不同的部分。

```
…  //前面省略
class CTalksDlg;                              //编程者添加的服务器对话框类的声明
…
class CMySocket : public CAsyncSocket
{
…
//Overrides
public:
      void SetParent(CTalksDlg* pDlg); //编程者添加的成员函数声明
      //ClassWizard generated virtual function overrides
      //{{AFX_VIRTUAL(CMySocket)
      public:
      //这 3 条是类向导添加的套接字事件响应函数
      //当服务器监听套接字收到客户端连接请求时执行 OnAccept()函数
      virtual void OnAccept(int nErrorCode);
      //当套接字收到 Close 消息时执行 OnClose()函数
      virtual void OnClose(int nErrorCode);
      //当服务器的连接套接字收到客户端发来的数据时执行 OnReceive()函数
      virtual void OnReceive(int nErrorCode);
      //}}AFX_VIRTUAL
…
//Implementation
protected:
private:
      CTalksDlg* m_pDlg;                  //编程者添加的成员变量，是指向服务器对话框类的指针
};
…
```

② MySocket.cpp 文件，与客户端程序 talkc 的 MySocket.cpp 基本相同，下面仅列出不同的部分。

```
…
#include "TalksDlg.h"                  //编程者添加的包含语句
…
CMySocket::CMySocket()
{
```

```
    m_pDlg = NULL;                    //编程者添加的初始化代码，将对话框指针变量设置为空
}

CMySocket::～CMySocket()
{
    m_pDlg = NULL;                    //编程者添加的终止处理代码，将对话框指针变量设置为空
}
…
//CMySocket 类的这 3 个成员函数在套接字的响应事件出现时自动执行
void CMySocket::OnAccept(int nErrorCode)
{
      //如果没错，调用服务器对话框类的 OnAccept()函数
      if (nErrorCode == 0)   m_pDlg->OnAccept();
}

void CMySocket::OnClose(int nErrorCode)
{
      //如果没错，调用服务器对话框类的 OnClose()函数
      if (nErrorCode == 0)   m_pDlg->OnClose();
}

void CMySocket::OnReceive(int nErrorCode)
{
      //如果没错，调用服务器对话框类的 OnClose()函数
      if (nErrorCode == 0)   m_pDlg->OnReceive();
}

void CMySocket::SetParent(CTalksDlg* pDlg)
{
      m_pDlg = pDlg;                          //设置对话框类指针变量
}
```

3．CTalksDlg 类对应的文件

① talksDlg.h 文件，代码如下。

```
…
#include "MySocket.h"                 //编程者添加的包含语句
class CTalksDlg : public CDialog
{
//编程者添加的成员变量和成员函数声明
public:
      CMySocket m_sListenSocket;      //服务器用作监听的套接字
      CMySocket m_sConnectSocket;     //服务器用作与客户端连接的套接字
      void OnAccept();                //由套接字的 OnAccept()函数调用，处理 OnAccept 事件
      void OnReceive();               //由套接字的 OnReceive()函数调用，处理 OnReceive 事件
      void OnClose();                 //由套接字的 OnClose()函数调用，处理 OnClose 事件
      CTalksDlg(CWnd* pParent = NULL);         //标准的构造函数

//Dialog Data
      //{{AFX_DATA(CTalksDlg)
      enum { IDD = IDD_TALKS_DIALOG };
      //以下 6 条是由类向导添加的控件变量声明
```

```
    CButton         m_btnListen;
    CListBox    m_listSent;
    CListBox    m_listReceived;
    CString         m_strServName;
    CString         m_strMsg;
    int             m_nServPort;
    //}}AFX_DATA
    …
    //Generated message map functions
    //{{AFX_MSG(CTalksDlg)
    virtual BOOL OnInitDialog();
    afx_msg void OnSysCommand(UINT nID, LPARAM lParam);
    afx_msg void OnPaint();
    afx_msg HCURSOR OnQueryDragIcon();
    //以下 3 条是类向导添加的控件事件处理函数声明
    afx_msg void OnButtonListen();
    afx_msg void OnButtonClose();
    afx_msg void OnSendMsg();
    //}}AFX_MSG
    DECLARE_MESSAGE_MAP()
};
…
```

② talksDlg.cpp 文件，代码如下。

```
…
//CTalksDlg dialog
CTalksDlg::CTalksDlg(CWnd* pParent /*= NULL*/)
    : CDialog(CTalksDlg::IDD, pParent)
{
    //{{AFX_DATA_INIT(CTalksDlg)
    m_strServName = _T("");    //类向导添加的控件变量初始化代码
    m_strMsg = _T("");
    m_nServPort = 0;
    //}}AFX_DATA_INIT
    //Note that LoadIcon does not require a subsequent DestroyIcon in Win32
    m_hIcon = AfxGetApp()->LoadIcon(IDR_MAINFRAME);
}

void CTalksDlg::DoDataExchange(CDataExchange* pDX)
{
    CDialog::DoDataExchange(pDX);
    //{{AFX_DATA_MAP(CTalksDlg)
    //类向导添加的控件与控件变量的映射关系代码
    DDX_Control(pDX, IDC_BUTTON_LISTEN, m_btnListen);
    DDX_Control(pDX, IDC_LIST_RECEIVED, m_listReceived);
    DDX_Control(pDX, IDC_LIST_SENT, m_listSent);
    DDX_Text(pDX, IDC_EDIT_SERVNAME, m_strServName);
    DDX_Text(pDX, IDC_EDIT_MSG, m_strMsg);
    DDX_Text(pDX, IDC_EDIT_SERVPORT, m_nServPort);
    //}}AFX_DATA_MAP
}
```

```
BEGIN_MESSAGE_MAP(CTalksDlg, CDialog)
    //{{AFX_MSG_MAP(CTalksDlg)
    ON_WM_SYSCOMMAND()
    ON_WM_PAINT()
    ON_WM_QUERYDRAGICON()
    //以下 3 条是类向导添加的控件消息映射代码，说明了处理控件事件的函数
    ON_BN_CLICKED(IDC_BUTTON_LISTEN, OnButtonListen)
    ON_BN_CLICKED(IDC_BUTTON_CLOSE, OnButtonClose)
    ON_BN_CLICKED(IDOK, OnSendMsg)
    //}}AFX_MSG_MAP
END_MESSAGE_MAP()

///////////////////////////////////////////////////////////////////////////////
//CTalksDlg message handlers

BOOL CTalksDlg::OnInitDialog()
{
      …
      //TODO: Add extra initialization here
      //编程者添加的控件变量初始化代码
      m_strServName = "localhost";     //server name = localhost
      m_nServPort = 1000;      //server port = 1000
      UpdateData(FALSE);
      //设置套接字的对话框指针成员变量
      m_sListenSocket.SetParent(this);
      m_sConnectSocket.SetParent(this);
      return TRUE;  //return TRUE  unless you set the focus to a control
}
…
//当用户单击“监听”按钮时，执行此函数
void CTalksDlg::OnButtonListen()
{
      UpdateData(TRUE);                                //从对话框中获取数据
      //禁止“监听”按钮，服务器名和端口的文本框
      GetDlgItem(IDC_BUTTON_LISTEN)->EnableWindow(FALSE);
      GetDlgItem(IDC_EDIT_SERVNAME)->EnableWindow(FALSE);
      GetDlgItem(IDC_EDIT_SERVPORT)->EnableWindow(FALSE);
      GetDlgItem(IDC_STATIC_SERVNAME)->EnableWindow(FALSE);
      GetDlgItem(IDC_STATIC_SERVPORT)->EnableWindow(FALSE);
      //用指定的端口创建服务器监听套接字对象的底层套接字
      m_sListenSocket.Create(m_nServPort);
      //开始监听客户端的连接请求
      m_sListenSocket.Listen();
}
//当用户单击“断开”按钮时，执行此函数
void CTalksDlg::OnButtonClose()
{
      OnClose();  //调用 OnClose()函数
}
//当用户单击“发送”按钮时，执行此函数
```

```
void CTalksDlg::OnSendMsg()
{
      int nLen;                                         //要发送的消息的长度
      int nSent;                                        //实际发送的消息的长度

      UpdateData(TRUE);                                 //从对话框中获取数据
      if (!m_strMsg.IsEmpty())                          //在“消息”文本框中有要发送的消息吗?
      {
            nLen = m_strMsg.GetLength();                //得到要发送的消息的长度
            //发送消息
            nSent = m_sConnectSocket.send(LPCTSTR(m_strMsg),nLen);
            if (nSent!= SOCKET_ERROR)                   //发送成功了吗?
      {
            //在发送的“消息”列表框中显示发送的消息
            m_listSent.AddString(m_strMsg);
            UpdateData(FALSE);                          //更新对话框
      } else  {
            AfxMessageBox("信息发送错误! ",MB_OK|MB_ICONSTOP);
      }
      m_strMsg.Empty();                                 //清除“消息”文本框中的消息
      UpdateData(FALSE);                                //更新对话框
      }
}
//由套接字类的 OnAccept()事件处理函数调用，实际处理该事件
void CTalksDlg::OnAccept()
{
      m_listReceived.AddString("服务器收到了 OnAccept 消息");       //显示信息
      m_sListenSocket.accept(m_sConnectSocket);                     //接收客户端的连接请求
      //开放“消息”文本框和“发送”按钮
     GetDlgItem(IDC_EDIT_MSG)->EnableWindow(TRUE);
     GetDlgItem(IDOK)->EnableWindow(TRUE);       //botton send
     GetDlgItem(IDC_STATIC_MSG)->EnableWindow(TRUE);
     GetDlgItem(IDC_BUTTON_CLOSE)->EnableWindow(TRUE);
}

//由套接字类的 OnReceive()事件处理函数调用，实际处理该事件，处理方式与客户端相同
void CTalksDlg::OnReceive()
{
      char pBuf = new char[1025];
      int nBufSize = 1024;
      int nReceived;
      CString strReceived;
      m_listReceived.AddString("服务器收到了 OnReceive 消息");
      nReceived = m_sConnectSocket.Receive(pBuf,nBufSize);  //接收消息
      if (nReceived! = SOCKET_ERROR)                         //接收成功了吗?
      {
            pBuf[nReceived] = NULL;                     //字符串末尾置空
            strReceived = pBuf;                         //将消息复制到一个串变量中
            m_listReceived.AddString(strReceived); //在接收到的“消息”列表框中显示该消息
            UpdateData(FALSE);                          //更新对话框
      }  else  {
```

```
            AfxMessageBox("信息接收错误！",MB_OK|MB_ICONSTOP);
        }
}

//由套接字类的 OnClose()事件处理函数调用，实际处理该事件，处理方式与客户端相同
void CTalksDlg::OnClose()
{
        m_listReceived.AddString("服务器收到了 OnClose 消息");
        m_sConnectSocket.Close();       //关闭连接的套接字
        //禁止“消息”文本框，“发送”按钮和“断开”按钮
        GetDlgItem(IDC_EDIT_MSG)->EnableWindow(FALSE);
        GetDlgItem(IDOK)->EnableWindow(FALSE);       //botton send
        GetDlgItem(IDC_STATIC_MSG)->EnableWindow(FALSE);
        GetDlgItem(IDC_BUTTON_CLOSE)->EnableWindow(FALSE);
        //清除列表框
        while (m_listSent.GetCount()!= 0)  m_listSent.DeleteString(0);
        while (m_listReceived.GetCount()!= 0)  m_listReceived.DeleteString(0);
        //开放“监听”按钮、服务器名和端口的文本框
        GetDlgItem(IDC_BUTTON_LISTEN)->EnableWindow(TRUE);
        GetDlgItem(IDC_EDIT_SERVNAME)->EnableWindow(TRUE);
        GetDlgItem(IDC_EDIT_SERVPORT)->EnableWindow(TRUE);
        GetDlgItem(IDC_STATIC_SERVNAME)->EnableWindow(TRUE);
        GetDlgItem(IDC_STATIC_SERVPORT)->EnableWindow(TRUE);
}
```

习　题

1. MFC 提供的两个套接字类是什么？

2. 为什么说 CAsyncSocket 类是在较低的层次上对 Windows Sockets API 进行了封装？

3. 使用 CAsyncSocket 类的一般步骤是什么？

4. CAsyncSocket 类可以接收并处理哪些消息事件？当这些网络事件发生时，MFC 框架将如何处理？

5. 请说明使用 MFC ApplicationWizard 创建客户端应用程序框架的具体步骤。

6. 请说明点对点交谈的客户端程序的类与消息驱动的关系。

第 6 章

CSocket 类编程

CSocket 类是从 CAsyncSocket 类派生而来的，它为结合 MFC CArchive 对象使用套接字提供了一个高级的抽象。结合 CArchive 类来使用套接字，就像使用 MFC 的系列化协议一样。这就使 CSocket 类比 CAsyncSocket 类更容易使用。CSocket 类从 CAsyncSocket 类继承了许多成员函数，这些函数封装了 Windows 套接字应用程序编程接口。编程者将必须使用这些函数，并理解套接字编程的一般知识。但是，CSocket 类管理了通信的许多方面，而这些在使用原始 API 或者 CAsyncSocket 类时，都必须由编程者自己来处理。最重要的是，CSocket 类为 Windows 消息的后台处理提供了阻塞的工作模式，而这是 CArchive 同步操作所必需的。

6.1 CSocket 类概述

CSocket 类是从 CAsyncSocket 类派生而来的，它们的派生关系如图 6.1 所示。

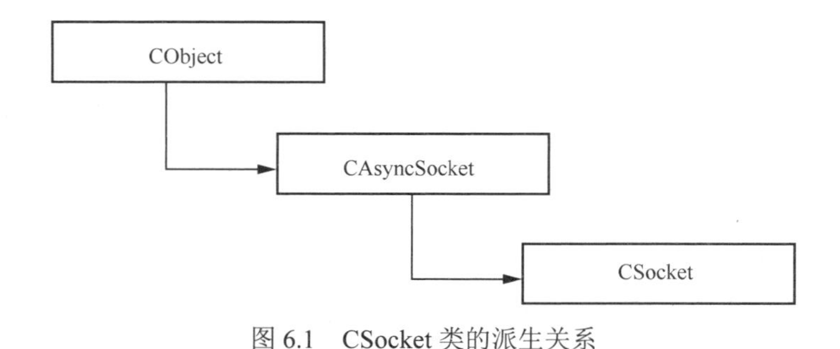

图 6.1　CSocket 类的派生关系

CSocket 类提供了一个更高级别的 Winsock 编程接口，是对 Winsock API 的高级封装，它的特点如下。

① 可以和 CSocketFile 类和 CArchive 类一起工作，处理数据的发送和接收。

② 用户不必再去处理字节顺序、字符串转换等问题。

③ 提供了阻塞调用的功能，如 Receive( )、Send( )、ReceiveFrom( )、sendto( )和 Accept( )等成员函数，在不能立即发送或接收数据时，不会立即返回一个 WSAEWOULDBLOCK 错误，它们会等待，直到操作结束。这对于使用 CArchive 类来进行同步数据传输是最基本的要求。这些特点都简化了 CSocket 类的编程。

6.1.1　创建 CSocket 对象

创建 CSocket 对象分为两个步骤。

（1）调用 CSocket 类的构造函数，创建一个空的 CSocket 对象。

（2）调用此 CSocket 对象的 Create( )函数，创建对象的底层套接字。调用格式如下。

```
BOOL create(
    UINT  nSocketPort = 端口号,
    Int  nSocketPort = SOCK_STREAM | SOCK_DGRAM,
    LPCTSTR  lpszSocketAddress = 套接字所用的网络地址 );
```

如果打算使用 CArchive 对象和套接字一起进行数据传输工作，则必须使用流式套接字。

6.1.2　建立连接

CSocket 类通过使用基类 CAsyncSocket 的同名成员函数 Connect( )、Listen( )和 Accept( )来建立服务器和客户端套接字之间的连接，使用方法相同。不同的是，CSocket 类的 Connect( )和 Accept( )函数支持阻塞调用。例如，在调用 Connect( )函数时会发生阻塞，直到成功地建立了连接或有错误发生才返回。在多线程的应用程序中，即使一个线程因发生阻塞而暂停，其他线程仍能处理 Windows 事件。

需要注意的是，CSocket 对象不会调用 OnConnect( )事件处理函数。

6.1.3　发送和接收数据

创建 CSocket 类对象后，对于数据报套接字，可以直接使用 CSocket 类的 sendto( )、ReceiveFrom( )函数来发送和接收数据。对于流式套接字，首先在服务器和客户端之间建立连接，然后使用 CSocket 类的 Send( )、Receive( )函数来发送和接收数据，它们的调用方式与 CAsyncSocket 类相同。

不同的是，CSocket 类的这些函数工作在阻塞的模式。例如，一旦调用了 Send( )函数，在所有的数据发送完毕之前，程序或线程将处于阻塞的状态。一般将 CSocket 类与 CArchive 类和 CSocketFile 类结合来发送和接收数据，这将使编程更为简单。

CSocket 对象从不调用 OnSend( )事件处理函数。

使用 CSocket 类的最大优点在于，应用程序可以在连接的两端通过 CArchive 对象来进行数据传输。具体分为以下 4 个步骤。

（1）创建 CSocket 类对象。

（2）创建一个基于 CSocketFile 类的文件对象，并把它的指针传给上面已创建的 CSocket 对象。

（3）分别创建用于输入和输出的 CArchive 对象，并将它们与这个 CSocketFile 文件对象连接。

（4）利用 CArchive 对象来发送和接收数据。

下面是基于 CSocket 类的应用程序进行数据传输的示例代码。

```
CSocket   exSocket;                    //创建一个空的 CSocket 对象
CSocketFile* pExFile;                  //定义一个 CSocketFile 对象指针
CArchive*  pCArchiveIn;                //定义一个用于输入的 CArchive 对象指针
CArchive*  pCArchiveOut;               //定义一个用于输出的 CArchive 对象指针
exSocket.create();
pExFile = new CSocketFile( & exSocket,TRUE);
    //创建 CSocketFile 对象，并将 CSocket 对象的指针传递给它
pCArchiveIn = new CArchive(pExFile, CArchive::load);        //创建用于输入的 CArchive 对象
pCArchiveOut = new CArchive(pExFile, CArchive::store);     //创建用于输出的 CArchive 对象
```

通过 CArchive 对象来进行数据传输时，应用程序不需要直接调用 CSocket 类的数据传输成员函数，而是利用由 CArchive 对象、CSocketFile 对象和 CSocket 对象级联而形成的数据传输管道，如图 6.2 所示。

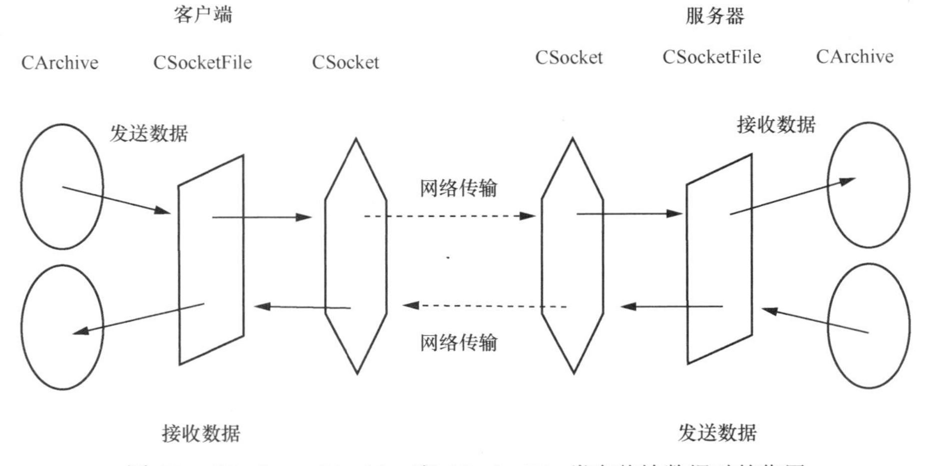

图 6.2　CSocket、CArchive 和 CSocketFile 类在传输数据时的作用

发送端将需要传输的数据插入用于发送的 CArchive 对象中，CArchive 对象会将数据传输到 CSocketFile 对象中，再交给 CSocket 对象，由套接字来发送数据。在接收端，数据按照相反的顺序传递，最终应用程序从用于接收数据的 CArchive 对象中析取传输过来的数据。向 CArchive 对象插入数据的操作符是<<，从 CArchive 对象析取数据的操作符是>>。

需要注意的是，一个特定的 CArchive 对象只能进行单方向的数据传递，要么用于输入，要么用于输出。因此，如果应用程序既要发送数据又要接收数据，那就必须在每一端创建两个独立的 CArchive 对象：一个用 CArchive::load 属性创建，用于接收数据；另一个用 CArchive::store 属性创建，用于发送数据。这两个 CArchive 对象可以共享同一个 CSocketFile 对象和 CSocket 套接字。

另外，当把所有需要发送的数据写入 CArchive 对象后，还必须调用 CArchive::Flush( ) 函数来刷新 CArchive 对象的缓冲区，这样数据才会真正从网络上发送出去。否则，接收端就无法收到数据。

6.1.4　关闭套接字和清除相关的对象

使用完 CSocket 对象以后，应用程序应调用它的 Close( )函数来释放套接字占用的系统资源，也可以调用它的 ShutDown( )函数来禁止套接字的读写操作。而对于相应的 CArchive 对象、CSocketFile 对象和 CSocket 对象，可以将它们销毁，也可以不做处理，因为当应用程序终止时，这些对象的析构函数会被自动调用，从而释放这些对象占用的资源。

6.2　CSocket 类编程模型

使用 CSocket 类编写网络应用程序的思路与使用 Winsock API 基本一致，但使用 CSocket 类编程，可以充分利用应用程序框架的优势。这包括利用可视化编程语言的控件，方便地构造图形化的用户界面，以及充分利用应用程序框架的消息驱动的处理机制，方便地对各种不同的网络事件做出响应，从而简化程序的编写。

以下是针对流式套接字的 CSocket 类的编程模型，分为服务器和客户端 2 个部分。

1. 服务器

服务器针对流式套接字的 CSocket 类的编程模型如下。

```
①CSocket  sockServ;                      //创建空的服务器监听套接字对象
                                          //用众所周知的端口，创建监听套接字对象的底层套接字句柄
②sockServ.create( nPort );
③sockServ.listen();                      //启动对客户端连接请求的监听
④CSocket sockRecv;                       //创建空的服务器连接套接字对象
                                          //接收客户端的连接请求，并将其他任务转交给连接套接字对象
  sockServ.accept( sockRecv);
⑤CSockFile* file ;
  file = new CSockFile( &sockRecv);                    //创建文件对象并关联到连接套接字对象
⑥CArchive* arIn, arOut;
  arIn = CArchive(&file, CArchive::load);             //创建用于输入的归档对象
  arOut = CArchive( &file, CArchive::store);          //创建用于输出的归档对象
  //归档对象必须关联到文件对象
⑦arIn >> dwValue;                                     //进行数据输入
  adOut << dwValue;                                    //进行数据输出，输入或输出可以反复进行
⑧sockRecv.close();
  sockServ.close();                                    //传输完毕，关闭套接字对象
```

2. 客户端

客户端针对流式套接字的 CSocket 类的编程模型如下。

```
①CSocket sockClient;                                  //创建空的客户端套接字对象
②sockClient.create();                                 //创建套接字对象的底层套接字
③sockClient.connect( strAddr, nPort );                //请求连接到服务器
④CSockFile* file ;
  file = new CSockFile( &sockClent);                   //创建文件对象，并关联到套接字对象
```

```
⑤CArchive* arIn, arOut;
  arIn = CArchive(&file, CArchive::load);          //创建用于输入的归档对象
  arOut = CArchive( &file, CArchive::store);       //创建用于输出的归档对象
                                                   //归档对象必须关联到文件对象
⑥arIn >> dwValue;                                  //进行数据输入
  adOut << dwValue;                                //进行数据输出，输入或输出可以反复进行
⑦sockClient.close();                           //传输完毕，关闭套接字对象
```

还要强调以下几点。

① 服务器应用程序在创建专用于监听的套接字对象时，必须指定一个众所周知的保留端口号，这样才能使客户端程序正确地连接到服务器。

② 服务器接收到连接请求后，必须创建一个专门用于连接的套接字对象，并将以后的连接和数据传输工作交由该对象处理。

③ 通常，一个服务器应用程序应能处理来自多个客户端的连接请求。对于每一个客户端的套接字对象，服务器应用程序都应该相应地创建一个与它们进行连接和数据交换的套接字对象。因此，在服务器，应该采用动态的方式来创建这些连接套接字对象（可参见 6.3 节的具体实例）。

6.3 用 CSocket 类实现聊天室程序

6.3.1 聊天室程序的功能

聊天室程序采用 C/S 模式。

服务器可以同时与多个客户端建立连接，并为它们提供服务。服务器接收客户端发来的信息，然后将其转发给聊天室的其他客户端，从而实现多个客户端之间的信息交换。服务器还会动态统计进入聊天室的客户端数目，并显示出来。它还能及时显示新客户端进入聊天室和退出聊天室的信息，并将其转发给其他客户端。进入服务器程序后，用户应首先输入监听端口号，单击“监听”按钮启动监听，等待客户端的连接请求。当客户端的连接请求到来时，服务器接收它，然后进入与客户端的会话阶段。服务器程序会动态地为新的客户端创建相应的套接字对象，并采用链表来管理客户端的套接字对象，从而实现一个服务器为多个客户端服务的目标。

聊天室可以同时启动多个客户端程序。进入客户端程序后，用户首先输入要连接的服务器名、服务器的监听端口和客户端名，单击“连接”按钮，就能与服务器建立连接。然后用户可以输入信息，单击“发送”按钮向服务器发送聊天信息。在客户端程序的列表框中，能实时显示聊天室内所有客户端发送的信息，以及客户端进出聊天室的信息。

这个实例程序的技术要点如下。

① 如何从 CSocket 类派生出自己所需的 Winsock 类。

② 如何利用 CSocketFile 类、CArchive 类和 CSocket 类的协作来实现网络进程之间

的数据传输。

③ 如何用链表管理多个动态客户端的套接字，以实现服务器和所有的聊天客户端所显示信息的同步更新。图 6.3 所示为聊天室服务器程序的用户界面，图 6.4 所示为聊天室客户端程序的用户界面。

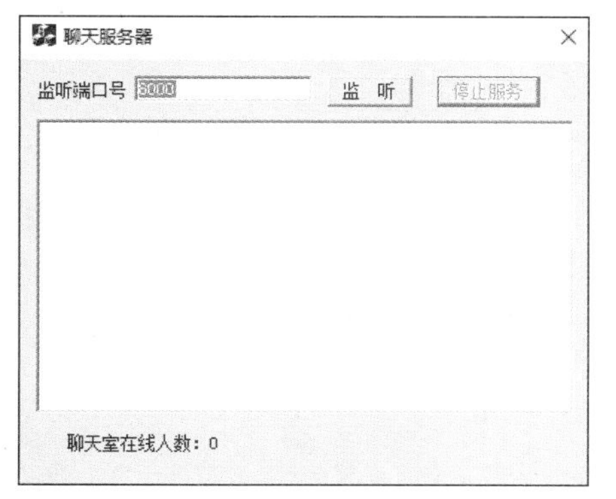

图 6.3　聊天室服务器程序的用户界面

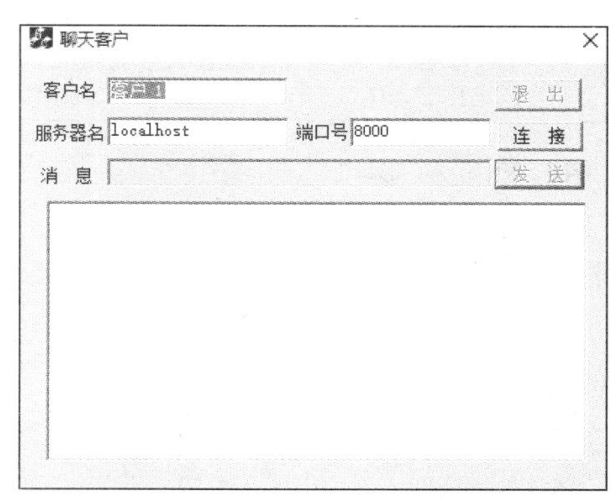

图 6.4　聊天室客户端程序的用户界面

6.3.2　创建聊天室的服务器程序

利用可视化语言的集成开发环境（IDE）来创建服务器应用程序框架，步骤如下。

1. 利用 MFC AppWizard 创建服务器应用程序框架

工程名为 ts，选择 Dialog based 的应用程序类型，选择 Windows Sockets 支持，其他选项接收系统的默认值。所创建的程序将自动创建两个类：应用程序类 CTsApp（对应的文件是 ts.h 和 ts.cpp）以及对话框类 CTsDlg，对应的文件是 tsDlg.h 和 tsDlg.cpp。

2. 为对话框界面添加控件对象

完成的聊天室服务器的对话框如图 6.3 所示，然后按照表 6.1 修改控件的属性。

表 6.1　ts 程序主对话框中的控件属性

控件类型	控件 ID	描述
静态文本	IDC_STATIC_PORT	监听端口号
静态文本	IDC_STATIC_NUM	聊天室在线人数：0
编辑框	IDC_EDIT_PORT	—
命令按钮	IDC_BUTTON_LISTEN	监听
命令按钮	IDOK	停止服务
列表框	IDC_LIST_MSG	注：不选 Sort

3. 为对话框中的控件对象定义相应的成员变量

用类向导为对话框中的控件对象定义相应的成员变量。按照表 6.2 输入即可。

表 6.2　ts 程序服务器对话框中控件对象对应的成员变量

控件 ID	变量名称	变量类别	变量类型
IDC_STATIC_NUM	m_staNum	Control	CStatic
IDC_EDIT_PORT	m_nPort	Value	UINT
IDC_BUTTON_LISTEN	m_btnListen	Control	CButton
IDOK	m_btnClose	Control	CButton
IDC_LIST_MSG	m_listMsg	Control	CListBox

4．创建从 CSocket 类继承的派生类

从 CSocket 类派生两个套接字类：一个类名为 CLSocket，专用于监听客户端的连接请求，为它添加 OnAccept( )事件处理函数；另一个类名为 CCSocket，专用于与客户端建立连接并交换数据，为它添加 OnReceive( )事件处理函数。这两个类都要添加一个指向对话框类的指针变量。

```
CTsDlg*     m_pDlg;
```

为 CCSocket 添加以下成员变量，代码如下。

```
CSocketFile* m_pFile;                     //CSocketFile 对象的指针变量
CArchive* m_pArchiveIn;                   //用于输入的 CArchive 对象的指针变量
CArchive* m_pArchiveOut;                  //用于输出的 CArchive 对象的指针变量
```

为 CCSocket 添加以下成员函数，代码如下。

```
void Initialize();                        //初始化
void SendMessage(CMsg* pMsg);             //发送消息
void ReceiveMessage(CMsg* pMsg);          //接收消息
```

这两个类添加的成员函数和成员变量可参考后面的文件清单。

5．为对话框类添加控件对象事件的响应函数

按照表 6.3，用类向导为服务器的对话框中的控件对象添加事件响应函数。这些函数主要处理“监听”按钮和“停止服务”按钮的单击事件。

表 6.3　服务器的控件对象对应的事件响应函数

控件类型	对象标识	消息	成员函数
命令按钮	IDOK	BN_CLICKED	OnClose( )
命令按钮	IDC_BUTTON_LISTEN	BN_CLICKED	OnButtonListen( )

6．为 CTsDlg 对话框类添加其他成员函数和成员变量

为 CTsDlg 对话框类添加其他成员变量，代码如下。

```
CLSocket*  m_pLSocket;                //监听套接字指针变量
CPtrList m_connList;                  //连接列表
```

为 CTsDlg 对话框类添加其他成员函数，代码如下。

```
void OnAccept();                      //接收连接请求
void OnReceive(CCSocket* pSocket);    //获取客户端的发送消息
void backClients(CMsg* pMsg);         //向聊天室的所有的客户端转发消息
```

7．创建专用于数据传输序列化处理的类 CMsg

为了利用 CSocket 类及其派生类可以和 CSocketFile 对象、CArchive 对象合作来进行

数据发送和接收的特性，我们构造了一个专用于消息传输的类。该类必须从 CObject 类派生，如图 6.5 所示。

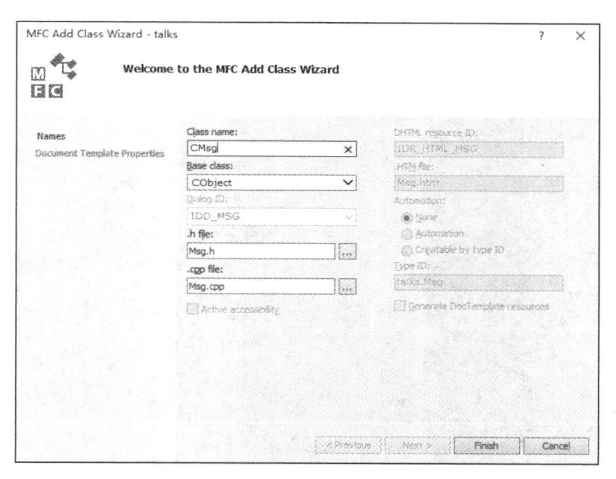

图 6.5　直接从 CObject 派生 CMsg 类

为 CMsg 类添加成员变量和成员函数（可参考后面的文件清单），代码如下。

```
CString m_strText;                              //字符串成员
BOOL m_bClose;                                  //是否关闭状态
virtual void Serialize(CArchive& ar);           //序列化函数
```

8．添加事件函数和成员函数的代码

在 CTsDlg 对话框类的 tsDlg.cpp 文件和两个套接字类的实现文件中，添加用户自定义的事件函数和成员函数的代码。

6.3.3　聊天室服务器程序的主要实现代码和分析

1．CLSocket 类对应的文件

（1）LSocket.h 文件清单，代码如下。

```
//LSocket.h: interface for the CLSocket class.
...
class  CTsDlg;                                  //编程者添加的对话框类定义

//专用于监听客户端连接请求的侦听套接字类定义
class CLSocket : public CSocket
{
    DECLARE_DYNAMIC(CLSocket);                  //动态类声明
//构造函数
public:
      CLSocket(CTsDlg* pDlg);                   //为构造函数添加入口参数
      virtual  ~CLSocket();

//属性
public:
      CTsDlg* m_pDlg;                           //成员变量，是指向对话框类的指针
```

```
//可重载的回调函数，当套接字收到连接请求时，自动调用此函数
protected:
      virtual void OnAccept(int nErrorCode);
};
#endif //!defined(AFX_LSOCKET_H__INCLUDED_)
```

（2）LSocket.cpp 文件清单，代码如下。

```
//LSocket.cpp: implementation of the CLSocket class.
…
#include "tsDlg.h"                              //编程者添加的包含语句
…
CLSocket::CLSocket(CTsDlg* pDlg)
{
     m_pDlg = pDlg;                             //对成员变量赋值
}

CLSocket::~CLSocket()
{
     m_pDlg = NULL;                             //将指针成员变量置为空
}

//定义 OnAccept()事件处理函数，当套接字收到 FD_ACCEPT 消息时，自动调用此函数
void CLSocket::OnAccept(int nErrorCode)
{
      CSocket::OnAccept(nErrorCode);            //首先执行基类的同名函数
      m_pDlg->OnAccept();                       //调用主对话框类中的相应函数
}
IMPLEMENT_DYNAMIC(CLSocket,CSocket)             //编程者添加的动态类语句
```

2. CCSocket 类对应的文件

（1）CSocket.h 文件清单，代码如下。

```
//CSocket.h: interface for the CCSocket class.
…
class  CTsDlg;                                  //编程者添加的类声明
class  CMsg;

//用于建立连接和传送接收信息的客户端套接字类定义
class CCSocket : public CSocket
{
       DECLARE_DYNAMIC(CCSocket);               //动态类声明
//Construction
public:
      CCSocket(CTsDlg* pDlg);                   //构造函数，增加入口参数
      virtual ~CCSocket();                      //析构函数

//Attributes
public:
      CTsDlg* m_pDlg;                           //主对话框类指针变量
      CSocketFile* m_pFile;                     //CSocketFile 对象的指针变量
      CArchive* m_pArchiveIn;                   //用于输入的 CArchive 对象的指针变量
```

```
    CArchive* m_pArchiveOut;                    //用于输出的 CArchive 对象的指针变量

//Operations
public:
    void Initialize();                          //初始化
    void SendMessage(CMsg* pMsg);               //发送消息
    void ReceiveMessage(CMsg* pMsg);            //接收消息

//可重载的回调函数，当套接字收到数据时，自动调用此函数
protected:
    virtual void OnReceive(int nErrorCode);
};
#endif //!defined(AFX_CSOCKET_H__INCLUDED_)
```

（2）CSocket.cpp 文件清单，代码如下。

```
//CSocket.cpp: implementation of the CCSocket class.
…
#include "tsDlg.h"                              //编程者添加的包含语句
#include "Msg.h"
…
//构造函数
CCSocket::CCSocket(CTsDlg* pDlg)
{
    m_pDlg = pDlg;                              //在构造函数中添加初始化代码
    m_pFile = NULL;
    m_pArchiveIn = NULL;
    m_pArchiveOut = NULL;
}

//析构函数
CCSocket::~CCSocket()
{
    m_pDlg = NULL;                              //在析构函数中添加代码
    if (m_pArchiveOut != NULL) delete m_pArchiveOut;
    if (m_pArchiveIn != NULL) delete m_pArchiveIn;
    if (m_pFile != NULL) delete m_pFile;
}

//初始化
void CCSocket::Initialize()
{
    //构造与此套接字相应的 CSocketFile 对象
    m_pFile = new CSocketFile(this,TRUE);
    //构造与此套接字相应的 CArchive 对象
    m_pArchiveIn = new CArchive(m_pFile,CArchive::load);
    m_pArchiveOut = new CArchive(m_pFile,CArchive::store);
}

//发送消息
void CCSocket::SendMessage(CMsg* pMsg)
{
```

```
      if (m_pArchiveOut != NULL)
      {
            //调用消息类的序列化函数，发送消息
            pMsg->Serialize(*m_pArchiveOut);
           //将 CArchive 对象中的数据强制性写入 CSocketFile 文件中
           m_pArchiveOut->Flush();
      }
}

//接收消息
void CCSocket::ReceiveMessage(CMsg* pMsg)
{
      //调用消息类的序列化函数，接收消息
      pMsg->Serialize(*m_pArchiveIn);
}

//定义 OnReceive()事件处理函数，当套接字收到数据时，激发此事件
void CCSocket::OnReceive(int nErrorCode)
{
      CSocket::OnReceive(nErrorCode);
      //调用主对话框类中的相应函数来处理
      m_pDlg->OnReceive(this);
}

IMPLEMENT_DYNAMIC(CCSocket,CSocket)
```

3. CMsg 类对应的文件

（1）Msg.h 文件清单，代码如下。

```
//Msg.h: interface for the CMsg class.
…
//消息类定义
class CMsg : public CObject
{
       DECLARE_DYNCREATE(CMsg);

//Construction
public:
      CMsg();
      virtual ~CMsg();

//Attributes
public:
      CString m_strText;                            //字符串成员
      BOOL m_bClose;                                //是否关闭状态

//Implementation
public:
      virtual void Serialize(CArchive& ar);         //序列化函数
};
#endif //!defined(AFX_MSG_H__INCLUDED_)
```

（2）Msg.cpp 文件清单，代码如下。

```
//Msg.cpp: implementation of the CMsg class.
…
CMsg::CMsg()
{
        m_strText = _T("");                         //初始化成员变量
        m_bClose = FALSE;
}
…
void CMsg::Serialize(CArchive& ar)
{
      if (ar.IsStoring())                           //如果是输出，则发送数据
      {
              ar<<(WORD)m_bClose;
              ar << m_strText;
      } else {                                      //如果是输入，则接收数据
              WORD wd;
              ar>>wd;
              m_bClose = (BOOL)wd;
              ar >> m_strText;
      }
}
IMPLEMENT_DYNAMIC(CMsg,CObject)                     //动态类的声明
```

4．CTsDlg 类对应的文件

（1）tsDlg.h 文件，代码如下。

```
//tsDlg.h : header file
…
#include "CSocket.h"                                //编程者添加的包含语句
#include "LSocket.h"
class CMsg;                                         //编程者添加的类声明

class CTsDlg : public CDialog
{
//Construction
public:
      CTsDlg(CWnd* pParent = NULL);                 //standard constructor

//Dialog Data
       //{{AFX_DATA(CTsDlg)
       enum { IDD = IDD_TS_DIALOG };
       Cstatic m_staNum;                            //类向导添加的控件成员变量声明
       CButton m_btnClose;
       CListBox m_listMsg;
       CButton m_btnListen;
       UINT m_nPort;
       //}}AFX_DATA

      …
      //Generated message map functions
```

```
	//{{AFX_MSG(CTsDlg)
	virtual BOOL OnInitDialog();
	afx_msg void OnSysCommand(UINT nID, LPARAM lParam);
	afx_msg void OnPaint();
	afx_msg HCURSOR OnQueryDragIcon();
	afx_msg void OnButtonListen();                    //类向导添加的控件事件处理函数
	afx_msg void OnClose();
	//}}AFX_MSG
	DECLARE_MESSAGE_MAP()

//Attributes
public:
	CLSocket*  m_pLSocket;                            //侦听套接字指针变量
	CPtrList  m_connList;                             //连接列表

//Operations
public:
	void OnAccept();                                  //接收连接请求
	void OnReceive(CCSocket* pSocket);                //获取客户端的发送消息
	void backClients(CMsg* pMsg);                     //向聊天室的所有客户端转发消息
};
…
```

（2）tsDlg.cpp 文件，代码如下。

```
//tsDlg.cpp : implementation file
…
#include "Msg.h"                                      //添加的包含语句

…
CTsDlg::CTsDlg(CWnd* pParent /*= NULL*/)
    : CDialog(CTsDlg::IDD, pParent)
{
    //{{AFX_DATA_INIT(CTsDlg)
    m_nPort = 0;                                      //类向导添加的成员变量初始化代码
    //}}AFX_DATA_INIT
    //Note that LoadIcon does not require a subsequent DestroyIcon in Win32
    m_hIcon = AfxGetApp()->LoadIcon(IDR_MAINFRAME);

    m_pLSocket = NULL;                                //添加的初始化代码
}
…
BOOL CTsDlg::OnInitDialog()
{
…
    //TODO: Add extra initialization here
    m_nPort = 8000;                                   //添加的初始化代码
    UpdateData(FALSE);
    GetDlgItem(IDOK)->EnableWindow(FALSE);
…
}
```

```
...
HCURSOR CTsDlg::OnQueryDragIcon()
{
    return (HCURSOR) m_hIcon;
}

//以下函数代码是由编程者添加的
//当单击“监听”按钮时，执行此函数，启动服务器套接字的监听
void CTsDlg::OnButtonListen()
{
      UpdateData(TRUE);                              //获得用户输入
      //创建监听套接字对象
      m_pLSocket = new CLSocket(this);
      //创建监听套接字的底层套接字，在用户指定的端口上监听
      if (!m_pLSocket->Create(m_nPort))
      {
             delete m_pLSocket;                      //错误处理
             m_pLSocket = NULL;
             AfxMessageBox("创建监听套接字错误");
             return;
      }
      //启动监听套接字，时刻准备接收客户端的连接请求
      if (!m_pLSocket->Listen())
      {
             delete m_pLSocket;                      //错误处理
             m_pLSocket = NULL;
             AfxMessageBox("启动监听错误");
             return;
      }
      GetDlgItem(IDC_EDIT_PORT)->EnableWindow(FALSE);
      GetDlgItem(IDC_BUTTON_LISTEN)->EnableWindow(FALSE);
      GetDlgItem(IDOK)->EnableWindow(TRUE);
}

//当单击“停止服务”按钮时，执行此函数
void CTsDlg::OnClose()
{
      CMsg  msg;
      msg.m_strText = "服务器终止服务!";
      delete m_pLSocket;                              //删除监听套接字
      m_pLSocket = NULL;
      while (!m_connList.IsEmpty())                   //对连接列表进行处理
      {
             //向每一个连接的客户端发送“服务器终止服务！”的消息，并逐个删除已建立的连接
             CCSocket* pSocket
                 = (CCSocket*)m_connList.RemoveHead();
             pSocket->SendMessage(&msg);
             delete pSocket;
      }
      //清除列表框
      while (m_listMsg.GetCount()!= 0)
```

```
                    m_listMsg.DeleteString(0);
    GetDlgItem(IDC_EDIT_PORT)->EnableWindow(TRUE);
    GetDlgItem(IDC_BUTTON_LISTEN)->EnableWindow(TRUE);
    GetDlgItem(IDOK)->EnableWindow(FALSE);
}

//接收连接请求
void CTsDlg::OnAccept()
{
    //创建用于与客户端连接并交换数据的套接字对象
    CCSocket* pSocket = new CCSocket(this);
    if (m_pLSocket->accept(*pSocket))       //接收客户端的连接请求
    {
        //初始化连接套接字
        pSocket->Initialize();
        m_connList.AddTail(pSocket);
        //更新在线人数
        CString strTemp;
        strTemp.Format("在线人数：%d",m_connList.GetCount());
        m_staNum.SetWindowText(strTemp);
    } else delete pSocket;
    }

//获取客户端的发送消息
void CTsDlg::OnReceive(CCSocket* pSocket)
{
    static CMsg  msg;
    do {
    //接收客户端发来的消息
    pSocket->ReceiveMessage(&msg);
    //将客户端的信息显示在服务器的对话框中
    m_listMsg.AddString(msg.m_strText);
    //向所有客户端返回该客户端发来的消息
    backClients(&msg);

    //如果客户端关闭，从连接列表中删除与该客户端的连接
    if (msg.m_bClose)
    {
        pSocket->Close();
        POSITION pos,temp;
        for (pos = m_connList.GetHeadPosition();pos!= NULL;)
        {
            //对于已经关闭的客户端，在消息列表中删除已经建立的连接
            temp = pos;
            CCSocket* pSock = (CCSocket*)m_connList.GetNext(pos);
            //匹配成功
            if (pSock == pSocket)
            {
                m_connList.RemoveAt(temp);
                CString strTemp;
                //更新在线人数
```

```
                    strTemp.Format("在线人数：%d",m_connList.GetCount());
                    m_staNum.SetWindowText(strTemp);
                    break;
                }
            }
            delete pSocket;
            break;
        }
} while (!pSocket->m_pArchiveIn->IsBufferEmpty());
}

//当服务器收到某个客户端发来的信息后，将它转发给聊天室的所有客户端
void CTsDlg::backClients(CMsg* pMsg)
{
    for (POSITION pos = m_connList.GetHeadPosition();pos!= NULL;)
    {
        //获得连接列表的成员
        CCSocket* pSocket = (CCSocket*)m_connList.GetNext(pos);
        pSocket->SendMessage(pMsg);
    }
}
```

6.3.4　创建聊天室的客户端程序

利用可视化语言的集成开发环境创建客户端应用程序框架，步骤如下。

1．利用 MFC AppWizard 创建客户端应用程序框架

工程名为 tc，选择 Dialog based 的应用程序类型，选择 Windows Sockets 支持，其他选项接收系统的默认值。所创建的程序将自动创建两个类：应用程序类 CTcApp（对应的文件是 tc.h 和 tc.cpp）和对话框类 CTcDlg（对应的文件是 tcDlg.h 和 tcDlg.cpp）。

2．为对话框界面添加控件对象

完成的聊天室的客户端程序的对话框如图 6.4 所示，然后按照表 6.4 修改控件的属性。

表 6.4　聊天客户端 tc 程序主对话框中的控件属性

控件类型	控件 ID	描述
静态文本	IDC_STATIC_CNAME	客户名
静态文本	IDC_STATIC_SNAME	服务器名
静态文本	IDC_STATIC_PORT	端口号
静态文本	IDC_STATIC_MSG	消息
编辑框	IDC_EDIT_CNAME	注：输入客户名的文本框
编辑框	IDC_EDIT_SNAME	注：输入服务器名的文本框
编辑框	IDC_EDIT_PORT	注：输入端口号的文本框
编辑框	IDC_EDIT_MSG	注：输入消息的文本框
命令按钮	IDC_BUTTON_CONN	连接

续表

控件类型	控件 ID	描述
命令按钮	IDOK	发送
命令按钮	IDC_BUTTON_CLOSE	退出
列表框	IDC_LIST_MSG	注：不选 Sort

3. 为对话框中的控件对象定义相应的成员变量

用类向导为对话框中的控件对象定义相应的成员变量，按照表 6.5 输入即可。

表 6.5　聊天客户端 tc 程序对话框中控件对象对应的成员变量

控件 ID	变量名称	变量类别	变量类型
IDC_EDIT_CNAME	m_strCName	Value	CString
IDC_EDIT_SNAME	m_strSName	Value	CString
IDC_EDIT_PORT	m_nPort	Value	UINT
IDC_EDIT_MSG	m_strMsg	Value	CString
IDC_BUTTON_CONN	m_btnConn	Control	CButton
IDOK	m_Send	Control	CButton
IDC_BUTTON_CLOSE	m_btnClose	Control	CButton
IDC_LIST_MSG	m_listMsg	Control	CListBox

4. 创建从 CSocket 类继承的派生类

从 CSocket 类派生一个套接字类，类名为 CCSocket，用于与服务器建立连接并交换数据。修改它的构造函数，为它添加 OnReceive( )事件处理函数和以下成员变量。

```
CTcDlg* m_pDlg;                //成员变量
```

5. 为 CTcDlg 对话框类添加控件对象事件的响应函数

按照表 6.6，用类向导为客户端的对话框中的控件对象添加事件响应函数，主要是针对按钮的单击事件的处理函数。

表 6.6　客户端的控件对象对应的事件响应函数

控件类型	对象标识	消息	成员函数
命令按钮	IDOK	BN_CLICKED	OnSend( )
命令按钮	IDC_BUTTON_CONN	BN_CLICKED	OnButtonConn( )
命令按钮	IDC_BUTTON_CLOSE	BN_CLICKED	OnButtonClose( )
对话框	CTcDlg	WM_DESTROY	OnDestroy( )

6. 为 CTcDlg 对话框类添加其他成员函数和成员变量

为 CTcDlg 对话框类添加其他成员变量，代码如下。

```
CCSocket*  m_pSocket;                           //套接字对象指针
CSocketFile* m_pFile;                           //CSocketFile 对象指针
CArchive* m_pArchiveIn;                         //用于输入的 CArchive 对象指针
CArchive* m_pArchiveOut;                        //用于输出的 CArchive 对象指针
```

为 CTcDlg 对话框类添加其他成员函数，代码如下。

```
void OnReceive();                              //接收信息
void ReceiveMsg();                             //接收服务器发来的信息
void SendMsg(CString& strText,bool st);        //向服务器发送信息
```

7．创建专用于数据传输序列化处理的类 CMsg

与服务器一样，客户端也要构造一个专用于消息传输的类。该类必须从 CObject 类派生，类名为 CMsg。

为 CMsg 类添加成员变量和成员函数（具体可参考后面的文件清单），代码如下。

```
CString m_strBuf;                              //字符串成员
BOOL m_bClose;                                 //是否为关闭状态
virtual void Serialize(CArchive& ar);          //序列化函数
```

8．添加事件函数和成员函数的代码

在 CTcDlg 对话框类的 tcDlg.cpp 文件和套接字类的实现文件中，添加用户自定义的事件函数和成员函数的代码。

6.3.5　聊天室客户端程序的主要实现代码和分析

1．CCSocket 类对应的文件

（1）CSocket.h 文件清单，代码如下。

```
//CSocket.h: interface for the CCSocket class.
...
class CTcDlg;                                          //编程者添加的对话框类声明
class CCSocket : public CSocket
{
      DECLARE_DYNAMIC(CCSocket);                       //动态类声明
//Construction
public:
      CCSocket(CTcDlg* pDlg);                          //构造函数，增加入口参数
      virtual ~CCSocket();                         //析构函数
//Attributes
public:
      CTcDlg* m_pDlg;                                  //成员变量

//Implementation
protected:
      virtual void OnReceive(int nErrorCode);          //事件处理函数
};
#endif //!defined(AFX_CSOCKET_H__INCLUDED_)
```

（2）CSocket.cpp 文件清单，代码如下。

```
//CSocket.cpp: implementation of the CCSocket class.
...
#include "tcDlg.h"                             //编程者添加的包含语句
...
IMPLEMENT_DYNAMIC(CCSocket,CSocket)            //动态类声明
//构造函数
CCSocket::CCSocket(CTcDlg* pDlg)
{
```

```
    m_pDlg = pDlg;                                  //成员变量赋值
}

CCSocket::~CCSocket()
{
    m_pDlg = NULL;                                  //将指针成员变量设置为空
}

//定义事件处理函数，当套接字收到 FD_READ 消息时，执行此函数
void CCSocket::OnReceive(int nErrorCode)
{
     CSocket::OnReceive(nErrorCode);
     //调用 CTcDlg 类的相应函数处理
     if (nErrorCode = = 0) m_pDlg->OnReceive();
}
```

2．CMsg 类对应的文件

（1）Msg.h 文件清单如下。

```
//Msg.h: interface for the CMsg class.
…
//消息类的定义
class CMsg : public CObject
{
      DECLARE_DYNCREATE(CMsg);                          //动态类声明
public:
     CMsg();                                            //构造函数
     virtual ~CMsg();                                   //析构函数
     virtual void Serialize(CArchive& ar);              //序列化函数
//Attributes
public:
     CString m_strBuf;                                  //字符串成员
     BOOL m_bClose;                                     //是否为关闭状态
};
#endif //!defined(AFX_MSG_H__INCLUDED_)
```

（2）Msg.cpp 文件清单如下。

```
//Msg.cpp: implementation of the CMsg class.
…
//构造函数
CMsg::CMsg()
{
   m_strBuf = _T("");                                   //初始化成员变量
   m_bClose = FALSE;
}
…
//序列化函数
void CMsg::Serialize(CArchive& ar)
{
     if (ar.IsStoring())                                //如果输出，就发送数据
     {
             ar<<(WORD)m_bClose;
```

```
            ar<<m_strBuf;
        } else {                                        //如果输入，就接收数据
            WORD wd;
            ar>>wd;
            m_bClose = (BOOL)wd;
            ar>>m_strBuf;
        }
}
IMPLEMENT_DYNAMIC(CMsg,CObject)                        //动态类声明
```

3．CTcDlg 类对应的文件

（1）tcDlg.h 文件清单如下。

```
//tcDlg.h : header file
…
#include  "CSocket.h"                                   //编程者添加的包含语句
class CTcDlg : public CDialog
{
…
//Attribuie
       CCSocket*  m_pSocket;                           //套接字对象指针
       CSocketFile* m_pFile;                           //CSocketFile 对象指针
       CArchive* m_pArchiveIn;                         //用于输入的 CArchive 对象指针
       CArchive* m_pArchiveOut;                        //用于输出的 CArchive 对象指针
//Operations
public:
      void OnReceive();                                //接收信息
      void ReceiveMsg();                               //接收服务器发来的信息
      void SendMsg(CString& strText,bool st);          //向服务器发送信息
};
…
```

（2）tcDlg.cpp 文件清单如下。

```
//tcDlg.cpp : implementation file
…
#include "CSocket.h"                                   //编程者添加的包含语句
#include "Msg.h"
…
CTcDlg::CTcDlg(CWnd* pParent /*= NULL*/)
    : CDialog(CTcDlg::IDD, pParent)
{
    //{{AFX_DATA_INIT(CTcDlg)
    m_strCName = _T("");                               //类向导添加的初始化代码
    m_strMsg = _T("");
    m_strSName = _T("");
    m_nPort = 0;
    //}}AFX_DATA_INIT
    //Note that LoadIcon does not require a subsequent DestroyIcon in Win32
    m_hIcon = AfxGetApp()->LoadIcon(IDR_MAINFRAME);

    m_pSocket = NULL;                                  //编程者添加的初始化代码
    m_pFile = NULL;
```

```
    m_pArchiveIn = NULL;
    m_pArchiveOut = NULL;
}
…
BOOL CTcDlg::OnInitDialog()
{
…
    //TODO: Add extra initialization here
    m_strCName = "客户 1";                              //编程者添加的初始化代码
    m_nPort = 8000;
    m_strSName = _T("localhost");
    GetDlgItem(IDC_EDIT_MSG)->EnableWindow(FALSE);
    GetDlgItem(IDOK)->EnableWindow(FALSE);
    GetDlgItem(IDC_BUTTON_CLOSE)->EnableWindow(FALSE);
    UpdateData(FALSE);
    …
}
…
HCURSOR CTcDlg::OnQueryDragIcon()
{
    return (HCURSOR) m_hIcon;
}

//以下函数实现代码是编程者自己添加的

//当单击“连接”按钮时，执行此函数，向服务器请求连接
void CTcDlg::OnButtonConn()
{
      m_pSocket = new CCSocket(this);                //创建套接字对象
      if (!m_pSocket->Create())                      //创建套接字对象的底层套接字
      {
      delete m_pSocket;                              //错误处理
      m_pSocket = NULL;
      AfxMessageBox("套接字创建错误！");
      return;
      }
      if (!m_pSocket->connect(m_strSName,m_nPort))
      {
      delete m_pSocket;                              //错误处理
      m_pSocket = NULL;
      AfxMessageBox("无法连接服务器错误！");
      return;
}
//创建 CSocketFile 类对象
      m_pFile = new CSocketFile(m_pSocket);
      //分别创建用于输入和输出的 CArchive 类对象
      m_pArchiveIn = new CArchive(m_pFile,CArchive::load);
      m_pArchiveOut = new CArchive(m_pFile,CArchive::store);
      //调用 SendMsg()函数，向服务器发送消息，表明该客户端进入聊天室
      UpdateData(TRUE);
      CString  strTemp;
```

```
    strTemp = m_strCName + ":进入聊天室";
    SendMsg(strTemp, FALSE);
    GetDlgItem(IDC_EDIT_MSG)->EnableWindow(TRUE);
    GetDlgItem(IDOK)->EnableWindow(TRUE);
    GetDlgItem(IDC_BUTTON_CLOSE)->EnableWindow(TRUE);

    GetDlgItem(IDC_EDIT_CNAME)->EnableWindow(FALSE);
    GetDlgItem(IDC_EDIT_SNAME)->EnableWindow(FALSE);
    GetDlgItem(IDC_EDIT_PORT)->EnableWindow(FALSE);
    GetDlgItem(IDC_BUTTON_CONN)->EnableWindow(FALSE);
}

//当单击“发送”按钮时，执行此函数，向服务器发送信息
//并将发送的消息显示于列表框，注意，实际的发送是由 SendMsg()函数完成的
void CTcDlg::OnSend()
{
    UpdateData(TRUE);                        //取回用户输入的信息
    if (!m_strMsg.IsEmpty())
    {
        this->SendMsg(m_strCName + ":" + m_strMsg, FALSE);
        m_strMsg = _T("");
        UpdateData(FALSE);                   //更新用户界面，将用户输入的消息删除
    }
}

//实际执行发送的函数
void CTcDlg::SendMsg(CString &strText,bool st)
{
    if (m_pArchiveOut!= NULL)
    {
        CMsg msg;                            //创建一个消息对象
        //将要发送的信息文本赋给消息对象的成员变量
        msg.m_strBuf = strText;
        msg.m_bClose = st;

        //调用消息对象的系列化函数，发送消息
        msg.Serialize(*m_pArchiveOut);
        //将 CArchive 对象中的数据强制存储到 CSocketFile 对象中
        m_pArchiveOut->Flush();
    }
}

//当单击“断开”按钮时，执行此函数，做客户端退出聊天室的相关处理
void CTcDlg::OnButtonClose()
{
    CString strTemp;
    strTemp = m_strCName + ":离开聊天室! ";
    SendMsg(strTemp, TRUE);

    delete m_pArchiveOut;                    //删除用于输出的 CArchive 对象
    m_pArchiveOut = NULL;
```

```
        delete m_pArchiveIn;                    //删除用于输入的 CArchive 对象
        m_pArchiveIn = NULL;
        delete m_pFile;                         //删除 CSocketFile 对象
        m_pFile = NULL;
        m_pSocket->Close();                     //关闭套接字对象
        delete m_pSocket;                       //删除 CCSocket 对象
        m_pSocket = NULL;

        //清除列表框
        while (m_listMsg.GetCount()!= 0)
                    m_listMsg.DeleteString(0);
        GetDlgItem(IDC_EDIT_MSG)->EnableWindow(FALSE);
        GetDlgItem(IDOK)->EnableWindow(FALSE);
        GetDlgItem(IDC_BUTTON_CLOSE)->EnableWindow(FALSE);

        GetDlgItem(IDC_EDIT_CNAME)->EnableWindow(TRUE);
        GetDlgItem(IDC_EDIT_SNAME)->EnableWindow(TRUE);
        GetDlgItem(IDC_EDIT_PORT)->EnableWindow(TRUE);
        GetDlgItem(IDC_BUTTON_CONN)->EnableWindow(TRUE);
}

//当套接字收到 FD_READ 消息时，它的 OnReceive()函数调用此函数
void CTcDlg::OnReceive()
{
        do
        {
           ReceiveMsg();                                  //调用 ReceiveMsg()函数实际接收消息
           if (m_pSocket == NULL)  return;
        } while (!m_pArchiveIn->IsBufferEmpty());
}

//实际接收消息的函数
void CTcDlg::ReceiveMsg()
{
        CMsg msg;                                       //创建消息对象
           TRY
        {
            //调用消息对象的序列化函数，接收消息
            msg.Serialize(*m_pArchiveIn);
            m_listMsg.AddString(msg.m_strBuf);          //将消息显示于列表框
        }
        CATCH(CFileException,e)                         //错误处理
        {
            //显示处理服务器关闭的消息
            CString strTemp;
            strTemp = "服务器重置连接！连接关闭！";
            m_listMsg.AddString(strTemp);
            msg.m_bClose = TRUE;
            m_pArchiveOut->Abort();
            //删除相应的对象
            delete m_pArchiveIn;
```

```
        m_pArchiveIn = NULL;
        delete m_pArchiveOut;
        m_pArchiveOut = NULL;
        delete m_pFile;
        m_pFile = NULL;
        delete m_pSocket;
        m_pSocket = NULL;
    }
    END_CATCH
}

//在 CTcDlg 类终止运行时进行的后续处理
void CTcDlg::OnDestroy()
{
    CDialog::OnDestroy();
    //TODO: Add your message handler code here
    if ((m_pSocket!= NULL)&&(m_pFile!= NULL)&&(m_pArchiveOut!=NULL))
    {
        //发送客户端离开聊天室的消息
        CMsg msg;
        CString strTemp;
        strTemp = "DDDD:离开聊天室！";
        msg.m_bClose=TRUE;
        msg.m_strBuf = m_strCName + strTemp;
        msg.Serialize(*m_pArchiveOut);
        m_pArchiveOut->Flush();
    }
    delete m_pArchiveOut;               //删除 CArchive 对象
    m_pArchiveOut = NULL;
    delete m_pArchiveIn;                //删除 CArchive 对象
    m_pArchiveIn = NULL;
    delete m_pFile;                     //删除 CSocketFile 对象
    m_pFile = NULL;
    if (m_pSocket!= NULL)
    {
        BYTE Buffer[50];
        m_pSocket->ShutDown();
        while (m_pSocket->Receive(Buffer,50)>0);
    }
    delete m_pSocket;
    m_pSocket = NULL;
}
```

习　题

1. 为什么说 CSocket 类是对 Windows Sockets API 的高级封装？
2. CSocket 类如何通过 CArchive 对象进行数据传输？
3. 说明 CSocket 类的编程模型。

4. 运用 CAsyncSocket 类或者 CSocket 类设计聊天室程序，自行设计程序界面。

服务器的功能要求如下。

（1）服务器开启时要绑定本地 IP 地址和端口号，然后才能监听来自客户端的连接请求，也可以主动断开连接，并能够显示连接状态。

（2）能够解析聊天信息。对于新用户，要获取并显示用户昵称、IP 地址、端口号等信息，并显示“欢迎新人加入”的信息。若是私聊信息，则要一对一发送信息。若是公聊信息，则向所有用户转发信息。

客户端的功能要求如下。

（1）主动发出连接请求与服务器建立连接，能够向服务器发送信息，能够接收并解析服务器发来的一切信息，如新用户的加入、旧用户的退出等。

（2）能够显示并查看历史聊天信息，同时显示聊天的日期和时间。

（3）当信息较多时，能够翻页或滚屏显示。

（4）能够将聊天信息导出、保存到文本文件中。

第 7 章

WinInet 编程

WinInet 是 Windows 互联网扩展应用程序的高级编程接口，专为开发具有互联网功能的客户端应用程序而设计。它有两种形式：WinInet API 包含一套 C 语言的函数集，而 MFC WinInet 类则是对这些函数的面向对象的封装。

WinInet 支持文件传输协议（FTP）、超文本传输协议（HTTP）和 Gopher 协议。使用 WinInet，用户的应用程序可以轻松地与互联网服务器建立连接，交换信息，甚至对远程服务器进行各种操作，而无须考虑通信协议的细节和底层的数据传输工作，为编程用户提供了极大的方便。本章将重点介绍 MFC WinInet 类，并就 FTP 功能展示相应的编程实例。至于 WinInet 对 HTTP 和 Gopher 协议的支持，读者可以举一反三。

7.1 MFC WinInet 类概述

7.1.1 MFC WinInet 类简介

WinInet API 函数集是微软公司提供的 Win32 互联网应用程序的编程接口，用户可以用它编写互联网客户端应用程序，而不必考虑底层的通信协议，也不必深入了解 Winsock API 和 TCP/IP 的细节。但是，直接利用 WinInet API 函数可能较为复杂，因为这些函数都是以头文件和库函数的形式提供的，理解和掌握它们有一定难度，用户可能在面对众多 API 函数时感到无从下手。

为此，微软公司在 MFC 基础类库中提供了 WinInet 类，它封装了 WinInet API 函数，将所有的 WinInet API 函数按其应用类型进行分类和打包后，以面向对象的形式，向用户提供一个更高层次上的更容易使用的编程接口。

如果编程者想要开发功能强大的、更容易使用的网络应用程序，或在某一方面要求更加灵活的应用功能（如需要在线升级杀毒软件的病毒数据库，或为大型的应用程序添加对网络资源访问的支持），就可以选择 MFC WinInet 类。如果编程者需要编写互联网程序，但对网络协议并不十分了解，也可以选择 MFC WinInet 类。用户可以建立支持 FTP、HTTP 和 Gopher 协议的客户端应用程序，非常便利地从 HTTP 服务器上下载 HTML 文件，在 FTP 服务器下载或上传文件，利用 Gopher 的菜单系统检索或者存取互联网资源。用户只需要建立连接，发送请求。同时，在编程时，用户还可以利用可视化的 MFC 编程工具。

利用 MFC WinInet 类来编写互联网应用程序是一个不错的选择，它还具有以下优点。

（1）提供缓冲机制。MFC WinInet 类会自动建立本地磁盘缓冲区，可以缓冲存储下载的各种互联网文件。当客户端程序再次请求某个文件时，它会首先到本地磁盘的缓存中查找，从而快速对客户端的请求做出响应。

（2）支持安全机制。MFC WinInet 类支持基本的身份认证和安全套接层（SSL）协议。

（3）支持 Web 代理服务器访问。它能从系统注册表中读取关于代理服务器的信息，并在发送请求时使用代理服务器进行访问。

（4）缓冲的输入/输出。例如，它的输入函数可以在读取足够的请求的字节数后才返回。

（5）使用简便。往往只需要一个函数就可以建立与服务器的连接，并且做好读文件的准备，而不需要用户进行更多的操作。

7.1.2 MFC WinInet 所包含的类

MFC WinInet类在Afxinet.h包含文件中定义，不同的类是对不同层次的HINTERNET句柄的封装，可分为以下几种。

1. CInternetSession 类

CInternetSession 类由 CObject 类派生而来，代表应用程序的一次互联网会话。它封装了 HINTERNET 会话根句柄，并把使用根句柄的 API 函数[如 OpenURL( )、InternetConnect( )等]封装为它的成员函数。每个访问互联网的应用程序都需要一个 CInternetSession 类的实例。利用它的 InternetConnect( )函数，可以建立 HTTP、FTP 或 Gopher 连接，并创建相应的连接类对象。也可以调用它的 OpenURL( )函数，直接打开网络服务器上的远程文件。CInternetSession 类可以直接使用，也可以派生后使用。派生可以重载派生类的成员函数，以便更好地利用 Windows 操作系统的消息驱动机制。

2. 连接类

连接类包括 CInternetConnection 类以及它的派生类 CFtpConnection 类、CHttpConnection 类和 CGopherConnection 类。由于使用不同的协议访问互联网时有很大区别，所以首先用 CInternetConnection 类封装了 FTP、HTTP 和 Gopher 这 3 种不同协议连接的共同属性，由它派生的 3 个连接类则分别封装了 3 个协议的特点，分别支持 FTP、HTTP 和 Gopher 协议。这些类是对处于 WinInet API 句柄树形层次的中间层的 FTP、HTTP 和 Gopher 会话句柄的封装，并分别将使用这些句柄的相关函数封装为这些类的成员函数。连接类的对象代表了与特定网络服务器的连接。创建连接类后，使用这些类的成员函数可以对所连接的网络服务器进行各种操作，也可以进一步创建文件类对象。

3. 文件类

文件类首先包括 CInternetFile 类以及由它派生的 CHttpFile 类和 CGopherFile 类，它们分别封装了 FTP 文件句柄、HTTP 请求句柄和 Gopher 文件句柄，并分别将借助这些句柄操作互联网文件的 API 函数封装成它们的成员函数。同时，这 3 个文件类又是从 MFC 的 CStdioFile 类派生的，而 CStdioFile 类又是从 CFile 类派生的，这就又使它们继承了

CFile 类的特性，因此应用程序能像操作本地文件一样，操作互联网中的网络文件。

另外，由 CFileFind 类派生的用于文件查找的 CFtpFileFind 类和 CGopherFileFind 类也应归入文件类的层次。它们是对 WinInet API 中用于查询文件的数据结构和函数的封装。利用它们的成员函数，可以轻松地完成对于 FTP 或 Gopher 服务器上文件的查询。

4．CInternetException 类

CInternetException 类代表 MFC WinInet 类的成员函数在执行时所发生的错误或异常。用户在应用程序中可以通过调用 AfxThroeInternetException( )函数来生成一个 CInternetException 类对象。在程序中，往往用 try/catch 逻辑结构来处理错误。

图 7.1 所示为 MFC WinInet 各种类之间的关系，其中，细线箭头从基类指向继承类，表示了类的派生关系；粗线箭头从函数指向它所创建的类对象。

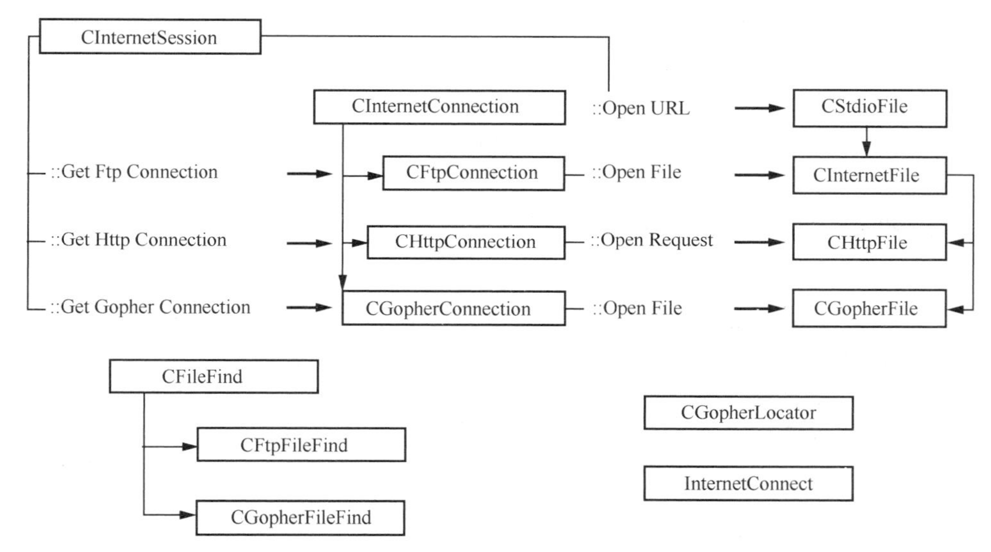

图 7.1　MFC WinInet 各种类之间的关系

7.1.3　使用 WinInet 类编程的一般步骤

由于 WinInet 类是 MFC 基础类库的一部分，所以使用 WinInet 类来编写网络应用程序，可以充分利用 VC++提供的可视化编程界面和各种编程向导，也可以充分利用 MFC 提供的其他类的功能，以及 Windows 操作系统提供的消息驱动机制。

按照面向对象的编程思想，编程时应首先创建所需的类的实例对象，然后通过调用类的成员函数来完成所需的操作。WinInet 类的许多成员函数都是可以重载的，这就为编程者留下了足够的发挥空间。应用程序可以从 WinInet 类派生出自己的类，再把自定义的特色代码添加到重载的函数中，来完成特定的任务。按照 WinInet 类的层次结构，使用 WinInet 类编程的一般步骤如下。

（1）创建 CInternetSession 类对象，以创建并初始化互联网会话。

（2）利用 CInternetSession 类的 QueryOption( )或 SetOption( )函数，可以查询或设置该类内含的互联网请求选项。这一步骤是可选的，可根据需要决定是否执行。

（3）创建连接类对象，建立 CInternetSession 对象与网络服务器的连接，也就是应用程序与网络服务器的连接。只需要分别调用 CInternetSession 类的 GetFtpConnection( )、GetHttpConnection( )或 GetGopherConnection( )函数就可以轻松创建 CFtpConnection 类、CHttpConnection 类或 CGopherConnection 类的对象实例。使用这些对象实例的成员函数就能执行多种网络服务器的操作。例如，对于 FTP 服务器，可以获取或设置当前目录、下载或上传文件、创建或删除目录、重命名文件或目录等。

（4）创建文件检索类对象，以对服务器进行检索。

（5）如果需要使用异步操作模式，可以重载 CInternetSession 类的 OnStatusCallback( )函数，并启动应用程序，使用状态回调机制，在重载的相关函数中加入自定义代码。

（6）如果还想更精细地控制对服务器文件的访问，可以进一步创建文件类对象实例，完成文件查找或文件读写操作。

（7）创建 CInternetException 类对象实例，用于处理错误。

（8）关闭各种类，将资源释放给系统。

以下各小节按照编程步骤的顺序，详细说明各种 WinInet 类的用法。

7.1.4 创建 CInternetSession 类对象

创建 CInternetSession 类对象，将创建并初始化互联网会话。像其他类一样，创建 CInternetSession 类对象需要执行该类的构造函数，它的原型代码如下。

```
CInternetSession(
    LPCTSTR pstrAgent = NULL,
    DWORD dwContext = 1,
    DWORD dwAccessType = PRE_CONFIG_INTERNET_ACCESS,
    LPCTSTR pstrProxyName = NULL,
    LPCTSTR pstrProxyBypass = NULL,
    DWORD dwFlags = 0);
```

参数说明如下。

① 参数 pstrAgent：字符串指针，用于指定调用此函数的应用程序的名字。如果取默认值 NULL，则 MFC 框架将调用 AfxGetAppName( )全局函数来获得应用程序的名字，并将其赋给此参数。

② 参数 dwContext：用于指定此操作的环境值。该环境值主要在异步操作的 OnStatusCallback 状态回调函数中使用，用于向回调函数传递操作状态信息，默认值是 1。但用户也可以显式地为此操作赋予一个特定的环境值，所创建的 CInternetSession 对象及其所进行的任何工作都将与这个环境值关联。

③ 参数 dwAccessType：用于指出应用程序所在的计算机访问互联网的方式，是直接访问还是通过代理服务器访问。

④ 参数 pstrProxyName：字符串指针，用于指定首选的代理服务器。默认值是 NULL，仅当 dwAccessType 参数设置为 INTERNET_OPEN_TYPE_PROXY 时有效。

⑤ 参数 pstrProxyBypass：字符串指针，用于指定可选的服务器地址列表。当进行代理操作时，这些地址会被忽略。如果取默认值 NULL，则将从注册表中读取列表信息。

该参数仅在将 dwAccessType 参数设置为 INTERNET_OPEN_TYPE_PROXY 时有效。

⑥ 参数 dwFlags：用于指定会话的选项，涉及如何处理缓存，是否使用异步操作方式等问题，默认值为 0，表示按照默认的方式操作。

容易看出，CInternetSession 类的构造函数参数与 WinInet API 的 InternetOpen( )函数基本是一致的。实际执行此构造函数时，会自动调用 WinInet 的 InternetOpen( )函数，并将这些参数传送给它，以创建并初始化互联网会话。函数将返回一个 HINTERNET 会话句柄，并将该句柄保存在 CInternetSession 对象内部的 m_hSession 成员变量中。如果无法打开互联网会话，此构造函数会产生一个异常。

表 7.1 简要列出了 CInternetSession 类的成员函数名称、它们的返回值类型和功能说明。这是对那些使用 Internet 会话句柄的 WinInet API 的相关函数的封装。

表 7.1　CInternetSession 类的成员函数

返回值类型	成员函数名称	功能说明
BOOL	QueryOption( )	查询会话对象的选项
BOOL	SetOption( )	设置会话对象的选项
CStdioFile*	OpenURL( )	打开统一资源定位器（URL）所指向的网络对象，返回一个互联网文件对象指针
CFtpConnection*	GetFtpConnection( )	建立与 FTP 服务器的连接，并返回一个 CFtpConnection 对象指针
CHttpConnection*	GetHttpConnection( )	建立与 HTTP 服务器的连接，并返回一个 CHttpConnection 对象指针
CGopherConnection*	GetGopherConnection( )	建立与 Gopher 服务器的连接，返回 CGopherConnection 对象指针
BOOL	EnableStatusCallback( )	启用状态回调函数
DWORD	ServiceTypeFromHandle( )	从互联网句柄获取服务的类型
DWORD	GetContext( )	获取一个互联网会话的环境值，即应用程序会话的环境值
virtual void	Close( )	关闭会话对象。这是一个虚拟函数，可重载
virtual void	OnStatusCallback( )	状态回调函数。这是一个虚拟函数，一般需要重载
static BOOL	SetCookie( )	为指定的 URL 设置 Cookie
static BOOL	GetCookie( )	获取指定的 URL 的 Cookie
static DWORD	GetCookieLength( )	获取存储在缓冲区中的 Cookie 数据的长度
Operator	HINTERNET( )	从互联网会话中获取 Windows 句柄

7.1.5　查询或设置互联网请求选项

创建 CInternetSession 类对象后，可以通过调用它的 QueryOption( )函数来查询互联网请求选项，或者通过调用它的 SetOption( )函数来设置这些选项。

QueryOption( )函数有以下 3 种不同的重载形式。

```
①BOOL QueryOption(DWORD dwOption, LPVOID lpBuffer, LPDWORD lpdwBufLen);
②BOOL QueryOption(DWORD dwOption, DWORD& dwValue);
③BOOL QueryOption(DWORD dwOption, CString& refString);
```

参数说明如下。

① 参数 dwOption：用于指定要查询的互联网选项，其取值可查阅帮助文档。

② 参数 lpBuffer：缓冲区指针，该缓冲区用于存储返回选项的设置。

③ 参数 lpdwBufLen：用于指定缓冲区的长度。当函数返回时，该参数将被设置成缓冲区中实际的数据长度。

④ 参数 dwValue：可以代替 lpBuffer 参数，用于直接返回选项的值。

SetOption( )函数也有以下 2 种不同的重载形式。

```
①BOOL SetOption(DWORD dwOption, LPVOID lpBuffer, DWORD lpdwBufLen,
  DWORD dwFlags = 0);
②BOOL SetOption(DWORD dwOption, DWORD dwValue, DWORD dwFlags = 0);
```

参数说明如下。

① 参数 dwOption：用于指定要设置的互联网选项。

② 参数 lpBuffer：指向缓冲区的指针，该缓冲区包含选项的设置值。

③ 参数 lpdwBufLen：指定缓冲区的长度。当函数返回时，该参数将被设置成缓冲区中实际的数据长度。

④ 参数 dwValue：可以代替 lpBuffer 参数，用于设置选项的值。

⑤ 参数 dwFlags：可选参数，用于提供额外的设置选项或标志，通常用于控制设置操作的行为。如果操作成功，这些函数将返回 TRUE，否则返回 FALSE。

7.1.6 创建连接类对象

调用 CInternetSession 对象的 GetFtpConnection( )、GetHttpConnection( )和 GetGopherConnection( )函数，可以分别建立 CInternetSession 对象与网络上 FTP、HTTP 和 Gopher 服务器的连接，并分别创建 CFtpConnection、CHttpConnection 和 CGopherConnection 类的对象，来代表这 3 种连接。

在这 3 个函数的原型中，以下 4 个参数相同：参数 pstrServer 是字符串指针，用于指定服务器名称；参数 pstrUserName 是字符串指针，用于指定登录服务器的用户名；参数 pstrPassword 是字符串指针，用于指定登录的密码；参数 nPort 用于指定服务器所使用的 TCP/IP 端口号，INTERNET_INVALID_PORT_NUMBER 常量的值是 0，表示使用协议默认的端口号。GetFtpConnection( )函数的调用格式如下。

```
CFtpConnection* GetFtpConnection(
    LPCTSTR pstrServer,
    LPCTSTR pstrUserName = NULL,
    LPCTSTR pstrPassword = NULL,
    INTERNET_PORT nPort = INTERNET_INVALID_PORT_NUMBER,
    BOOL bPassive = FALSE);
```

其中参数 bPassive 用于指定 FTP 会话的模式，取值为 TRUE 时表示被动模式，取值为 FALSE 时表示主动模式。

如果这些函数调用成功，它们将创建并返回一个指向相应连接类对象的指针，并与相应服务器建立连接。这时，就可以调用连接类对象的成员函数来完成各种对于网络服务器的操作了。

CFtpConnection、CHttpConnection 和 CGopherConnection 类分别封装了 FTP、HTTP 和 Gopher 会话句柄，并将使用这些句柄的 WinInet API 函数分别封装成它们的成员函数。

表 7.2～表 7.5 列出了 4 个连接类的成员函数名称、返回值类型，并简要说明了它们的功能。从中可以清晰地看出使用这些成员函数能完成的操作。函数的入口参数和功能可以在 Afxinet.h 包含文件和 MSDN 帮助文档中查阅。

表 7.2　基类 CInternetConnection 的成员函数

返回值类型	成员函数名称	功能说明
DWORD	GetContext( )	获得连接对象的环境值
CInternetSession*	GetSession( )	获取与连接相关的 CInternetSession 对象指针
CString	GetServerName( )	获取与连接相关的服务器名
Operator	HINTERNET( )	用于获取当前互联网会话的句柄
BOOL	QueryOption( )	查询选项
BOOL	SetOption( )	设置选项

表 7.3　CFtpConnection 类的成员函数

返回值类型	成员函数名称	功能说明
BOOL	GetCurrentDirectory( )	获取 FTP 服务器的当前目录
BOOL	GetCurrentDirectoryAsURL( )	获取当前目录名的 URL
BOOL	SetCurrentDirectory( )	设置 FTP 服务器的当前目录
BOOL	RemoveDirectory( )	删除 FTP 服务器中指定的目录
BOOL	CreateDirectory( )	在服务器上创建一个新目录
BOOL	Rename( )	重命名服务器上的指定文件或目录
BOOL	Remove( )	删除服务器上的指定文件
BOOL	PutFile( )	将本地文件上传到服务器
BOOL	GetFile( )	将服务器中的指定文件下载为本地文件
CInternetFile*	OpenFile( )	打开被连接到服务器上的指定文件
virtual void	Close( )	关闭与 FTP 服务器之间的连接

表 7.4　CHttpConnection 类的成员函数

返回值类型	成员函数名称	功能说明
CHttpFile*	OpenRequest( )	打开 HTTP 请求，返回文件类对象指针
virtual void	Close( )	关闭与 HTTP 服务器之间的连接

表 7.5　CGopherConnection 类的成员函数

返回值类型	成员函数名	功能说明
CGopherFile*	OpenFile( )	打开一个 Gopher 文件，返回文件类对象指针
CGopherLocator	CreateLocator( )	创建定位对象，用于在 Gopher 服务器中查找文件
BOOL	GetAttribute( )	获取对象的属性信息

7.1.7　使用文件检索类

CFtpFileFind 类和 CGopherFileFind 类分别封装了对于 FTP 和 Gopher 服务器的文件检索操作。它们的基类是 CFileFind 类。创建连接对象后，可以进一步创建文件检索类对象，并使用该对象的方法实现对服务器上的文件检索。现以 CFtpFileFind 类为例进行说明。

1．创建文件检索类的对象实例

一般直接调用 CFtpFileFind 类的构造函数来创建该类的对象实例。应当将前面所创建的 FTP 连接对象指针作为参数传递给构造函数。构造函数的原型代码如下。

```
CFtpFileFind(
    CFtpConnection* pConnection,                //连接对象指针
    DWORD dwContext = 1);                       //表示此操作的环境值，默认值为 1
```

创建 CFtpFileFind 类对象的代码如下。

```
CFtpFileFind* pFileFind
pFileFind = new CFtpFileFind(pConnection);
```

2．检索第一个符合条件的对象

使用 CFtpFileFind 类的 FindFile( )函数，可以在 FTP 服务器上或本地缓冲区中找到第一个符合条件的对象。FindFile( )函数的调用方法如下。

```
virtual BOOL FindFile(
      LPCTSTR pstrName = NULL,                  //指定要查找的文件路径，可以使用通配符
      DWORD dwFlags = INTERNET_FLAG_RELOAD);    //指定从哪里检索，默认为重新加载
```

3．继续查找其他符合条件的对象

在上一步的基础上，反复地调用 FindNextFile( )函数，可以找到所有符合条件的对象。直到该函数返回 FALSE 为止。FindNextFile( )函数的调用方法如下。

```
virtual BOOL FindNextFile();
```

每查到一个对象，就可以调用 GetFileURL( )函数来获得已检索到的对象的 URL。GetFileURL( )函数的调用方法如下。

```
CString GetFileURL() const;
```

4．其他可用的成员函数

CFtpFileFind 类本身定义的成员函数只有上面几个。但是由于它是从 CFileFind 类派生的，所以它继承了基类 CFileFind 的许多成员函数，因此可以进行各种文件检索的相关操作。用于获取检索到的对象属性的成员函数见表 7.6。

表 7.6　用于获取检索到的对象属性的成员函数

成员函数名称	功能说明
GetLength( )	得到已检索到的文件的字节长度
GetFileName( )	得到已检索到的文件的名称
GetFilePath( )	得到已检索到的文件的全路径
GetFileTitle( )	得到已检索到的文件的标题
GetFileURL( )	得到已检索到的文件的 URL，包括文件的全路径
GetRoot( )	得到已检索到的文件的根目录
GetCreationTime( )	得到已检索到的文件的创建时间
GetLastWriteTime( )	得到已检索到的文件的最后一次写入时间
GetLastAccessTime( )	得到已检索到的文件的最后一次访问时间
IsDots( )	用于判断检索到的文件名中是否具有“.”或“..”，实际这是目录
IsReadOnly( )	用于判断检索到的文件是否为只读文件
IsDirectory( )	用于判断检索到的文件是否为目录
IsCompressed( )	用于判断检索到的文件是否为压缩文件
IsSystem( )	用于判断检索到的文件是否为系统文件
IsHidden( )	用于判断检索到的文件是否为隐藏文件
IsTemporary( )	用于判断检索到的文件是否为临时文件
IsNormal( )	用于判断检索到的文件是否为常规文件
IsArchived( )	用于判断检索到的文件是否为归档文件

7.1.8　重载 OnStatusCallback( )函数

这一步仅在需要使用异步操作时才执行。WinInet 类封装了 WinInet API 的异步操作模式，并且将此模式与 Windows 操作系统的消息驱动机制结合起来，这体现在对 CInternetSession 类的 OnStatusCallback( )状态回调函数的使用上。客户端应用程序在执行某些操作时，要耗费较长时间来完成。利用 CInternetSession 类的 OnStatusCallback( )状态回调函数，可以向用户反馈当前数据处理的进展信息。

具体做法分为以下 3 步。

1．派生自己的互联网会话类

利用 MFC 的类向导，从 CInternetSession 类派生出自定义的互联网会话类。

2．重载派生类的状态回调函数

重载该派生类的 OnStatusCallback( )状态回调函数，在其中加入必要的代码以实现状态回调函数的功能。CInternetSession 类的 OnStatusCallback( )状态回调函数的原型如下。

```
virtual void OnStatusCallback(
    DWORD dwContext,                    //与调用此函数的操作相关的环境值
```

```
    DWORD dwInternetStatus,                //回调函数被调用的原因
    LPVOID lpvStatusInformation,           //与调用回调函数相关的信息
    DWORD dwStatusInformationLength);      //相关的信息的长度
```

参数说明如下。

① 参数 dwContext：接收一个与调用此函数的操作相关的应用程序指定的环境值。

② 参数 dwInternetStatus：接收调用回调函数时自动产生的状态码，指示回调函数被调用的原因，即为什么会调用回调函数。

③ 参数 lpvStatusInformation：一个缓冲区的地址，该缓冲区包含与这次调用回调函数相关的信息。

④ 参数 dwStatusInformationLength：用于指定 lpvStatusInformation 缓冲区的字节数。

容易看出，这个函数的参数与 6.4 节中的回调函数基本是一致的。这些参数的值在系统自动调用回调函数时，由系统提供。

需要再次说明的是，环境值参数在回调函数中的作用。由于在单个互联网会话中可以同时建立若干连接，并且在它们的生存期中可以执行许多不同的操作，这些操作都可能导致回调函数的调用。因此，OnStatusCallback( )状态回调函数需要通过某种方法来区别引发回调函数调用的原因，从而区别会话中不同连接的状态变化。环境值这个参数就是为了解决这个问题而设置的。WinInet 类中的许多函数都需要使用环境值参数，它通常是 DWORD 类型，并且它的名字通常是 dwContext。不同的 WinInet 类对象的环境值应当不同。当不同的操作引发 MFC 调用回调函数时，会把相应对象的环境值作为入口参数送入，这样，状态回调程序就可以区分它们了。

另外，如果以动态库的形式使用 MFC，则需要在重载的 OnStatusCallback( )状态回调函数的起始处添加以下代码。

```
Afx_MANAGE_STATE(AfxGetAppModuleState());
```

3．启用状态回调函数

调用 CInternetSession 类的 EnableStatusCallback( )函数，允许 MFC 框架在相应事件发生时，自动调用状态回调函数，向用户传递会话的状态信息，从而启动异步模式。

EnableStatusCallback( )函数的原型的代码如下。

```
BOOL EnableStatusCallback(BOOL bEnable = TRUE);
```

参数 bEnable：指定是否允许回调，TRUE 是默认值，表示允许回调；如果取 FALSE，则禁止异步操作。

一旦启动了异步操作，在互联网会话中的任何以非零环境值为参数的函数调用都将异步完成。这些函数在执行时如果不能及时完成将立即返回，并返回 FALSE 或 NULL，这时调用 GetLastError( )函数将获得 ERROR_IO_PENDING 错误代码。在处理请求的过程中，会产生各种事件，但很少调用状态回调函数。当操作完成时，会调用状态回调函数，并给出 INTERNET_STATU S_REQUEST_COMPLETE 状态码。

7.1.9 创建并使用网络文件类对象

在 WinInet API 的 HINTERNET 句柄的树形体系结构中，网络文件句柄是叶节点，

处于最底层。在 WinInet 类中，网络文件类对它们进行了封装，并把那些使用网络文件句柄的相关函数封装为网络文件类的成员函数。创建网络文件类对象后，通过调用它们的成员函数，可以对服务器文件进行更深入的操作。

1．使用连接类的成员函数创建网络文件类对象

表 7.7 列出了 CInternetFile 类的成员函数，使用它们可以更紧密地控制文件的传输过程。

表 7.7　CInternetFile 类的成员函数

返回值类型	成员函数名称	功能说明
BOOL	SetWriteBufferSize( )	设置用于写入数据的缓冲区尺寸
BOOL	SetReadBufferSize( )	设置用于读取数据的缓冲区尺寸
virtual LONG	seek( )	改变文件指针的位置，可重载此函数
virtual UINT	read( )	读取指定数量的字节，可重载此函数
virtual void	write( )	写入指定数量的字节，可重载此函数
virtual void	abort( )	关闭文件，并忽略任何错误和警告，可重载此函数
virtual void	flush( )	清空写入缓冲区，并保证内存中的数据已经写入指定的文件，可重载此函数
virtual BOOL	ReadString( )	读取一串字符，可重载此函数
virtual void	WriteString( )	向指定的文件写入一行以空字符结尾的文本，可重载此函数
DWORD	GetContext( )	得到环境值
BOOL	QueryOption( )	查询选项
BOOL	SetOption( )	设置选项
virtual void	Close( )	关闭此对象
Operator	HINTERNET( )	从当前的互联网会话中得到 Windows 句柄
m_hFile	—	成员变量，代表与 CInternetFile 类相关的文件句柄

调用 CFtpConnection::OpenFile( ) 函数，可以创建 CInternetFile 对象；调用 CHttpConnection::OpenRequest( )函数，可以创建 CHttpFile 对象；调用 CGopherConnection::OpenFile( )函数，可以创建 CGopherFile 对象。

CFtpConnection::OpenFile 函数的原型如下。

```
CInternetFile* OpenFile(
    LPCTSTR pstrFileName,                          //指定要打开的文件名
    DWORD dwAccess = GENERIC_READ,                 //访问方式，可以是读或写
    DWORD dwFlags = FTP_TRANSFER_TYPE_BINARY,      //传送方式
    DWORD dwContext = 1);                          //标识此操作的环境值
```

参数说明如下。

① 参数 dwAccess：指定文件的访问方式，可以取 GENERIC_READ（读），这是默认值；也可以取 GENERIC_WRITE（写）。但不能同时取两个数值。

② 参数 dwFlags：指定数据的传输标志，如果取 FTP_TRANSFER_TYPE_ASCII，

文件将以 ASCII 的方式来传输，系统会将所传输的信息格式转换成本地系统中对应的格式；如果取 FTP_TRANSFER_TYPE_BINARY，则使用二进制的方法传输，系统将以原始的形式传输文件数据，这是默认值。

此函数打开指定的 FTP 服务器上的文件，并创建 CInternetFile 类对象，如果函数调用成功，则返回一个指向 CInternetFile 类对象的指针；否则返回 NULL。

2．调用 CInternetSession::OpenURL( )函数创建网络文件类对象

另一种更简单的创建网络文件类对象的方法：不必显式地建立连接类对象，通过调用 CInternetSession 类的 OpenURL( )函数，直接建立与指定 URL 所代表的服务器之间的连接，打开指定的文件，创建一个只读的 CStdioFile 类对象。该函数并不局限于某个特定的协议类型，它能够处理任何 FTP、HTTP 和 Gopher 的 URL 或本地文件，并返回 CStdioFile 对象指针。

CInternetSession 类的 OpenURL( )函数的原型如下。

```
CStdioFile* OpenURL(
    LPCTSTR pstrURL,                                        //指定 URL 名
    DWORD dwContext = 1,                                    //环境值
    DWORD dwFlags = INTERNET_FLAG_TRANSFER_ASCII,           //传送方式
    LPCTSTR pstrHeaders = NULL,
    DWORD dwHeadersLength = 0);
```

参数说明如下。

① 参数 pstrURL：字符串指针，用于指定 URL 名称，该 URL 只能以 file:、ftp:、gopher: 或 http:开头。

② 参数 dwContext：由应用程序定义的用于标识此函数操作的环境值，它将被传递给回调函数使用。

③ 参数 dwFlags：用于指定连接选项，涉及传送方式、缓存和加密协议等。

④ 参数 pstrHeaders：字符串指针，用于指定 HTTP 标题。

⑤ 参数 dwHeadersLength：用于指定 HTTP 标题字符串的长度。

注意到，使用 OpenURL( )函数来获取服务器文件之前并不需要显式地建立连接，函数会按照需要创建相应的连接，这使操作更为便捷。但应当指出，这种获取服务器文件的方法是一种相对简单的互联网操作，对于需要和服务器进行更复杂交互操作的应用程序，用户还是应当自己创建连接。

调用此函数将返回一个指向网络文件类对象的指针，具体返回的对象类型由 URL 中的协议类型决定，如表 7.8 所示。

表 7.8　不同 URL 中的协议类型返回的网络文件类型

URL 中的协议类型	返回的网络文件类型
http://	CHttpFile*
ftp://	CFtpFile*
gopher://	CGopherFile*
file://	CStdioFile*

3．操作打开的网络文件

打开各种服务器的网络文件以后，就可以通过调用网络文件对象成员函数来操作文件。对于 FTP，所使用的文件对象是 CInternetFile 类；而对于 HTTP、Gopher，则使用 CInternetFile 的派生类 CHttpFile 和 CGopher 类的对象。下面给出一些常用的成员函数。

CInternetFile 类的 read( )函数的原型如下。

```
virtual UINT read(void* lpBuf, UINT nCount);
```

参数说明如下。

① 参数 lpBuf：用于指定读取文件数据的内存缓冲区地址指针。

② 参数 nCount：用于指定将要读取的字节数。

该函数将网络文件数据读到指定的本地内存中，内存的起始地址是 lpBuf，其空间大小为 nCount 字节。如果函数调用成功，则返回读取到的字节数，返回值可能比 nCount 指定的值小；如果调用出现错误，则会出现 CInternetException 异常，但是，如果读取操作越过文件尾部的情况，即超过文件长度，并不作为错误处理，同时也不出现异常。

CInternetFile 类的 write( )函数的原型如下。

```
virtual void write(const void* lpBuf, UINT nCount);
```

参数说明如下。

① 参数 lpBuf：指向本地缓冲区的指针，该缓冲区包含要写到网络文件中的数据。

② 参数 nCount：用于指定将要写入的字节数。

如果调用出现错误，则出现 CInternetException 异常。

7.1.10　常规互联网异常处理

为了提高程序的容错性和稳定性，应对可能出现的问题进行处理。对于互联网客户端，需要使用 CInternetException 类对象处理所有已知的常规的互联网异常类型。CInternetException 对象代表与互联网操作相关的异常。在该类中包括两个公共的数据成员，用于保存与异常有关的错误代码，导致错误的相关操作的环境值。其构造函数的原型如下。

```
CInternetException( DWORD dwError);
```

参数 dwError：用于指定导致异常的错误码。

两个数据成员如下。

① m_dwError：用于指定导致异常的错误码。其值可能代表一个在 WINERROR.H 中定义的系统错误，或在 WININET.H 中定义的网络错误。

② m_dwContext：与产生错误相关的互联网操作的环境值。

WinInet 类的许多成员函数在发生错误时可能会出现一些异常。在大多数情况下，出现的异常是 CInternetException 类的对象。用户在应用程序中可以通过调用::AfxThrowInternetException( )函数产生一个 CInternetException 类对象。对于异常时产生的对象，用户可以使用 try/catch 逻辑结构来处理。

7.2 用 MFC WinInet 类实现 FTP 客户端

在互联网上有很多 FTP 服务器，它们存储着丰富的软件和信息资源，至今仍然是互联网提供的主要服务之一。现在也有很多 FTP 客户端软件，如 CuteFtp 程序等。本节将通过一个使用 MFC WinInet 类编制的 FTP 客户端程序的例子，说明 MFC WinInet 应用程序的编程方法。

7.2.1 程序要实现的功能

该程序要实现基本的 FTP 客户端功能，包括登录 FTP 服务器、显示登录客户端目录下的文件和目录名、选择并下载服务器上的文件，以及向服务器上传文件。

应用程序的类型是基于对话框的，其主对话框用户界面如图 7.2 所示。

图 7.2 FTP 客户端程序的主对话框

对话框中包括 3 个文本框，分别用于输入 FTP 服务器域名、登录名和口令；一个列表框，用于显示 FTP 服务器当前目录的内容，并允许用户从中选择文件下载；以及 4 个命令按钮，分别用于执行查询、上传、下载和退出操作。

用户执行程序的流程如下。

进行各种操作之前，应首先输入服务器域名、登录名和口令。

如果要进行查询，可以单击“查询”按钮，调用 OnQuery( )函数。该函数首先获得用户当前输入的服务器名、登录名和口令等信息，清除列表框的内容；然后创建互联网会话类对象，进行服务器的登录，试图建立与指定 FTP 服务器的连接；如果连接成功，就创建 CFtpFileFind 文件检索类对象，查找服务器上当前目录下的任意文件，找到第一个文件后，继续搜索其他文件，并将找到的文件或目录名显示在列表框中。所有文件搜索完成后，结束查询，并依次删除文件查询对象、FTP 连接对象和互联网会话对象，结束会话。

此时，用户可以从服务器下载文件。从列表框中选择一个文件，会产生 LBN_SELCHANGE 事件，自动调用相应的 OnSelchangeListFile( )函数，禁用用于输入的文本框控件，禁用“查询”和“上传”按钮，激活“下载”按钮。此时，用户可以单击“下载”按钮，将产生 BN_CLICKED 事件，自动调用 OnDownload( )函数，执行 Download( )函数，下载该文件。下载完毕，禁用“下载”按钮，激活“查询”和“上传”按钮，激活用于输入的文本框控件。而 Download( )函数将重新创建互联网会话，建立 FTP 连接，下载完成后，将会话对象和连接对象清除。

如果要向 FTP 服务器上传文件，单击“上传”按钮，触发 BN_CLICKED 事件，调用 OnUpload( )函数。该函数可以获得当前输入的服务器名、登录名和口令，禁用用于输入的文本框控件，禁用“查询”按钮，弹出对话框，获得待上传的本地文件路径和文件名，调用 Upload( )函数上传文件。上传完毕，激活“查询”按钮和用于输入的文本和编辑控件。Upload( )函数也重新创建互联网会话，建立 FTP 连接，上传完成后，清除会话对象和连接对象。

可见，此程序的查询、下载和上传功能基本是独立的。每次操作都要创建会话，建立连接，执行操作，然后清除对象。这样做是为了操作起来更简洁明了。

此程序的主要技术要点如下。

如何创建一个互联网会话，即创建 CInternetSession 对象；如何建立与 FTP 服务器的连接，即创建 CFtpConnection 对象；如果连接成功，如何获得当前登录的目录下的文件和目录名称，即检索目录下的文件，并显示文件信息；如何下载文件、上传文件以及关闭连接。

7.2.2　创建应用程序的过程

1．使用 MFC AppWizard 创建应用程序框架

工程名是 Ftp，应用程序的类型是基于对话框的，其他部分采用系统的默认设置就可以。应用程序包括以下两个类。

① 应用程序类：CFtpApp，对应的文件是 Ftp.h 和 Ftp.cpp。

② 对话框类：CFtpDlg，对应的文件是 FtpDlg.h 和 FtpDlg.cpp。

2．为对话框添加控件

在程序的主对话框界面中，按照图 7.2 添加相应的可视控件对象，并按照表 7.9 修改控件的属性。

表 7.9　对话框中的控件属性

控件类型	控件 ID	控件标题
静态文本	IDC_STATIC_FTP	服务器域名
静态文本	IDC_STATIC_NAME	用户登录名
静态文本	IDC_STATIC_PWD	登录口令
静态文本	IDC_STATIC_FILE	目录文件列表
编辑框	IDC_EDIT_FTP	—
编辑框	IDC_EDIT_NAME	—
编辑框	IDC_EDIT_PWD	—
命令按钮	IDOK	查询
命令按钮	IDC_DOWNLOAD	下载
命令按钮	IDC_UPLOAD	上传
命令按钮	IDCANCEL	退出
列表框	IDC_LIST_FILE	（sort 不选）

3. 定义控件的成员变量

按照表 7.10，用类向导为对话框中的控件对象定义相应的成员变量。

表 7.10　控件对象的成员变量

控件 ID	变量名称	变量类别	变量类型
IDC_STATIC_FTP	m_staFtp	Control	CStatic
IDC_STATIC_NAME	m_staName	Control	CStatic
IDC_STATIC_PWD	m_staPwd	Control	CStatic
IDC_EDIT_FTP	m_strFtp	Value	CString
	m_editFtp	Control	CEdit
IDC_EDIT_NAME	m_strName	Value	CString
	m_editName	Control	CEdit
IDC_EDIT_PWD	m_strPwd	Value	CString
	m_editPwd	Control	CEdit
IDOK	m_btnQuery	Control	CButton
IDC_DOWNLOAD	m_btnDownload	Control	CButton
IDC_UPLOAD	m_btnUpload	Control	CButton
IDC_LIST_FILE	m_listFile	Control	CListBox

4. 添加成员变量的初始化代码

在 FtpDlg.cpp 文件的 OnInitDialog( )函数中，添加成员变量的初始化代码。对服务器域名、登录名和口令的控件变量赋初值，代码如下。

```
BOOL CFtpDlg::OnInitDialog()
{
…      //前面是 MFC 应用程序向导和类向导自动生成的代码
// TODO: Add extra initialization here
m_strFtp = _T("");              //初始化服务器域名
m_strName = _T("");             //初始化登录名
m_strPwd = _T("");              //初始化口令
UpdateData(FALSE);              //更新界面
return TRUE;
}
```

5. 为对话框中的控件对象添加事件响应函数

按照表 7.11，通过类向导为对话框中的控件对象添加事件响应函数。

表 7.11　对话框控件的事件响应函数

控件类型	对象标识	消息	成员函数
命令按钮	IDOK	BN_CLICKED	OnQuery( )
命令按钮	IDC_DOWNLOAD	BN_CLICKED	OnDownload( )
命令按钮	IDC_UPLOAD	BN_CLICKED	OnUpload( )
列表框	IDC_LIST_FILE	LBN_SELCHANGE	OnSelChangeListFile( )

6. 为 CFtpDlg 类添加其他的成员函数

Download( )和 Upload( )函数分别用于文件的下载和上传，代码如下。

```
BOOL CFtpDlg:: Download (CString strSName, CString strDName);
BOOL CFtpDlg:: Upload (CString strSName, CString strDName);
```

7. 手工添加包含语句

在 CFtpDlg 类的 FtpDlg.cpp 文件中添加对于 Afxinet.h 的包含命令，来获得对 MFC WinInet 类的支持。

8. 添加事件函数和成员函数的代码

为第 5 步和第 6 步的函数添加详细代码。

9. 进行测试

关于测试，有一点必须指出：如果在本机进行测试，必须在本机安装一个 FTP 服务器，并将它运行起来，然后才能运行此程序。FTP 服务器软件很多，可以从网络资源中下载，如比较简单的 NetFtpd.exe。在运行这个示例程序时，请在服务器域名文本框中输入“localhost”，保持登录名和口令文本框为空，单击“查询”按钮，用户将获得 FTP 服务器的默认目录下的文件名和目录名。

如果在局域网上进行测试，同样要安装 FTP 服务器，不过输入的服务器名等信息要根据配置来定。

7.3 VC++对多线程网络编程的支持

VC++为编程者提供了一个 Windows 应用程序的集成开发环境，在这个环境下，有两种开发程序的方法。既可以直接使用 Win32 API 来编写 C 语言风格的 Win32 应用程序，也可以利用 MFC 基础类库编写 C++风格的应用程序。两者具有不同的特点。直接基于 Win32 API 编写的应用程序，编译后形成的执行代码十分紧凑，运行效率高，但编程者需要编写许多代码，来处理用户界面和消息驱动等问题，还需要管理程序所需的所有资源。MFC 类库为编程者提供了大量的功能强大的封装类，集成开发环境还提供了许多关于类的管理工具和向导，借助它们编程者可以快速简洁地建立应用程序的框架和程序的用户界面，简化了程序开发过程。缺点是类库代码比较庞大，应用程序执行时离不开这些类库代码。但随着计算机运行速度的提升和内存的增大，这些缺点越来越不成问题。由于使用类库具有方便快速和功能强大等优点，因此 VC++一般提倡使用 MFC 类库来编程。

在这两种 Windows 应用程序的开发方式中，多线程的编程原理是一致的。进程的主线程或其他线程在需要的时候可以创建新的线程，系统会为新线程建立堆栈并分配资源，新的线程和原有的线程一起并发运行。一个线程执行完它的任务后，会自动终止，并释放它所占用的资源。当进程结束时，它的所有线程也都终止，进程所占用的资源也被释放。因为所有活动的线程共享进程的资源，因此，编程时要注意解决多个线程访问同一资源时可能产生的冲突。本节将重点介绍 MFC 类库对多线程编程的支持。

7.3.1 MFC 支持的两种线程

微软公司的基础类库 MFC 为多线程应用程序提供了支持。在 MFC 中，线程分为两种：一种是用户界面线程（或称用户接口线程）；另一种是工作线程，这两类线程可以满足不同任务的处理需求。

1．用户界面线程

用户界面线程通常用于处理用户输入产生的消息和事件，并独立地响应应用程序其他部分执行的线程产生的消息和事件。MFC 为用户界面线程提供了一个消息泵，包含一个消息处理的循环，以应对各种事件。

CWinApp 类的对象就是一个用户界面线程的典型例子。在生成基于 MFC 的应用程序时，它的主线程就已经创建了，并随着应用程序的执行而投入运行。基于 MFC 的应用程序都有一个应用对象，它是 CWinApp 派生类的对象，该对象代表应用程序进程的主线程，负责处理用户输入及其他各种事件和相应的消息。

如果应用程序具有多个线程，而每个线程中都有用户接口，那么使用 MFC 的用户界面线程进行编程就特别方便。利用 VC++的应用程序向导可以快速生成应用程序的框架代码，再利用 ClassWizard 类向导可以方便地生成用户界面线程对应的线程类，还可以方便地管理类的消息映射和成员变量，添加或重载成员函数。这样，编程者可以把精力集中到应用程序的算法和相关代码上来。

在 MFC 应用程序中，所有的线程都是由 CWinThread 对象来表示的。CWinThread 类（可以理解为 C++的 Windows 线程类）是用户界面线程的基类，CWinApp 就是从 CWinThread 类派生而来的。在编写用户界面线程时，也需要从 CWinThread 类派生出自己的线程类，借助 ClassWizard 可以很容易地做这项工作。

2．工作线程

工作线程适用于处理那些不要求用户输入并且耗时较长的其他任务，如大规模的重复计算、网络数据的发送和接收，以及后台的打印等。对用户来说，工作线程运行在后台。这就使工作线程特别适合等待事件的发生。例如，如果应用程序要接收网络上服务器发来的数据，但基于种种原因数据迟迟未到达，接收方必须阻塞等待。如果把这种任务交给工作线程去做，它就可以在后台等待，并不影响前台用户界面线程的运行。用户不必等待这些后台任务的完成，用户的输入仍然能得到及时的处理。在网络编程中，凡是可能引起系统阻塞的操作，都可以用工作线程来完成。

CWinThread 类也是工作线程的基类，同样是由 CWinThread 对象来表示的。但在编写工作线程时，甚至不必刻意地从 CWinThread 类派生出自己的线程类对象。用户可以调用 MFC 框架的 AfxBeginThread( )函数，来创建 CWinThread 对象。

注意

Win32 API 不区分两种线程，它只需要知道线程的起始地址，就可以执行线程。

7.3.2　利用 MFC 创建工作线程

下面介绍利用 MFC 创建工作线程所必需的步骤。

创建工作线程是一个相对简单的任务，只要经过两个步骤就能使工作线程运行：第一步是编程实现控制函数，第二步是创建并启动工作线程。一般不必从 CWinThread 派生一个类。当然，如果需要一个特定版本的 CWinThread 类，也可以去派生；但对于大多数工作线程是不要求的，可以不做任何修改地使用 CWinThread 类。

1．编程实现控制函数

一个工作线程对应一个控制函数。线程执行的任务都应编写在此控制函数中。控制函数规定了该线程的执行代码。所谓启动线程，实际就是开始运行它对应的控制函数。当控制函数执行结束并退出时，线程也就随之终止。编写实现工作线程的控制函数是创建工作线程的第一步。

编写工作线程的控制函数必须遵守一定的规则，控制函数的原型如下。

```
UINT ControlFunctionName(LPVOID pParam);
```

参数说明如下。

① ControlFunctionName：控制函数的名称，由编程者定义。

② pParam：一个 32 位的指针值，在启动工作线程时，由调用的 AfxBeginThread( ) 函数传递给工作线程的控制函数。控制函数可以按照它选择的方式来解释 pParam，这个值既可以是指向简单数据类型的指针，用于传递如 int 的数值；也可以是指向包含了许多参数的结构体或其他对象的指针，从而传递更多的信息；甚至也可以忽略它。

如果这个参数指向了一个结构体变量，这个结构不仅可以用于将数据从调用者传递到线程，也可以反过来将数据从线程传递到调用者。当数据准备好时，线程将通知调用者。

当控制函数终止时，它应当返回一个 UINT 类型的数值，来指示终止的原因。典型地，返回 0，表示成功；返回其他值，表示各种错误，这取决于控制函数具体的实现。某些线程可以维护对象用例的数量，并且返回当前使用该对象的数量。应用程序可以捕获并处理这个返回值。

2．创建并启动工作线程

在进程的主线程或其他线程中调用 AfxBeginThread( )函数就可以创建新的线程，并使新线程开始运行。一般将线程的创建者称为新线程的父线程。

AfxBeginThread( )函数是 MFC 提供的一个辅助函数，它有两个重载的版本，区别在于使用的入口参数不同。一个用于创建并启动用户界面线程，另一个用于创建并启动工作线程。要创建并启动工作线程，必须采用以下调用格式。

```
CWinThread*  AfxBeginThread (
    AFX_THREADPROC  pfnThreadProc,
    LPVOID  pParam,
    int  pPriority = THREAD_PRIORITY_NORMAL,
    UINT  nStackSize = 0,
    DWORD  dwCreateFlags = 0,
```

```
    LPSECURITY_ATTTRIBUTES  lpSecurityAttrs = NULL
);
```

参数说明如下。

① pfnThreadProc：一个指向工作线程的控制函数的指针，即控制函数的地址。在创建工作线程时必须指定将在此线程内部运行的控制函数。由于在线程中必须有一个运行函数，所以这个参数的值不能为NULL，而且控制函数必须被声明为前述形式。

② pParam：一个指向某种类型的数据结构的指针，执行本函数时，将把这个指针进一步传递给此线程的控制函数，使之成为线程控制函数的入口参数。

③ pPriority：可选参数，指定本函数所创建的线程的优先级，每一个线程都有自己的优先级，优先级高的线程会优先运行，默认是正常优先级。如果取0值，则新创建线程的优先级与它的父线程相同。线程的优先级也可以通过调用SetThreadPriority( )函数来设置。

④ nStackSize：可选参数，用于设置所创建的线程的堆栈大小，以字节为单位来设置。每一个线程都是独立运行的，所以每一个线程都需要有自己的堆栈来保存自己的数据。如果此参数取默认值0，则新创建线程的堆栈与它的父线程的堆栈一样大。

⑤ dwCreateFlags：可选参数，用于设置所创建线程的初始运行状态。如果设置此参数为CREATE_SUSPENDED，则线程被创建后就被挂起，直到调用了ResumeThread( )函数，才会开始执行线程。如果此参数取默认值0，则线程将在创建后立即开始运行。

⑥ lpSecurityAttrs：可选参数，这是一个指向SECURITY_ATTRIBUTES结构的指针，用于定义线程的安全属性。如果取默认值NULL，所创建线程的安全属性与它的父线程相同。

在创建一个工作线程之前，不需要自己去创建CWinThread对象。调用AfxBeginThread( )函数执行时，该函数会使用用户提供的上述参数，为用户创建并初始化一个新的CWinThread类的线程对象，为它分配相应的资源，建立相应的数据结构，然后自动调用CWinThread类的CreateThread( )函数来开始执行这个线程，并返回指向此CWinThread线程对象的指针。利用这个指针，可以调用CWinThread类的其他成员函数来管理这个线程。

3. 创建工作线程的例子

（1）实现线程控制函数的代码如下。

```
//首先定义一个结构
struct {
      int  nN;                                        //数组元素的个数
      double*  pD;                                    //指向一个双精度实数的数组
}myData;

//定义此结构类型的变量，初始化该变量
myData  ss;

//定义线程的控制函数
UINT  MyCalcFunc(LPVOID pParam)
{
    //如果入口参数为空指针，终止线程
    if  (pPara == NULL)  AfxEndThread(MY_NULL_POINTER_ERROR);
```

```
    int nN = pPara->nN;                             //数组的元素个数
    double* pD = pPara->pD;                         //指向数组的第一个元素
    double sum = 0;                                 //数组元素之和
    for ( int i =0; i<nN; i++)  sum+=pD[i];         //求和
    CString bb;
    bb.Format("数组的和是: %d", sum);                //格式化显示字符串
    AfxMessageBox(bb);                              //显示结果
    return 0;
}
```

（2）在程序进程的主线程中调用 AfxBeginThread( )函数来创建并启动运行这个线程。将控制函数名和结构变量的地址作为参数来传递，其他的参数省略，表示使用默认值，代码如下。

```
AfxBeginThread(MyCalcFunc, &ss);
```

一旦调用了此函数，线程就被创建，并开始执行线程函数。当数据的计算完成时，函数将停止运行，相应的线程也随即终止。线程拥有的堆栈和其他资源都将被释放。CWinThread 对象将被删除。

4．创建工作线程的一般模式

从上面的例子中可以得出创建工作线程的一般模式，具体如下。

（1）创建工作线程控制函数的框架，代码如下。

```
UINT MYTHREADPROC( LPVOID PPARAM )
{
  CMyObject* pObject = (CMyObject*)pParam; //进行参数的传递
  if (pObject == NULL ||
  !pObject->IsKindOf(RUNTIME_CLASS(CMyObject)))
  return 1;    //如果入口参数无效就返回

  //利用入口参数做某些事情，这是工作线程要完成的主要工作

  return 0;    //成功地完成并返回线程
}
```

（2）在需要启动线程的函数中插入以下代码。

```
...
pNewObject = new CMyObject;
AfxBeginThread(MyThreadProc, pNewObject);
```

7.3.3　创建并启动用户界面线程

一般 MFC 应用程序的主线程是 CWinApp 派生类的对象，该对象是由 MFC AppWizard 自动创建的。

本小节将描述创建其他用户界面线程所必需的步骤。

用户界面线程与工作线程一样，都使用由操作系统提供的管理新线程的机制。但用户界面线程允许使用 MFC 提供的其他用户界面对象，如对话框或窗口。相应地，为了使用这些功能，编程者必须做更多的工作。创建并启动用户界面线程一般要经过 3 个步骤：第一步是从 CWinThread 类派生出自定义的线程类；第二步是改造这个线程类以实

现所需功能；第三步是创建并启动用户界面线程。

1. 从 CWinThread 类派生出自定义的线程类

要创建一个 MFC 的用户界面线程，所要做的第一件事就是从 CWinThread 类派生出自己的线程类，一般借助类向导（ClassWizard）来完成。

2. 改造自定义线程类

对这个派生出的线程类做以下改造工作。

① 在这个线程类的头文件（.h）中，使用 DECLARE_DYNCREATE 宏来声明这个类；在用户线程类的实现文件（.cpp）中，使用 IMPLEMENT_DYNCREATE 宏来实现这个类。

前者的调用格式如下。

```
DECLARE_DYNCREATE( class_name )
```

其中 class_name 是实际的类名。对一个从 CObject 类继承的类使用这个宏，会使应用程序框架在运行时动态地生成该类的新对象。由于新线程是由主线程或其他线程在执行过程中创建的，因此它们都应支持动态创建。

DECLARE_DYNCREATE 宏应放在此类的.h 文件中，并应在所有需要访问此类的对象的.cpp 文件中加入包含这个文件的“#include”语句。

② 如果在一个类的声明中使用了 DECLARE_DYNCREATE 宏，那就必须在这个类的.cpp 实现文件中，使用 IMPLEMENT_DYNCREATE 宏。它的调用格式如下。

```
IMPLEMENT_DYNCREATE( class_name, base_class_name )
```

参数分别是实际的线程类名和它的基类名。

③ 线程类必须重载它的基类（CWinThread 类）的某些成员函数，如该类的 InitInstance( ) 函数；对于基类的其他成员函数，可以有选择地重载，也可以使用由 CWinThread 类提供的默认实现。表 7.12 列出了创建用户界面线程时的相关成员函数的重载。

表 7.12　创建用户界面线程时的相关成员函数的重载

成员函数名	说明
ExitInstance( )	每当线程终止时，会调用这个函数。执行清理工作，通常需要重载这个成员函数
InitInstance( )	执行线程类实例的初始化，必须重载
OnIdle( )	执行线程特定空闲时间处理，一般不重载
PreTranslateMessage( )	可以在消息派遣前重新解释消息，过滤消息，将它们分为 TranslateMessage 和 DispatchMessage，一般不重载
Run( )	线程的控制函数，为用户的新线程提供了一个消息循环处理，包含消息泵，极少重载；但如果需要，也可以重载

④ 创建新的用户界面窗口类，如窗口、对话框，并添加所需要的用户界面控件，然后建立新建的线程类与这些用户界面窗口类的联系。

⑤ 利用类向导为新建的线程类添加控件成员变量，添加响应消息的成员函数，为它们编写相应的实现代码。

经过以上步骤的改造，用户的线程类已经具备了完成用户任务的能力。

3．创建并启动用户界面线程

要创建并启动用户界面线程，可以使用 MFC 提供的 AfxBeginThread( )函数的另一个版本，调用格式如下。

```
CWinThread*  AfxBeginThread (
    CRuntimeClass*  pThreadClass,
    int  pPriority = THREAD_PRIORITY_NORMAL,
    UINT  nStackSize = 0,
    DWORD  dwCreateFlags = 0,
    LPSECURITY_ATTTRIBUTES  lpSecurityAttrs = NULL
);
```

参数说明如下。

① pThreadClass：一个指向 CRuntimeClass 类（运行时类）对象的指针，该类是从 CWinThread 类继承的。用户界面线程的运行时类就是从 CWinThread 派生的线程类，此参数就指向它。在实际调用时，一般使用 RUNTIME_CLASS 宏将线程类指针转化为指向 CRuntimeClass 对象的指针，示例代码如下。

```
CWinThread* pMyThread =
AfxBeginThread(RUNTIME_CLASS(CMyThreadClass));
```

只有那些从 CObject 继承的类，并且对该类使用了 DECLARE_DYNAMIC、DECLARE_DYNCREATE 或 DECLARE_SERIAL 宏，允许动态生成时，才能使用这个宏。

② 参数 pPriority：可选参数，用于指定线程的优先级，默认值是正常优先级。

③ 参数 nStackSize：可选参数，用于指定所创建线程的堆栈大小，默认与调用此函数的线程的堆栈大小一样。

④ 参数 dwCreateFlags：可选参数，若设置为 CREATE_SUSPENDED，则线程被创建后会立即进入挂起状态。若取默认值 0，则线程被生成后会立即投入运行。

⑤ 参数 lpSecurityAttrs：用于设置所创建线程的安全属性，默认与其父线程的安全属性相同。

可以看出，创建并启动用户界面线程的参数和创建并启动工作线程时一样，可以指定新线程的优先级、堆栈大小、调用状态和安全属性。

4．AfxBeginThread( )函数所做的工作

当进程的主线程或其他线程调用 AfxBeginThread( )函数来创建一个新的用户界面线程时，该函数做了以下工作。

① 首先，创建一个新的用户自定义线程类的对象，由于用户的线程类是从 CWinThread 类派生出来的，这个新对象也继承了 CWinThread 类的属性。

② 然后，MFC 就自动调用新线程类中的 InitInstance( )函数，来初始化这个新的线程类对象实例。这是一个必须在用户派生的线程类中重载的函数，用户可在该函数中初始化线程，并分配任何需要的动态内存。如果初始化成功，InitInstance( )函数应返回 TRUE，线程就可以继续运行；如果初始化失败（例如内存申请失败），就返回 FALSE，线程将停止执行，并释放所拥有的资源。

如果新的线程需要处理窗口，可以在 InitInstance( )函数中创建它，并将 CWinThread

类的 m_pMainWnd 成员变量设置成指向已创建的窗口的指针。如果在线程中创建了一个 MFC 的窗口对象，则不能在其他线程中使用这个窗口对象，但可以使用线程内窗口的句柄。如果用户想在一个线程中操作另一个线程的窗口对象，首先必须在该线程中创建一个新的 MFC 对象，然后调用 Attach( )函数把新对象附加到另一个线程传递的窗口句柄上。

③ 接着，调用 CWinThread::CreateThread( )函数执行这个线程，最终运行 CWinThread::Run( )函数，进入消息循环。

④ 最后，函数返回一个指向新生成的 CWinThread 对象的指针，可以把它保存在一个变量中。其他线程就可以利用这个指针来访问该线程类的成员变量或成员函数。

系统为每一个线程自动创建一个消息队列。如果线程创建了一个或多个窗口，就必须提供一个消息循环，这个消息循环从线程的消息队列中获取消息，并把它们发送到相应的 Windows 过程。

因为系统将消息导向到独立的应用程序窗口，所以，在开始线程的消息循环之前，线程必须至少创建一个窗口。大多数基于 Win32 操作系统的应用程序包含一个单一的线程，该线程创建了若干窗口。一个典型的应用程序会为它的主窗口注册窗口类，创建并显示这个主窗口，并且启动它的消息循环，所有这些操作都在 WinMain( )函数中完成。

7.3.4 终止线程

有两种情况会导致线程终止：一种是线程的正常终止，另一种是线程的提前终止。例如，如果一个文本处理器使用一个线程来进行后台打印，当成功打印时，打印线程将正常终止；但是，如果用户希望撤销打印，后台线程必须提前终止。下面说明如何实现这两种情况，以及如何获得线程终止后的退出码。

1. 正常终止线程

对于一个工作线程，线程运行的过程就是执行它的控制函数的过程。当控制函数的所有指令都执行完毕而返回时，线程也将终止。此线程的生命周期也就结束了。因此，实现工作线程的正常终止是很简单的，只要在执行完毕时退出控制函数，并返回一个用于表示终止原因的值即可。编程者可以在工作线程的控制函数中适当地安排函数返回点的位置。一般在控制函数中使用 return 语句返回，返回 0，表示线程的控制函数已成功执行。

对于一个用户界面线程，一般不能直接处理线程的控制函数。CWinThread::Run( )函数是 MFC 为线程实现消息循环的默认控制函数。该函数收到一个 WM_QUIT 消息后会终止线程。因此要正常地终止用户界面线程，应尽可能地使用消息通信的方式。只要在用户界面线程的某个事件（如响应用户双击“退出”按钮的事件）处理函数中，调用 Win32 API 的 PostQuitMessage( )函数，这个函数会向用户界面线程的消息队列发送一个 WM_QUIT 消息。CUinThread::Run( )函数收到这个消息，会自行终止线程的运行。

PostQuitMessage( )函数的调用格式如下。

```
VOID PostQuitMessage( int nExitCode );
```

参数 nExitCode：一个整数型值，指定一个应用程序的终止代码。终止代码作为 WM_QUIT 消息的 wParam 参数。

PostQuitMessage( )函数发送一个 WM_QUIT 消息到线程的消息队列，并立即返回，没有返回值。函数只是简单地告诉系统，这个线程要求终止。当线程从它的消息队列收到一个 WM_QUIT 消息时，会退出它的消息循环，并将控制权返回给系统，同时把 WM_QUIT 消息的 wParam 参数中的终止代码也返回给系统，线程也随之终止。

2．提前终止线程

要想在线程尚未完成它的工作之前提前终止线程，只需从线程内部调用 AfxEndThread( )函数，就可以强迫线程终止。此函数的调用格式如下。

```
void AfxEndThread( UINT nExitCode );
```

参数 nExitCode 指定了线程的终止代码。

执行此函数将停止函数所在线程的执行，撤销该线程的堆栈，解除所有绑定到此线程的动态链接库，并从内存中删除此线程。特别要强调的是，此函数必须在想要终止的线程内部调用。如果想要用一个线程终止另一个线程，就必须在两个线程之间进行通信。

3．终止线程的另一种方法

使用 Win32 API 提供的 TerminateThread( )函数，也可以用于终止一个正在运行的线程，但是它产生的后果不可预料，一般仅用于终止堆栈中的死线程。此函数本身不做任何内存的清除工作。另外，使用这种方法终止的线程可能会在几个不同的事务中被中断。这将导致系统处于不可预料的状态。

当然，线程是从属于进程的，如果进程因为某种原因提前终止，那么进程的所有线程也将一同终止。

4．获取线程的终止代码

当线程正常终止或者提前终止时，指定的终止代码可以被应用程序的其他线程使用。对于用户界面线程或工作线程，要获得线程的终止代码，只需调用 GetExitCodeThread( )函数，该函数的调用格式如下。

```
BOOL GetExitCodeThread( HANDLE hThread, LPDWORD lpExitCode );
```

参数说明如下。

① hThread：指向一个线程句柄的指针，用于获得该线程的终止代码。

② lpExitCode：一个指向 DWORD 对象的指针，用于接收线程的终止代码。

如果线程仍然是活动的，执行此函数会在 lpExitCode 所指的 DWORD 对象中，返回 STILL_ACTIVE；如果线程已经终止，则会返回终止代码。

读者可能会产生疑问：既然这个函数要用到线程的句柄，但线程终止时，线程就被删除，线程的句柄是否仍然有效？通常一个线程的句柄被存储在 CWinThread 类的成员变量 m_hThread 中。默认情况下，只要线程函数返回，或调用了 AfxEndThread( )函数，线程即被终止，相应的 CWinThread 对象也被删除，它的成员变量 m_hThread 当然就不存在了，不能再访问它。因此，如何保存一个线程的句柄就成了一个问题，获取线程的终止代码还需要采取额外的步骤。解决方法如下。

① 方法一：可以把 CWinThread 对象的 m_bAutoDelete 成员变量设置为 FALSE，这样，当线程终止时，就不会自动删除相应的 CWinThread 对象，其他线程就仍然可以访问它的 m_hThread 成员变量。但随之而来的问题是，应用程序框架不会自动删除 CWinThread 对象，用户必须自己删除它。

② 方法二：另外存储线程的句柄。创建线程后，可以调用 DuplicateHandle( )函数复

制 m_hThread 成员变量的副本到另一个变量中，并通过此变量访问它。使用这种方法，即使线程对象已经在线程终止时被自动删除，用户仍然可以知道该线程为什么会终止。但要注意，复制操作必须在线程终止之前进行。最安全的方法是在调用 AfxBeginThread( )函数创建并启动线程时，将 dwCreateFlags 参数设置为 CREATE_SUSPENDED，使线程被创建后就先挂起，然后复制线程句柄，再调用 ResumeThread( )函数，恢复线程的运行。

这两种方法都能使用户知道为什么 CWinThread 对象会终止。

5．关于设置线程的优先级问题

SetThreadPriority( )函数用于设置指定线程的优先级的值。线程的优先级与线程所在进程的优先级共同决定了线程的基本优先级水平。函数的调用格式如下。

```
BOOL  SetThreadPriority(
    HANDLE hThread,             //线程的句柄
    int nPriority               //要设置的线程优先级值
);
```

参数说明如下。

① hThread：表示要设置优先级的线程的句柄。

② nPriority：用于指定线程的优先级值。

返回值：如果优先级设置成功，则返回非零值；如果函数调用失败，返回值为 0。此时，可以调用 GetLastError( )函数来获取进一步的错误信息。

系统根据优先级来安排线程，只有当没有较高优先级的线程可执行时，才安排较低优先级的线程。

7.4 多线程 FTP 客户端实例

前文介绍了一个 FTP 客户端应用程序的例子，它可以实现从服务器下载文件，向服务器上传文件和查询服务器当前目录的功能。测试该程序时，如果在本地机测试，并且传输的文件比较小，测试可能会顺利进行。但如果用户在互联网上测试，并且传输的文件比较大，用户会发现，在进行查询、下载和上传时，有时应用程序的界面会处于一种类似死锁的状态，这时应用程序界面不能自动更新，用户对界面的操作不能及时得到响应。这是由于程序只有一个主线程，一旦调用某个函数而不能及时返回，整个程序就处于阻塞等待的状态。在本章中，我们将运用多线程的技术对这个 FTP 应用程序进行修改，让主线程处理应用程序的主界面，其他的事情则交给子线程去做，以确保应用程序在执行时，一直保持用户界面的活动状态，同时允许在同一段时间内进行多个 FTP 操作。在程序中，我们应重点关注如何编写线程的控制函数、如何创建一个新的线程，以及线程如何传递参数和获取结果。

7.4.1 编写线程函数

首先，我们编写用于 FTP 操作的线程函数。创建一个结构体，用该结构体传递线程函

数运行时所需的参数。该结构体的数据成员包括 FTP 服务器的域名、登录名、口令和对话框中列表框的指针（该指针用于显示和选取列表框中的内容），代码如下。

```
//线程的参数结构
typedef struct  {
      CListBox*  pList;
      CString  strFtpSite;
      CString  strName;
      CString  strPwd;
} FTP_INFO;
```

这段代码应被添加在 CFtpDlg 类的声明前。

在应用程序工程中添加一个头文件，命名为 mt.h，并将线程函数写在这个文件中。注意：线程函数不属于某个类的成员函数，要单独写在一个包含文件中。

线程函数的共同特点是线程参数的传递，读者可留意每个线程函数开始部分的代码。

下面是用于查询的线程函数的代码。

```
     UINT mtQuery (LPVOID  pParam)
     {
        if  (pParam = = NULL)  AfxEndThread(NULL);
//这是一段用于获取函数调用参数的代码，用法非常典型，函数调用的入口参数 pParam 是一个 LPVOID 类型的指针
//必须将它转化为 FTP_INFO 结构类型的指针变量，才能从中获取相应的数据成员
        FTP_INFO* PP;
        CListBox*  pList;
        CString  strFtpSite;
        CString  strName;
        CString  strPwd;
        PP = (FTP_INFO*)pParam;
        pList = PP->pList;
        strFtpSite = PP->strFtpSite;
        strName = PP->strName;
        strPwd = PP->strPwd;

        CInternetSession* pSession;              //定义会话对象指针变量
        CFtpConnection* pConnection;             //定义连接对象指针变量
        CFtpFileFind* pFileFind;                 //定义文件查询对象指针变量
        CString strFileName;
        BOOL bContinue;

        pConnection = NULL;                      //初始化
        pFileFind = NULL;

        pSession = new CInternetSession(         //创建互联网会话类对象
        AfxGetAppName(),1,PRE_CONFIG_INTERNET_ACCESS);
        try
        {  //试图建立与指定 FTP 服务器的连接
              pConnection =
                 pSession->GetFtpConnection(strFtpSite, strName, strPwd);
        }  catch (CInternetException* e)  {
              e->Delete();                       //无法建立连接，进行错误处理
              pConnection = NULL;
```

```
    }

    if (pConnection!= NULL)
    {//创建CFtpFileFind对象，向构造函数传递CFtpConnection对象的指针
        pFileFind = new CFtpFileFind(pConnection);
        bContinue = pFileFind->FindFile("*");      //查找服务器上当前目录的任意文件
        if (!bContinue)                            //如果一个文件都找不到，则结束查找
        {
            pFileFind->close();
            pFileFind = NULL;
        }

        while (bContinue)                          //找到第一个文件，继续找其他文件
        {
            strFileName = pFileFind->GetFileName();     //获得找到的文件的文件名
            //如果找到的对象是个目录，就将目录名放在括号中
            if (pFileFind->IsDirectory())  strFileName="["+strFileName+"]";
            //将找到的文件或目录名显示在列表框中
            pList->AddString(strFileName);
            bContinue = pFileFind->FindNextFile();     //查找下一个文件
        }

        if (pFileFind!= NULL)
        {
            pFileFind->close();                    //结束查询
            pFileFind = NULL;
        }
    }
    delete pFileFind;                              //删除文件查询对象
    if (pConnection!= NULL)
    {
    pConnection->close();
    delete pConnection;                            //删除FTP连接对象
    }
    delete pSession;                               //删除互联网会话对象
    return 0;                                      //必须有返回值
}
```

下面是用于下载的线程函数的代码。

```
UINT mtDownloadFile(LPVOID  pParam)
{
    if  (pParam == NULL)  AfxEndThread(NULL);
    //获取函数调用参数
    FTP_INFO* PP;
    CListBox*  pList;
    CString  strFtpSite;
    CString  strName;
    CString  strPwd;
    PP = (FTP_INFO*)pParam;
    pList = PP->pList;
    strFtpSite = PP->strFtpSite;
```

```
    strName = PP->strName;
    strPwd = PP->strPwd;

    int  nSel = pList->GetCurSel();
  CString  strSourceName;
    pList->GetText(nSel, strSourceName);
    if (strSourceName.GetAt(0)!='[' ]
    {
            //选择的是文件
            CString strDestName;
            CFileDialog dlg(FALSE,"","*.*");         //定义一个文件对话框对象变量
            if (dlg.DoModal() == IDOK)               //激活文件对话框
            {
                  //获得下载文件在本地计算机上的存储路径和名称
                  strDestName = dlg.GetPathName();

                  //调用函数下载文件
                  if (mtDownload (strFtpSite, strName, strPwd,
                                            strSourceName,strDestName))
                        AfxMessageBox("下载成功！",MB_OK|MB_ICONINFORMATION);
                  else  {
                      AfxMessageBox("下载失败！",MB_OK|MB_ICONSTOP);
                      return FALSE;
                        }
            }  else  {
                        AfxMessageBox("请写入文件名！",MB_OK|MB_ICONSTOP);
                        return FALSE;
                      }
    }  else  {
              //选择的是目录
              AfxMessageBox("不能下载目录!\n 请重选!",MB_OK|MB_ICONSTOP);
              return FALSE;
              }
return 0;
}

//下载文件调用的函数
BOOL mtDownload (CString  strFtpSite,
CString  strName,
CString  strPwd,
CString  strSourceName,
CString  strDestName)
{
CInternetSession* pSession;                  //定义会话对象变量指针
CFtpConnection* pConnection;                 //定义连接对象变量指针

pConnection = NULL;

//创建互联网会话对象
   pSession = new CInternetSession( AfxGetAppName(), 1,
   PRE_CONFIG_INTERNET_ACCESS);
```

```
    try
    {
        //建立 FTP 连接
       pConnection = pSession->GetFtpConnection(strFtpSite,
       strName, strPwd);
    }
    catch (CInternetException* e)
    {
        //错误处理
        e->Delete();
        pConnection = NULL;
        return FALSE;
}

if (pConnection!= NULL)
{
        //下载文件
        if (!pConnection->GetFile(strSourceName,strDestName))
        {
               //下载文件错误
               pConnection->close();
               delete pConnection;
               delete pSession;
               return FALSE;
        }
}

//清除对象
if (pConnection!= NULL)
{
      pConnection->close();
      delete pConnection;
}
delete pSession;
return TRUE;
  }
```

下面是用于上传的线程函数的代码。

```
  UINT  mtUploadFile(LPVOID  pParam)
  {
       if  (pParam == NULL)  AfxEndThread(NULL);
      //获取函数调用参数
      FTP_INFO* PP;
      CListBox*  pList;
      CString  strFtpSite;
      CString  strName;
      CString  strPwd;
      PP = (FTP_INFO*)pParam;
      pList = PP->pList;
      strFtpSite = PP->strFtpSite;
```

```
    strName = PP->strName;
    strPwd = PP->strPwd;

    CString strSourceName;
    CString strDestName;
    CFileDialog dlg(TRUE,"","*.*");          //定义文本对话框对象变量
    if (dlg.DoModal()==IDOK)
    {
        //获得待上传的本地计算机的文件路径和文件名
        strSourceName = dlg.GetPathName();
        strDestName = dlg.GetFileName();

        //上传文件
       if (mtUpload (strFtpSite, strName, strPwd,
                              strSourceName,strDestName))
             AfxMessageBox("上传成功！",MB_OK|MB_ICONINFORMATION);
       else
             AfxMessageBox("上传失败！",MB_OK|MB_ICONSTOP);
     } else {
       //文件选择有错误
       AfxMessageBox("请选择文件！",MB_OK|MB_ICONSTOP);
     }
     return 0;
}

//上传文件调用的函数
BOOL  mtUpload (CString strFtpSite, CString strName,
          CString strPwd,CString strSourceName, CString strDestName)
{
    CInternetSession* pSession;
    CFtpConnection* pConnection;

    pConnection = NULL;

   //创建互联网会话
pSession = new CInternetSession(AfxGetAppName(), 1,
PRE_CONFIG_INTERNET_ACCESS);

try
{
   //建立 FTP 连接
   pConnection = pSession->GetFtpConnection( strFtpSite,
                                              strName, strPwd);
}
catch (CInternetException* e)
{
   //错误处理
   e->Delete();
   pConnection = NULL;
   return FALSE;
}
```

```
if (pConnection!= NULL)
{
    //上传文件
    if (!pConnection->PutFile(strSourceName,strDestName))
    {
            //上传文件错误
            pConnection->Close();
            delete pConnection;
            delete pSession;
            return FALSE;
    }
}

//清除对象
if (pConnection!= NULL)
{
        pConnection->Close();
        delete pConnection;
}
delete pSession;
return TRUE;
}
```

7.4.2 添加事件处理函数

1. 添加包含语句

在 CFtpDlg 类的执行文件 FtpDlg.cpp 中，在所有 include 语句后，增加对 mt.h 的包含语句。

```
#include "mt.h"
```

2. 修改原按钮控件的事件处理函数

分别输入“查询”“下载”“上传”3 个按钮控件的 BN_CLICKED 事件的处理函数。处理函数的名字没有变化。

① 查询事件的处理函数的代码如下。

```
 //当用户单击“查询”按钮时，执行此函数，此函数创建一个新线程，执行实际的查询
 Void  CFtpDlg::OnQuery()
 {
        //获得用户在对话框中的当前输入
        UpdateData(TRUE);
        //构造用于线程控制函数参数传递的结构对象
        FTP_INFO* pp = new FTP_INFO;
        pp->pList = &m_listFile;
        pp->strFtpSite = m_strFtpSite;
        pp->strName = m_ strName;
        pp->strPwd = m_strPwd;
        //清除对话框中列表框的内容
        while(m_ListFile.GetCount()!=0) m_ListFile.DeleteString(0);
```

```
        //创建并启动新线程，执行实际的查询任务
        AfxBeginThread(mtQuery,pp);
}
```

② 下载事件的处理函数的代码如下。

```
//当用户单击“下载”按钮时，执行此函数
void CFtpDlg::OnDownload()
{
        //获得用户在对话框中的当前输入
        UpdateData(TRUE);
        FTP_INFO* pp = new FTP_INFO;
        //将用户输入的相关信息赋值到结构对象的成员变量中
        pp->pList = &m_listFile;
        pp->strFtpSite = m_strFtpSite;
        pp->strName = m_ strName;
        pp->strPwd = m_strPwd;
        //创建并启动新的线程，完成实际的下载任务
        AfxBeginThread(mtDownloadFile,pp);

        //禁用对话框中的“下载”按钮
        m_BtnDownLoad.EnableWindow(FALSE);

        //激活对话框中的“查询”和“上传”按钮
        m_BtnUpLoad.EnableWindow(TRUE);
        m_BtnQuery.EnableWindow(TRUE);

        //激活对话框中用于输入的文本框控件
        m_EditFtp.EnableWindow(TRUE);
        m_EditName.EnableWindow(TRUE);
        m_EditPwd.EnableWindow(TRUE);
        m_StaFtp.EnableWindow(TRUE);
        m_StaName.EnableWindow(TRUE);
        m_StaPwd.EnableWindow(TRUE);
}
```

③ 上传事件的处理函数的代码如下。

```
//当用户单击“上传”按钮时，执行此事件处理函数
void CFtpDlg::OnUpload()
{
        //获得用户在对话框中的当前输入，如服务器域名、登录名和口令
        UpdateData(TRUE);

        //禁用对话框中用于输入的文本框控件
        m_EditFtp.EnableWindow(FALSE);              //服务器域名输入文本框
        m_EditName.EnableWindow(FALSE);             //登录名输入文本框
        m_EditPwd.EnableWindow(FALSE);              //口令输入文本框
        m_StaFtp.EnableWindow(FALSE);               //响应的静态文本
        m_StaName.EnableWindow(FALSE);
        m_StaPwd.EnableWindow(FALSE);

        //禁用对话框中的“查询”按钮
```

```
        m_BtnQuery.EnableWindow(FALSE);
        FTP_INFO* pp = new FTP_INFO;
        //将用户输入的相关信息赋值到结构对象的成员变量中
        pp->pList = NULL;
        pp->strFtpSite = m_strFtpSite;
        pp->strName = m_ strName;
        pp->strPwd = m_strPwd;
        //创建并启动新的线程，完成实际的上传工作
        AfxBeginThread(mtUploadFile,pp);

        //激活对话框中的“查询”按钮
        m_BtnQuery.EnableWindow(TRUE);

        //激活对话框中用于输入的文本框控件
        m_EditFtp.EnableWindow(TRUE);
        m_EditName.EnableWindow(TRUE);
        m_EditPwd.EnableWindow(TRUE);
        m_StaFtp.EnableWindow(TRUE);
        m_StaName.EnableWindow(TRUE);
        m_StaPwd.EnableWindow(TRUE);
}
```

从以上代码可以看出，采用了多线程的编程技术后，事件的处理函数主要负责进程参数的传递和用户界面的管理，而实际的任务则由线程的控制函数来完成。

习　题

1. MFC WinInet 所包含的类有哪些？
2. 说明 MFC WinInet 各类之间的关系。
3. 使用 WinInet 类编程的一般步骤是什么？
4. 说明用户界面线程和工作线程的概念和特点。
5. 简述创建 MFC 的工作线程所必需的步骤。
6. 简述创建并启动用户界面线程所必需的步骤。
7. 如何正常终止线程？如何提前终止线程？
8. 用 MFC WinInet 类实现 FTP 客户端，程序界面自行设计，功能要求如下。

（1）连接服务器。首先填写正确的主机 IP 地址、端口号、用户名和密码，以连接到 FTP 服务器。连接成功后，应该显示服务器文件列表，以及文件的详细路径。

（2）文件上传。能够通过“打开”对话框选择本地文件，并将其上传到服务器。

（3）文件下载。在服务器文件列表中选择文件，单击“文件下载”按钮即可下载文件，并能通过“另存为”对话框保存文件。

（4）关闭连接。访问结束后，应该断开客户端与服务器之间的连接。

第 8 章

电子邮件协议与编程

电子邮件是应用最广最成功的网络软件。通过详细剖析电子邮件的编程原理和技术，我们可以深刻理解本书的内容，并能举一反三；同时，我们能抓住网络编程的关键——应用层协议。通过对本章的学习，读者应当充分认识应用层协议在网络编程中的重要性。可以说，网络编程的本质就是应用层协议的实现。

本章首先介绍电子邮件系统的构成和工作原理，然后分析简单邮件传送协议（SMTP），叙述 RFC 822 规定的纯文本电子邮件信件的格式，详细说明多用途互联网邮件扩展（MIME），分析接收电子邮件的邮局协议（POP），最后给出两个编程实例。

8.1 电子邮件系统的工作原理

8.1.1 电子邮件的特点

电子邮件是互联网上最常用的应用之一，它为用户在互联网上设立了存放邮件的电子邮箱，发信人可以随时将电子邮件发送到收信人的电子邮箱，而收信人也可以随时上网读取邮件，实现了发信人与收信人以异步的方式通信。

8.1.2 电子邮件系统的构成

一个电子邮件系统包括 3 个主要的构件，即用户代理、邮件消息传输代理和电子邮件使用的协议。

用户代理是用户（发信人或收信人）与电子邮件系统的接口，往往是运行于计算机上的一个程序，向用户提供友好的窗口界面，用于发送或接收邮件。Foxmail 是广受欢迎的电子邮件用户代理软件。

邮件消息传输代理提供电子邮件的传输服务，往往是运行于远端计算机上的服务器软件。考虑到发信与收信是异步发生的两个过程，又可将其细分为邮件发送传输代理和邮件接收传输代理。发信人发信时，由邮件发送传输代理完成电子邮件的发送传输。具体地说，它负责接收用户代理发送的电子邮件，并通过互联网，直接或以中继的方式将邮件发送到收信人的电子邮箱中。邮件接收传输代理完成电子邮件的接收传输，当收信人需要读取信件时，邮件接收传输代理负责将邮件从用户的电子邮箱中取出，传送至收信人的用户代理，收信人就能看到信了。无论是发送还是接收，电子邮件的网络传输都通过 TCP 连接进行。

电子邮件传输服务采用 C/S 模式，电子邮件传输的客户端和服务器进程之间进行通信的约定就是协议，主要有两个。一个用于发送邮件，即 SMTP，是 SMTP 客户端和 SMTP 服务器之间的通信约定；另一个用于接收邮件，即邮局协议第三个版本（POP3），是 POP 客户端和 POP 服务器之间通信的约定。

8.1.3 电子邮件系统的实现

先看一个实现的例子。假设发信人为甲，其电子信箱为 Jia@163.com；收信人为乙，其电子信箱为 Yi@sina.com，如图 8.1 所示。

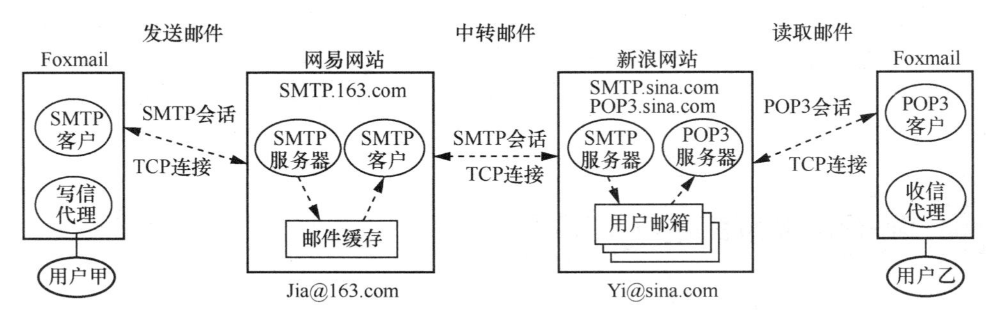

图 8.1 电子邮件的发送与接收过程

甲在自己的计算机上运行 Foxmail 软件，写了一封邮件，填好乙的电子邮件地址和相关信息，然后单击“发送”按钮，连接到网易网站，借助 TCP/IP 将这封邮件从甲的计算机送到了网易网站，网易的电子邮件服务器软件再通过互联网，把邮件传送到位于新浪网站的乙的电子邮箱中存储起来。传输过程是在后台进行的，对于甲来说，是透明的。当乙需要读取邮件时，也进入 Foxmail 软件，连接到新浪网站，新浪的电子邮件服务器软件把邮件从乙的邮箱中取出来，通过网络发送给乙，乙就看到了邮件。

这个实现过程涉及两个用户代理和 3 对用于传送邮件的传输代理进程(即两对 SMTP 进程和一对 POP3 进程)。

甲方用户代理软件可以从功能上分为两部分：发信代理软件和 SMTP 客户端软件。发信代理软件直接面向用户，工作在前台，与用户交互，为用户提供编辑邮件的环境和发送邮件的界面；SMTP 客户端软件运行在后台，负责向外发送电子邮件。

乙方用户代理软件也包括两部分：收信代理软件和 POP3 客户端软件。收信代理软件也直接面向用户，提供服务，提供接收信件的界面，并具备邮件的显示和处理功能，如阅读后将邮件删除、分类存档、打印等。而 POP3 客户端软件负责从乙的邮箱中取回邮件。

邮件在网上传输时，借助 TCP/IP 协议簇形成的进程之间的通信通道，采用 C/S 模式，分成 3 个阶段，由 3 对进程完成。第一对是 SMTP 客户端和 SMTP 服务器进程，负责将邮件从甲的计算机发送到网易网站，存到网易的 SMTP 邮件服务器的接收缓存中。第二对也是 SMTP 客户端和 SMTP 服务器进程，负责将邮件发送到收信人的电子邮箱，并存储在邮箱中。第三对是 POP3 客户端和服务器进程，负责完成乙从新浪邮箱取回邮件的过程。

下面结合图 8.1 来看一封电子邮件的发送和接收过程。

（1）甲运行 Foxmail 软件，进入它的窗口用户界面，利用其中发信代理的相关功能，编辑要发送的邮件的内容。然后，填好收信人的电子邮箱地址、邮件主题等信息，单击“发送”按钮。

（2）Foxmail 软件中的 SMTP 客户端进程向网易网站的 SMTP 服务器（网络地址：域名为 SMTP.163.com，用于监听的传输层端口是 25）发出连接请求，经过三次握手建立 TCP 连接。然后，进入 SMTP 客户端与 SMTP 服务器的会话过程，通过网络，SMTP 客户端发出请求命令，SMTP 服务器以响应作答。这样一来一往，邮件就从甲的计算机传送到网易的 SMTP 服务器。SMTP 服务器把这封邮件存储在位置特定的电子邮件缓存队列中。

（3）网易站点的 SMTP 电子邮件服务软件，其实由两部分组成，除了上述 SMTP 服务器软件以外，还有 SMTP 客户端软件。它们可以是并发运行的两个进程。这个 SMTP 客户端进程运行在后台，它定期自动扫描上述电子邮件缓存队列，一旦发现其中收到了邮件，就立即按照该邮件收信人的电子邮箱地址（例如 Yi@sina.com）向新浪网站的 SMTP 服务器进程（网络地址：域名是 SMTP.sina.com，端口是 25）发起建立 TCP 连接的请求。同样要经过三次握手建立 TCP 连接。也同样要经过 SMTP 客户端与服务器的会话过程，将邮件从网易站点传送到新浪站点，新浪的 SMTP 服务器则将此邮件存放到乙的电子邮箱中，等待乙在方便的时候来读取。至此，电子邮件发送的过程结束。

（4）在某个时间，乙想看看自己的电子邮箱中有没有新的邮件。它也运行 Foxmail 软件，进入窗口用户界面后，选择“收信箱”，就在窗口中看到了自己信箱中的邮件目录，再单击一封邮件，就看到了邮件的内容。在这个过程中发生了什么事情呢？Foxmail 软件中的 POP3 客户端进程立即向新浪网站的 POP3 服务器进程（网络地址：域名是 POP3.sina.com，端口是 110）发出连接请求，建立 TCP 连接，然后按照 POP3，进入 POP3 会话过程，将邮件或邮件的副本从新浪的电子邮箱中取出，发送到乙的计算机。

（5）乙方 Foxmail 中的收信代理向用户显示邮件，乙可以利用它的相关功能对此邮件做进一步处理。

需要说明的是，为了简化叙述，在上面的例子中以甲向乙发邮件为例。但在实际中，因为一个用户既要发邮件，又要收邮件，往往把发信代理、收信代理、SMTP 客户端和 POP3 客户端 4 个部分，放在一个程序中实现。Foxmail 软件就是这样的一个集成软件。同样，一个互联网服务提供商（ISP），如网易或新浪，既要转发去往其他站点的邮件，又要将自己管理的邮箱中的邮件下载给合法的用户。所以，网上 ISP 的服务器中，既有接收邮件的缓存队列，又有电子邮箱，既有 SMTP 服务器及客户端进程，又有 POP3 服务器。这些通常被称为电子邮件服务器。

从以上分析我们可以了解电子邮件系统的特点。

（1）它是一种异步的通信系统，不像电话，通话的双方都必须在场。

（2）使用方便，传输迅速，费用低廉，不仅能传输文字信息，还能附上声音和图像。

（3）在电子邮件系统的实现中，ISP 的服务器必须每天 24 小时不间断地运行，这样才能保证用户可以随时发送和接收信件，而用户发送或接收电子邮件的时间则较为灵活。

8.2 SMTP

8.2.1 SMTP 概述

SMTP 采用 C/S 模式，专用于电子邮件的发送。它规定了发件人把邮件发送到收信人的电子邮箱的全过程中，SMTP 客户端与 SMTP 服务器相互通信的进程之间应如何交换信息，即规定了 SMTP 的会话过程。用户直接使用的是用于编写和发送邮件的客户端软件，而 SMTP 服务器通常运行在远程站点上。C/S 之间的通信是通过 TCP/IP 进行的。

8.2.2 SMTP 客户端与 SMTP 服务器之间的会话

1. SMTP 会话

图 8.2 所示为 SMTP 客户端与 SMTP 服务器之间的会话示意。

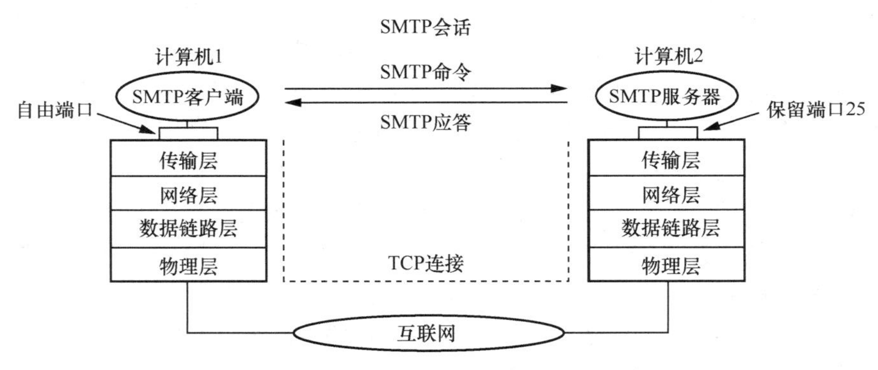

图 8.2　SMTP 客户端与 SMTP 服务器之间的会话示意

SMTP 客户端与 SMTP 服务器之间的通信借助 TCP 连接进行。建立 TCP 连接后，客户端与服务器之间交换信息的过程称为 SMTP 的会话过程。SMTP 服务器并不是邮件的目的地，它只是邮件的中间传递机构，发送邮件的客户端软件不需要了解如何把邮件发送到目的信箱的服务器上，只需要向具有传递机制的 SMTP 服务器提供一些必要的信息，接下来怎么投递邮件就是 SMTP 服务器的事情了。

2. SMTP 命令

一般由客户端首先主动发送 SMTP 命令。SMTP 客户端发往 SMTP 服务器的信息称为 SMTP 命令。在 RFC 821 中，SMTP 规定了 14 种命令。

SMTP 命令的一般格式如下。

```
命令关键字  参数  <CRLF>
```

其中，命令关键字一般是4个字母，是一个英文动词的缩写。参数随命令而异，命令应当以回车换行符结束。

3. SMTP应答

SMTP服务器收到命令后，返回给SMTP客户端的信息，称为SMTP应答。客户端每次发送一条SMTP命令后，服务器都会给客户端返回一条响应。SMTP规定了23种响应码。

SMTP应答都是以一个响应码开头，后面接着响应的描述信息。如果SMTP服务器不一样，响应的描述信息可能不一样，SMTP应答的一般格式如下。

```
响应码  响应的文本描述信息
```

其中，响应码为3位数字，与描述信息文本之间有一个空格。

响应码的每一位都有特定的含义。

（1）第一位。

- 2是关于传输线路的肯定应答。
- 3是中间肯定应答，服务器等待更多的信息。
- 4是暂时否定完成应答，服务器没有接收客户端的命令，并且要求的操作没有发生，但是此状态是暂时的。
- 5是永久否定完成应答，表示绝对的失败。

（2）第二位。

- 0表示一个语法错误。
- 1是关于消息内容的响应。
- 2是关于传输线路连接的响应。
- 5是关于邮件系统状态的消息。

（3）第三位。

第三位指定某个特定类别中的消息的间隔等级。

响应码未用其他数字。

8.2.3 常用的SMTP命令

成功连接SMTP服务器后，客户端要进行与它的会话。SMTP规定了一整套标准命令。以下就以会话时命令的使用顺序，介绍常用的SMTP命令。在所举的例子中，“C:”后面是客户端发送的命令，“S:”后面是服务器返回的响应。

1. SMTP客户端问候SMTP服务器

SMTP客户端问候SMTP服务器的语法格式如下。

```
HELO  发送方的主机名  <CRLF>
```

下面是HELO命令的应用示例及其相关功能描述。

```
C:  HELO  ZZZ
S:  250  ZZZ  Hello  smtp.163.com, pleased  to  meet  you
```

SMTP客户端发送这条命令，以问候并告知SMTP服务器，它想与SMTP服务器通信，并向它发送电子邮件，询问服务器是否准备好接收邮件。SMTP客户端通常在连接到服务器后，首先向服务器发送该命令。如果服务器接收命令，则返回 250 的响应码，表明客户端和服务器可以继续进行 SMTP 对话的其余部分。如果出于安全性要求或其他原因，服务器想拒绝客户端的请求，则会发出 550 错误响应码。

2．邮件来自何处，说明发件人的电子邮件地址

说明发件人的电子邮件地址的语法格式如下。

```
MAIL  FROM：发信人的电子邮件地址 <CRLF>
```

下面是 MAIL　FROM 命令的应用示例及其相关功能描述。

```
C:  MAIL  FROM:  YY@163.COM
S:  250 OK
```

SMTP 客户端发送这条命令来向服务器告知发信人的电子邮件地址。当投递失败时，服务器会按照这个地址，将邮件退还给发送者。这条命令启动了一次邮件发送事务。如果服务器成功地响应了这条命令，它会复位服务器的状态表和数据缓冲区，并开始一次新的邮件事务。如果服务器接收该命令，会返回 250 响应码，指示会话可以继续；如果命令失败，服务器返回失败的响应码。例如，550 表示服务器不想授予访问权，553 表示语法错误。

3．说明收信人的电子邮件地址

说明收信人的电子邮件地址的语法格式如下。

```
RCPT  TO：收信人的电子邮箱地址  <CRLF>
```

下面是 RCPT　TO 命令的应用示例及其相关功能描述。

```
C:  RCPT  TO: ZHANG@263.COM
S:  250 < ZHANG@263.COM >, Recipient  ok
```

SMTP 客户端发送这条命令，以告知服务器收信人的电子邮件地址。服务器应当把客户端随后发送来的邮件，转发到此命令指定的收信人的电子邮箱。服务器返回 250，表示成功接收该命令；若返回 553 表示信箱地址不合法。

4．请求发送邮件内容

请求发送邮件内容的语法格式如下。

```
DATA  <CRLF>
```

此命令很特殊，只有命令关键词，没有参数。它告知 SMTP 服务器，客户端即将开始发送邮件内容。在正常的情况下，服务器应向客户端返回以下响应信息。

```
354  Start mail input; end with <CRLF> . <CRLF>.
```

这表明服务器已经准备好接收客户端发送的数据，客户端可以开始发送电子邮件内容了，并提醒客户端，当邮件内容发送完毕时，要用两个回车换行符中间夹着一个英文句点作为结束符。

客户端接到响应后，就开始按照 RFC 822 所规定的电子邮件格式发送信头和信体，最终以<CRLF> . <CRLF>结束。服务器接到结束符后，会应答一个代码指示发送是否成功。下面是发送成功时，客户端收到的服务器应答信息。

```
250  ok, message saved
```

服务器在接到 DATA 命令后返回 503 响应码，表示命令顺序不对，因为指定发送邮件地址的 MAIL 或 SEND 命令和指定接收人地址的 RCPT 命令必须在 DATA 命令前执行。

如果发送的信体中的一行是以句点“.”作为开始的，服务器会误认为客户端发送

的信体数据已经完成。为解决这个问题，客户端应该在以句点开始的行前面多加一个句点。服务器收到一行的开始处有两个句点，会删除一个句点，把数据恢复到原来的形式。

5．空操作

空操作的语法格式如下。

```
NOOP  <CRLF>
```

服务器收到此命令不做任何操作，仅以 250 ok 作答。客户端与服务器的会话状态没有变化，可以用于测试客户端与服务器的连接。

6．验证电子信箱是否合法

验证电子信箱是否合法的语法格式如下。

```
VRFY  电子信箱地址 <CRLF>
```

下面是 VRFY 命令的应用示例及其相关功能描述。

```
C: VRFY  ZHANG@263.COM
S: 550 Unknown address: <ZHANG>
```

或者

```
C: VRFY  ZHANG@263.COM
S: 252 Couldn' t verify < ZHANG@263.COM > but will attempt delivery anyway
```

这两组命令用于验证 ZHANG@263.COM 是否合法。如果返回 550 响应码，表示邮箱不存在；如果返回 252，表示该信箱合法，还无法验证是否存在，服务器愿意尝试发送。

7．复位 SMTP 服务器

复位 SMTP 服务器的语法格式如下。

```
RSET  <CRLF>
```

此命令用于复位连接状态。服务器接到此命令后，会清除以前所接收到的所有命令请求及其内容，将会话状态复位到发送 HELO 命令之前的状态，并用 250 ok 回答。

8．请求服务器返回帮助信息

请求服务器返回帮助信息的语法格式如下。

```
HELP <CRLF>    或者  HELP  命令关键字  <CRLF>
```

该命令用于请求服务器返回各种类型的帮助信息。对于简单的 HELP 命令，服务器返回可用命令的摘要列表，以及关于服务器软件的一般信息。对于带命令关键字参数的 HELP 命令，服务器会返回特定 SMTP 命令的详细帮助信息。

9．退出会话

退出会话的语法格式如下。

```
QUIT  <CRLF>
```

例如：

```
C: QUIT
S: smtp.163.com ESMTP server closing connection
```

该命令用于终止客户端与 SMTP 服务器的会话，服务器一般以 221 响应来确认终止，并关闭 TCP 连接。

8.2.4 常用的 SMTP 响应码

常用的 SMTP 响应码如下。

- 211：系统状态或系统帮助响应。
- 214：帮助信息。
- 220：服务就绪。
- 221：服务器关闭传输通道。
- 250：请求的邮件操作已经完成。
- 251：用户不是本地的，将按照前向路径转发。
- 354：启动邮件输入，要求邮件文本要用<CRLF><CRLF>结束。
- 421：服务不可使用，关闭传输通道。
- 450：没有执行请求的邮箱操作，因为信箱不可用。
- 451：请求的操作已经终止，因为在处理的过程中出现了错误。
- 452：请求的操作没有发生，因为系统的存储空间不够。
- 500：语法错误，命令不可识别。
- 501：参数或变元中存在语法错误。
- 502：命令不能实现。
- 503：错误的命令序列。
- 504：命令的参数不能实现。
- 550：请求的操作不能发生，信箱不可用。
- 551：用户不在本地，请尝试发送到前向路径。
- 552：请求的邮件操作终止，超出存储分配。
- 553：请求的操作不能执行，因为信箱语法错误。
- 554：事务失败。

8.2.5 SMTP 的会话过程

SMTP 客户端与 SMTP 服务器的会话过程分为 3 个阶段，以下示例将说明这一点。

```
C: HELO  YE                                               //你好！我是 YE
S: 250  YE  HELLO  smtp.163.com，pleased to meet you      //你好！YE，很高兴见到你，有事吗
C: MAIL  FROM: YE@163.COM                                 //我想发邮件，我的地址是 YE@163.COM
S: 250  <From: YE@163.COM>, Sender, accepted              //行！有邮件你就发吧
C: RCPT ZHANG@263.net                                     //我的邮件要发给 ZHANG@263.net
S: 250  < ZHANG@263.net >, Recipient  ok                  //行！已经准备好
C: DATA                                                   //我要发邮件的内容了
S: 354 Enter mail,  end with <CRLF>.<CRLF>      //发吧！结尾标志是两个回车换行符夹个英文句点
C: （客户端按照电子邮件的格式发送邮件内容）
C: （邮件内容发送完毕，发送结束标志 crlf & . & crlf）      //我的邮件已经发完了
S: 250 ok, message saved                                  //好的，已经存储你的邮件了
C: QUIT                                                   //再见
```

```
S: 221 See  you  in  cyberspace                    //再见
```

在上面的对话过程中，可以明显看出 SMTP 会话具有以下特点。

（1）会话的过程采用交互式的请求—响应模式，客户端发送命令，服务器返回响应。

（2）客户端发送的命令和服务器返回的响应都是纯文本形式，并遵循一定的格式规范。

（3）针对客户端的每个命令，服务器都会返回一定的响应码，表示服务器是否接收或执行了客户端命令。

（4）会话过程有一定的顺序。

8.2.6 使用 Winsock 实现电子邮件客户端与服务器的会话

电子邮件的通信过程是基于 TCP/IP 的，所以在 Windows 环境中，客户端软件采用 Winsock 接口来编程，就可以达到和服务器进行通信的目的。要实现 SMTP 会话，通常要执行以下步骤。

（1）启动 SMTP 服务器，在指定的传输层端口监听客户端的连接请求，为 SMTP 服务器保留的端口是 25。

（2）客户端设置 Winsock 连接的 IP 地址或域名，指定端口号，主动发出连接请求，连接到 SMTP 服务器。例如，网易的 SMTP 服务器的域名是 smtp.163.com，监听端口是 25。

（3）服务器接收客户端的连接请求，并发回响应。客户端应收到类似 220 BigFox ESMTP service ready 的信息，说明客户端已经与服务器建立连接，成功地实现了第一步。

（4）客户端和服务器分别向对方发送数据。

（5）客户端或服务器分别读取自己缓冲区中的数据。

（6）步骤（4）和步骤（5）是 SMTP 会话的主要部分，要遵照 SMTP 的规定，按顺序进行。客户端向服务器发送命令，服务器向客户端发送应答，以上两步要多次重复。

（7）会话完毕，关闭客户端和服务器之间的连接。

8.3 电子邮件信件结构概述

在上一节中，通过对 SMTP 的学习，我们已经了解了发送电子邮件时，SMTP 客户端与 SMTP 服务器的会话过程和命令，知道了在何时可以发送电子邮件的内容。但是如果不了解电子邮件的格式，还是无法发送的。这一节就来详细介绍电子邮件的结构。

8.3.1 互联网文本信件的格式标准——RFC 822

在传统的邮政系统中，一封信包括信封和信件内容两部分。同样，在 E-mail 系统中，一个电子邮件也可以分为信封和内容两部分。邮件信封包括为了完成电子邮件的传送和分发所需要的信息，而邮件内容包括发信人要发送给收信人的信息。在 RFC 821 和 RFC

2821 中对于 SMTP 的讨论，实际就规定了电子邮件信封的格式。信件内容的格式是由 RFC 822 和 RFC 2822 规定的。

深入了解邮件内容文本构成的格式和规范，对于电子邮件系统的软件开发者来说是非常重要的。发送方客户端软件必须将用户输入的相关信息，组织成合乎标准的电子邮件文本，然后才能使用 SMTP 将邮件发送出去。接收方客户端软件使用 POP3 接收邮件后，也必须对信件中的内容进行分类整理，把信件中的各种信息，如发信人、主题、时间和内容等，分别显示到窗口界面的不同位置，这就要求接收方软件能够按照标准识别信件所包含的信息。中间的传输代理软件也必须能够识别信件的格式。所以，无论是发送还是接收 E-mail 的软件，都应根据统一的格式标准来编写信件，确保在进行邮件交流时就不会出现障碍。RFC 822 标准仅仅提供了电子邮件信件内容的格式和相关语义，并不包括邮件信封的格式。然而，某些电子邮件系统可能会使用信件内容的信息来创建信封。

RFC 822 规定，电子邮件信件的内容全部由 ASCII 字符组成，就是通常所说的文本文件。因而标准将电子邮件信件称为互联网文本信件。从直观上看，信件非常简单，就是一系列由 ASCII 字符组成的文本行，每一行以回车换行符结束。行结束符常用“CRLF”表示，就是 ASCII 码的 13 和 10。

从组织结构上看，RFC 822 将信件内容结构分为两大部分，中间用一个空白行（只有 CRLF 符的行）来分隔。第一部分称为信件的头部，包括发送方、接收方和发送日期等信息。第二部分称为信件的体部，包括信件内容的正文文本。信头是必需的，信体是可选的，即信体可有可无。如果不存在信体，用作分隔的空白行也就不需要了。信头具有比较复杂的结构，信体就是一系列向收信人表达信息的文本行，比较简单，可以包含任意文本，并没有附加的结构，在信体中间，也可以有用作分隔的空白行。这样设计的信件便于进行语法分析，便于提取信件的基本信息。

在 RFC 822 中，并没有规定每一行的长度和信体的长度，但是在关于 SMTP 的 RFC 中进行了相关的规定。这些限制决定了电子邮件程序在产生信件时的行长和信长。一般说来，信头和信体都要受到两条限制：第一条是每个文本行末尾的回车符（CR）和换行符（LF）必须连在一起，在信头和信体中不得出现单独的回车符或换行符；第二条是对于一行字符数的限制。

对于一行字符数，有 1000/80 的限制规则。这是出于两种考虑：首先为了方便地实现电子邮件的发送、接收和存储，文本行的字符数必须符合 SMTP 等传输协议的限制，在 SMTP 中规定每一行最多能有 1000 个字符，因此一行字符数不得超过 1000；其次，考虑到大部分显示终端每行显示 80 个字符，为了提高可读性，建议每行限制在 80 个字符以内。这里的限额都包括行末的回车符和换行符。

对于信件的行数，RFC 822 没有特别的限制，但一些软件包和一些传递机制有它们的限制。

下面是一个电子邮件信件内容文本的实例，它大致说明了邮件头部行的形式，头部的行由关键字和冒号开始，头部和正文部分由空行分隔开。

```
From: John_Q_Public@foobar.com
To: 912743.253843@nonexist.com
```

```
Date:Fri,1 Jan 99 10:21:32 EST
Subject: lunch with me?

Bob
   Can we get together for lunch when you visit next week? I'm free
On Tuesday or Wednesday - just let me know which day you would prefer.
john
```

在这个实例中，除了发信人和收信人以外，头部还包括两个附加的字段，说明信件发出的日期及信件的主题。头部的字段有些是必需的，有些是可选的。发送方的电子邮件软件可以选择包含哪些可选的字段。在邮件传递的过程中，相关的电子邮件软件如果无法识别一个头部字段，就跳过它们并使之保持不变。这样，使用电子邮件系统进行通信的应用程序就可以在信头增加附加行来进行过程控制。更重要的是，软件供应商可以创建自己使用的头部字段，来实现具有附加功能的电子邮件软件。例如，如果收到的电子邮件包含一个特殊的头部字段，软件就知道该信息是由某个公司的软件产品所生成的，并可以根据这个字段提供的信息，生成该公司的产品广告。

8.3.2　信头

1．信头的一般格式

电子邮件信件的信头结构比较复杂。信头由若干个信头字段组成，这些字段为用户和程序提供了关于信件的信息。要了解信头的结构就要弄清楚各种信头字段的含义。

所有的信头字段都具有相同的语法结构，从逻辑上说，包括 4 个部分：字段名、冒号“:”、字段体、回车换行符（CRLF）。语法格式如下。

```
信头字段 = 字段名：字段体 <CRLF>
```

字段名必须由除了冒号和空格以外的可打印 US-ASCII 字符（其值为 33～126）组成，大多数字段的名称由一系列字母、数字组成，中间经常插入连字符。字段名指示电子邮件软件如何翻译该行中剩下的内容。

字段体可以包括除 CR 和 LF 之外的任何 ASCII 字符。但是其中的空格、加括号的注释，引号和多行字段都比较复杂。另外，字段体的语法和语义依赖于字段名，每个类型的字段有特定的格式。

RFC 822 为信件定义了一些标准字段，并提供了用户自行定义非标准字段的方法。

2．结构化字段和非结构化字段

每个信头字段所包含的信息不同，形式也就不同。信头字段大体可以分为结构化字段和非结构化字段两种。

结构化字段有特定的格式，由语法分析程序检测。Sender 字段就是一个很好的例子，它的字段内容是邮箱地址，有一个离散的结构。非结构化的字段含有任意数据，没有固定格式。例如，Subject 字段可以含有任意的文本，并且没有固定格式。非结构化的字段数量较少，只有 Subject、Comments、扩展字段、非标准字段、IN-Reply 和 References 等。所有其他字段都是结构化的。

3．信头字段的元素

尽管电子邮件的总体结构非常简单，但一些信头字段的结构是很复杂的。下面介绍一些大多数字段共有的元素。

（1）空白符。像其他文本文件一样，空白符包括空格符（ASCII 值为 32）和制表符 Tab（ASCII 值为 19）。此外，行末的回车换行符（CRLF）也应视为空白符。使用空白符可以对字段进行格式化，增加它的可读性。例如，每个字段间用 CRLF 来分隔，在字段内用空格来分隔字段名和字段内容。在 Subject 后面的冒号和内容之间插入空格字符，会使字段结构更加清晰。在电子邮件中，空白符的使用并没有固定的规则，但应当正确地使用，并且仅在需要时才使用，以便接收软件进行语法分析。

（2）注释。注释是由括号括起来的一系列字符。注解一般用在非结构化的信头字段中，没有语法语义，仅提供了一些附加的信息。如果在加引号的字符串中有包含在括号中的字符，那么这些字符是字符串的一部分，不是注释。在解释邮件时，会将注释忽略，往往用一个空格字符代替它们，以避免破坏结构。

（3）字段折叠。每个信头字段从逻辑上说应当是一个由字段名、冒号、字段体和 CRLF 组成的单一的行，但为了方便书写与显示，增加可读性，也为了符合 1000/80 的行字符数的限制，可以将超过 80 个字符的信头字段分为多行，即进行折叠。在结构化和非结构化字段中都允许折叠。在字段中某些点插入 CRLF 和一个或多个空白字符可以实现字段的折叠，第一行后面的行称为信头字段的续行。续行都以一个空白符开始，这种方法称为折叠。例如，标题字段 Subject: This is a test 的折叠形式如下。

```
Subject: This
is a test
```

反之，将一个被折叠成多行的信头字段恢复到它的单行表示的过程叫作去折叠。只要简单地移除后面跟着空格的 CRLF，将折叠空白符 CRLF 转换成空格字符，就可以完成去折叠。在分析被折叠的字段的语法时，必须把一个多行的折叠字段展开为一行，根据它的非折叠的形式来分析它的语法与语义。

（4）字段大小写。字段名称是不区分大小写的，所以 Subject、subject 或 SUBJECT 都是一样的。不过字段名称大小写有习惯的常用形式，如主题字段的大小写形式通常为 Subject。字段体的大小写较为复杂，要视具体情况而定。例如，Subject 后面的字段体，其中的大写可能就是缩写的专用名词，不应更改。

4．标准的信头字段

下面分类介绍 RFC 822 中定义的常用的标准信头字段。

（1）与发信方有关的信头字段。

① 写信人字段：指明信件的原始创建者，并提供其电子信箱地址。创建者对信件的原始内容负责。写信人字段的格式如下。

```
From: mailbox  <CRLF>
```

示例代码如下。

```
From: wang@163.com  <CRLF>
```

② 发送者字段：指明实际提交发送这个信件的人员，并提供其电子信箱地址。当发信人与写信人不一样时使用。例如，秘书代表经理发送信件。发送者字段的格式如下。

```
Sender: mailbox   <CRLF>
```

示例代码如下。

```
From: wang@163.com   <CRLF>
     Sender: li@sina.com   <CRLF>
```

③ 回复字段：指定把回信发送到指定的邮箱。如果有此字段，回信将会发给它指定的邮箱，而不会发给 From 字段指定的邮箱。例如，发送的是经理的信，但回信应交办公室处理。回复字段的格式如下。

```
Reply-TO: mailbox  <CRLF>
```

示例代码如下。

```
From: wang@163.com  <CRLF>
     Reply-TO: zhao@soho.com  <CRLF>
```

（2）与收信方有关的信头字段。

① 收信人字段：指定主要收信人的邮箱地址，可以是多个邮箱地址的列表，地址中间用逗号隔开。收信人字段的格式如下。

```
TO: mailbox list  <CRLF>
```

示例代码如下。

```
TO: zhang@263.com  <CRLF>
```

② 抄送字段：用于指定此信件要同时发给哪些人，即抄送对象。也可以使用邮箱地址列表，抄送给多个人。抄送字段的格式如下。

```
Cc: mailbox list  <CRLF>
```

示例代码如下。

```
Cc: zhang@863.com  <CRLF>
```

③ 密抄字段：指定此信件要同时秘密发给哪些人，即密件抄送对象。也可以使用邮箱地址列表，密抄给多个人。密抄字段的格式如下。

```
Bcc: mailbox list  <CRLF>
```

（3）其他信头字段。

① 日期字段：Date 字段含有电子邮件创建的日期和时间。日期字段的格式如下。

```
Date: date-time  <CRLF>
```

示例代码如下。

```
Date: Tue,04 Dec 2004  16:18:08 + 800  <CRLF>
```

② 信件主题字段：描述信件的主题。当回复信件时，通常在主题前面增加“Re:”前缀，标记该信件为回复信件；当信件被转发时，通常在主题文字前面加上“Fw:”“Fwd:”前缀。信件主题字段的格式如下。

```
Subject: *text  <CRLF>
```

示例代码如下。

```
Subject: Hello!  <CRLF>
     Subject: Re:Hello!  <CRLF>
```

③ 接收字段：投递信件的特定邮件服务器所做的记录。每个处理邮件投递的服务器必须给它处理的每个信头的前面添加一个 Received 字段，用以描述信件到达目的地所经过的路径以及相关信息。当追踪各个电子邮件问题时，这个信息很有帮助。

接收字段的格式如下。

```
Received:
      ["from" domain]                    //发送主机
      ["by" domain]                      //接收主机
      ["via" atom]                       //物理路径
      ["id" msg-id]  <CRLF>              //接收者 msg-id
```

具体示例代码如下。

```
Received:from wang[195.0.0.1] by li[129.5.0.4]
      Tue dec 2003 12:18:02 +800         <CRLF>
```

④ 注释字段：用于把一个注解添加到信件中。注释字段的格式如下。

```
Comments: *text          <CRLF>
```

⑤ 重发字段：当需要把收到的信件重发给另一组收信人时，可以保持整个原始信件不变，并简单地生成重发信件所要求的新信头字段。为避免与原有字段相混淆。新添加的信头字段前都加上 Resent-前缀字符串，它们的语法与未加前缀的同名字段相同。

重发字段的格式如下。

```
Resent-*                  <CRLF>
```

具体示例代码如下。

```
      Resent-From                        <CRLF>
      Resent-Sender                      <CRLF>
      Resent-date                        <CRLF>
      Resent-Reply-To                    <CRLF>
```

⑥ 信件标识字段：用于表示一个信件的唯一标识。该字段通常由 SMTP 服务器生成，这个值通常是唯一的。形式根据使用的软件而定。通常左边是标识符，右边指定计算机名。

信件标识字段的格式如下。

```
Message-ID: msg-id          <CRLF>
```

信头字段的关键字表明电子邮件借用了办公室备忘录中的概念和术语。电子邮件使用与传统的办公室备忘录相同的格式和术语：头部包括与消息有关的信息，正文包括消息文本。电子邮件头部的行说明了发送方、接收方、日期、主题和应当收到副本的人员列表。

像传统的办公室备忘录一样，电子邮件使用关键字 Cc 来指明一个复写副本，电子邮件软件必须向Cc:字段后面列出的电子邮件地址表中的每个地址发送一份消息的副本。

传统的办公室流程要求备忘录的发送方通知接收方是否将副本传给其他人。有时发送方希望将备忘录的一个副本发给别人，而不显示有一个副本被发送出去。一些电子邮件系统提供了盲复写副本 Bcc 的选项。创建消息的用户在关键字 Bcc 后给出一个电子邮件地址列表，以指定一个或多个 Bcc 接收者。虽然 Bcc 在发送方出现，但当信息发送时，邮件系统会将它从消息中除去。每个接收方必须检查头部的 To、Cc 和 Bcc 行以确定信息是直接发送还是作为 Bcc 发送的（有些邮件系统在正文部分附加信息来告诉接收者它是一个 Bcc）。其他接收者不知道有哪些用户接收到了 Bcc。

5．信头中必须包含的字段

RFC 822 定义了 20 多个信头字段，大体分为两类：一类是由写信人在创建信件时加的；另一类是由电子邮件软件在信件传输的不同阶段添加的。但只有少数几个信头字段是实际要求所必需的，其他则是可选的。在创建信件时，必须使用 Date 或 Resent-Date 字段指定创建信件的日期，必须使用 From 字段指定创建该信件的人或程序的信箱，必须至少使用 To、Cc 或 Bcc 中的一个，或者与它们等效的 Resent-TO、Resent-CC 和 Resent-Bcc 字段中的一个，来指定接收信件的人。

除了这些创建信件时要求的信头以外，每个处理信件的邮件传输代理（MTA）必须在它处理的信头开始处添加一个 Received 字段，这类似于加盖一个中转邮戳。这就是我们通常在许多信件的开始部分看到多个 Received 字段的原因。

6．在信头中字段的使用顺序

一般来说，信头中的字段不要求任何特定的顺序，但 Received、Return-Path 和 Resent-* 字段例外。Received 字段是在信件传送过程中，由经过的一系列 MTA 增加的，必须放在信头。Return-Path 字段是在最后一个 MTA 投递邮件前增加的，同样放在信头。因为这两类字段是为诊断问题提供跟踪信息的，所以它们的位置必须保持不变。另外，任何以 Resent-前缀开头的重发字段也必须放在信头。

RFC 2822 给出了邮件信头字段的一般排列顺序，代码如下。

```
the header of the message =
*(trace
*(Resent-date /Resent-from /Resent-sender /Resent-to /Resent-cc /
       Resent-bcc /Resent-msg-id))
*(orig-date /from /sender /reply-to /to /cc /bcc /message-id /in-reply-to /
references /subject /comments /keywords /optional-field)
```

首先是以 Resent-为前缀的重发字段，它们被括在圆括号内，形成一个块，这是某个 MTA 转发信件时添加的。块前的星号表示这样的块可以有多个这样的块。前面的 trace 部分表示服务器添加的用于跟踪信件传递的 Received 和 Return-Path 字段，它们位于重发块的前面，又与重发块一起形成一个有可能多次重复的结构。第二部分是由创建者写信时添加的字段，它们的顺序是任意的。

7．在信头中同一字段的出现次数

RFC 2822 规定了各种字段在信头中出现的最少次数和最多次数。除了 Received、Return-Path 和 Resent-*字段以外，其他字段多次出现是没有必要的。一般来说，如果同一字段出现多次，有两种处理方法：可以使用第一次出现的字段内容，也可以使用最后一次出现的字段的内容，具体由电子邮件软件决定。

8.3.3　构造和分析符合 RFC 822 标准的电子信件

1．信件的构造

发送电子邮件的程序不仅要与 SMTP 服务器进行邮件会话，而且在发送之前还要进行电子信件的构建。通过以上介绍，我们已经了解了信件的基本构成，信件主要分为两大部分：信头和信体，两部分之间用空白行隔开。

首先构造信头，信头的必需字段有：Date 字段、From 字段，以及至少一个收信人字段。也可以根据需要加入其他字段。信体部分比较简单，可以按照文本文件的方法编写。对于较

长的信头字段或信体行，可以使用折叠的方法，把它们转换为 80 个字符以内的行。

2．信件的语法分析

发送 E-mail 时，发送邮件程序要按照规范，构造要发送的信件；同样在接收邮件之后，接收邮件的程序要对信件进行结构和语法分析。信件的语法分析是构造信件的逆过程，通过分析，从中提取必要的信息，使用户最终看到的不是软件接收的原始信件，而是经过处理、有条理的信件内容。

一般首先将存在折叠的字段展开，将跨多行的字段去掉折叠字符合成一个完整的字段，并将信头与其他字段分隔。去掉折叠的方法是将续行上面一行末尾的 CRLF（回车换行符）替换成空格符。然后对字段进行处理，将字段头和字段体分离开。然后显示相关字段的内容，并不需要显示所有的字段，一般需要显示发信人、收信人、主题和日期，不需要显示的字段内容可以忽略。最后提取信件的正文内容。信体和信头之间以空白行分开，根据这个特点可以很容易将信头和信体区分开。

8.4 MIME 编码、解码与发送附件

8.4.1 MIME 概述

1982 年产生的 RFC 822，作为电子邮件的文本格式标准，在互联网上得到了广泛的应用。但随着互联网技术的发展和电子邮件的日益普及，RFC 822 的局限性变得越来越明显。这种局限性部分源于电子邮件的发送和接收协议的限制。

为了能利用电子邮件传送各种类型的信息，RFC 1341 提出了一种方法，并在 RFC 2045 至 RFC 2049 中做了进一步的完善，这就是多用途互联网邮件扩展（MIME）。MIME 得到各种网络软件的广泛支持，已经成为电子邮件的标准。按照 MIME 标准构造的邮件称为 MIME 邮件，或 MIME 信件，有时也称为 MIME 实体。

MIME 的基本思想：第一，不改动 SMTP 和 POP3 等电子邮件传输协议；第二，仍然要继续使用 RFC 822 的格式来传输邮件。通过在邮件中添加新定义的信头字段，来增加邮件主体的结构；通过为非 ASCII 的消息定义编码规则，解决利用电子邮件传送非 ASCII 消息的问题。即在发送端将非 ASCII 消息编码为符合 RFC 822 的文本格式，通过 SMTP、POP3 等协议传送，在接收端由邮件接收代理将其解码为原来的非 ASCII 消息，从而实现了 MIME 邮件在现有电子邮件程序和协议下的传送。MIME 通过扩展 RFC 822 规范，弥补了它的缺陷。图 8.3 所示为 MIME 与电子邮件协议之间的关系。

MIME 主要包括以下 3 个部分。

（1）扩展了可以在邮件中使用的信头字段。这些新定义的信头字段说明了 MIME 的版本、邮件内容的类型、编码方式，以及邮件的标识和描述等信息。

（2）定义了邮件信体的格式，给出了多媒体电子邮件的标准化表示方法，为信体增加了结构。而在 RFC 822 中，对邮件信体没有做任何结构方面的规定。

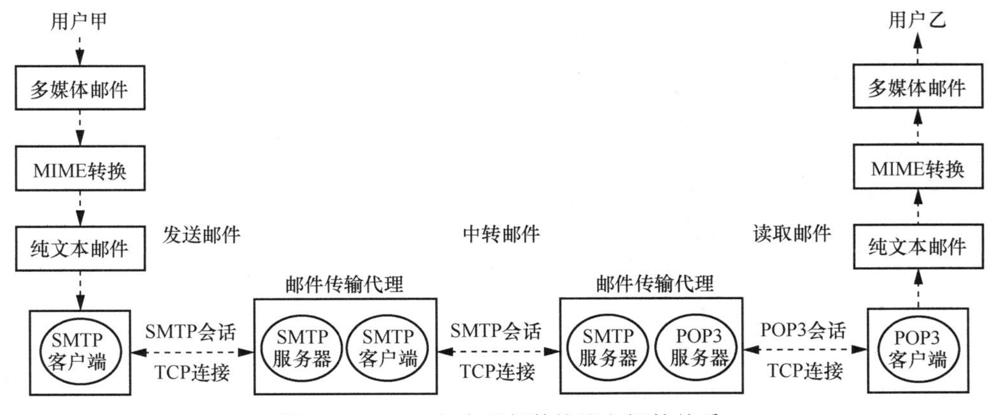

图 8.3 MIME 与电子邮件协议之间的关系

（3）定义了传送编码方法，可以将任何格式的内容转换为符合 RFC 822 的 ASCII 文本格式。

按照 MIME 规范，可以构造复杂的邮件，发送附件就是利用 MIME 实现的。

8.4.2 MIME 定义的新的信头字段

MIME 定义了 5 个新的信头字段，它们可以与原有信头字段一样，用在 RFC 822 邮件的头部中。

1. MIME 版本信头字段

MIME 版本信头字段的语法格式如下。

```
MIME-Version:1.0  <CRLF>
```

此字段用于标识所使用的 MIME 版本号。目前 MIME 只有 1.0 版。如果是 MIME 邮件，就必须包含 MIME 版本信头字段；如无此行，则说明邮件是遵循原始 RFC 822 的纯英文邮件。设置这个字段是为了在将来出现更高的 MIME 版本号时，解决发送、接收软件之间的兼容性问题。

2. 邮件唯一标识信头字段

邮件唯一标识信头字段的语法格式如下。

```
Content-ID：唯一标识信件的字符串  <CRLF>
```

此字段提供了一种唯一标识 MIME 实体的方法，与 Message-ID 信头字段类似。借助这个唯一标识，可以实现在一个 MIME 实体中引用其他 MIME 实体。如果邮件的内容类型是 Message/External-body，就需要使用此字段；对于其他类型，这个字段是可选的。

3. 邮件内容描述信头字段

邮件内容描述信头字段语法格式如下。

```
Content-Description： 描述文本  <CRLF>
```

描述文本是一个可读的字符串，简要说明 MIME 邮件的内容或主题，以便收信人可以据此决定是否值得解码和阅读该邮件。

4．MIME 邮件的内容类型信头字段

MIME 邮件的内容类型信头字段的语法格式如下。

```
Content-Type:主类别标识符/子类别标识符 [; 参数列表]  <CRLF>
```

示例代码如下。

```
Content-Type: Text/Plain; Charset ="gb2312"<CRLF>
```

此字段说明了特定的 MIME 实体中所包含数据的类型，类型不同，其邮件体的内部结构也随之不同。它也说明了邮件的性质，是 MIME 中的主要字段。

5．内容传送编码方式信头字段

内容传送编码方式信头字段的语法格式如下。

```
Content-Transfer-Encoding: 编码方式标识符 <CRLF>
```

此字段指定在传送邮件时，如何对邮件的主体进行编码，将在后文详述。

8.4.3 MIME 邮件的内容类型

1．Content-Type

Content-Type 是 MIME 对 RFC 822 扩展的最主要的信头字段，用于指定 MIME 邮件内容的类型，包含丰富的信息。Content-Type 信头字段的目的是充分地描述包含在信体中的数据，以便接收用户代理能够选择适当的代理或机制将这些数据呈现给用户，或者用正确的方法处理这些数据。这个字段的值叫作媒体类型。本小节将对这个字段进行详细的说明。它的一般格式如下。

```
Content-Type: 邮件内容媒体主类型名/子类型名[; 参数列表]  <CRLF>
```

这个字段由 3 个部分组成。

第一部分是关键字。

第二部分是邮件内容媒体主类型名和子类型名，它们说明了邮件内容的媒体类型。如果邮件使用了 Content-Type 字段，这两个标识符就必须明确给出，并且不区分大小写，中间要用斜杠分开。一般来说，媒体主类型名用于宣布数据的一般类型，而子类型则说明该数据类型的特定格式，因此，一个媒体类型“image/xyz”是要告诉用户代理，数据是一个图像，即使该用户代理全然没有关于特定的图像格式“xyz”的认识，也可以使用这样的信息，来决定是否向用户展示来自未识别的子类型的原始数据。对于 text 的未识别的子类型，这样的行为可能是合理的，但是对于 image 或 audio 的未识别的子类型，则不太合理。因此，text、image、audio 和 video 的注册子类型，不应包括嵌套的不同类型的信息。这样的复合格式应当使用“multipart”或“application”类型来表示。

第三部分是一个以分号隔开的参数列表，参数的顺序无关紧要。将它们括在中括号内，表示参数列表是可选的。参数用于控制内容类型的解释，大多数内容类型都有相应的参数。参数列表的格式如下。

```
; 参数名=参数值; 参数名=参数值; ……
```

参数值最好放在引号中间，在参数值中不允许直接出现字符：( )<>@,.::\"/[]?=。如果有，应该使用引号。以下是一个良好的编写习惯示例。

```
Content-Type:text/HTML;charset ="GB2312"
```

参数是媒体子类型的修饰符，但它们并不影响内容的本质。有意义的参数的集合依赖于媒体主类型和子类型。大多数参数与一个单一的特定的子类型相关，然而，一个给定的媒体主类型可以定义一些参数，这些参数可以应用到该主类型的任何子类型上。参数可能是它们的内容类型或子类型所要求的，也可能是可选的，MIME 实现必须忽略那些不能识别其名字的参数。

例如，“charset”参数可以应用到“text”的任何子类型。而“boundary”参数是媒体主类型“multipart”的任何子类型所必需的。

没有适用于所有媒体类型的全局意义的参数。

RFC 2046 定义了 7 个基本的内容主类型，每一种主类型都有一个或多个子类型，共计 15 个子类型。表 8.1 列出了它们的标识符，并做了简单说明。此后随着需求的增长，又不断增加了许多新的主类型和子类型。下面将详细说明各种内容类型和它们的子类型。

表 8.1　RFC 2046 定义的邮件内容主类型和子类型

内容主类型标识符	子类型标识符	说明
Text（正文）	plain	不包含格式化信息的无格式文本
	enrich	包含简单格式化标记的文本
Image（图像）	gif	GIF 格式的静止图像
	jpeg	JPEG 格式的静止图像
Audio（音频）	basic	用 PCM（脉冲编码调制）获得的音频数据
Video（视频）	mpeg	MPEG 格式的影片
Application（应用）	octet-stream	不加解释的不间断的字节序列
	postscript	PostScript 格式的可打印文档
Message（报文）	rfc822	MIME RFC 822 邮件
	partial	为了传输而将一个邮件分成几个部分
	external-body	必须从其他地方获取邮件的内容
Multipart（多部分）	mixed	按照特定顺序排列的几个独立部分
	alternative	不同格式的同一邮件
	parallel	必须同时读取的几个部分
	digest	每一个部分都是一个完整的 RFC 822 邮件

2. Text 媒体类型

Text 媒体类型用于直接的 ASCII 文本的内容。常用的子类型有 plain、enrich 和 HTML 等。

（1）Content-type:text/plain [；charset = "us-ascii"]。text/plain 媒体类型用于不包含任何格式化信息的普通邮件。信件由普通可打印字符组成，可以是 US-ASCII，也可以是汉字。这些数据没有经过格式化，即不包括任何格式化命令、字型字体说明或文本标记。它们看上去就是字符的线性序列，可能会分行或分页，直接浏览阅读就可以。例如，用记事本创建的文档，接收后无须解释任何格式规定，就可以直接显示出来。可选参数是

charset，用于指定 Text 所使用的字符集，取默认值 US-ASCII。对于包含汉字的文本，常使用 GB 2312 字符集。例如：

```
Content-type: text/plain; charset ="GB 2312"
```

如果邮件信头中没有 Content-type 字段，那就相当于使用以下形式。

```
Content-type: text/plain; charset ="us-ascii"
```

也就是说，这是邮件内容类型的默认值，实际就是指由最初的 RFC 822 定义的邮件信体类型。

text/enrich 子类型的文本中可用的标签见表 8.2。

表 8.2　text/enrich 子类型的文本中可用的标签

标签	描述	标签	描述
<BOLD>	文字加粗	<CENTER>	文字居中
<ITALIC>	文字倾斜	<FLUSHLEFT>	文字左对齐
<UNDERLINE>	文字加下划线	<FLUSHRIGHT>	文字右对齐
<PARAM>	提供属性参数	<FLUSHBOTH>	文字两端对齐
<SMALLER>	缩小文字	<NOFILL>	不带段落填充地显示文字
<BIGGER>	增大文字	<PARAINDENT>	控制段落缩进
<FIXED>	使用定宽文字	<EXCERPT>	作为节录材料显示文字
<FONTFAMILY>	指定字体	<LANG>	设置语言
<COLOR>	指定颜色		

（2）Content-type:text/enrich。text/enrich 子类型允许在文本中包含一种简单的标记语言，来表示文本的颜色、字体和对齐的格式，类似于现在使用的 HTML，但功能少得多。例如下面的文本：

```
本书的<BOLD>主要内容</BOLD>：介绍<ITALIC>网络编程</ITALIC>知识
```

这种格式与 HTML 控制显示格式的方式非常相似，相信读者不难理解。

随着 HTML 的出现，ENRICH 类型的使用很快被 HTML 代替，无论是显示格式的种类或是标准化方面，HTML 都有 ENRICH 无法比拟的优势。

（3）Content-type:text/html。text/html 子类型是在 RFC 2854 中增加的，为了适应 Web 的流行，可以在 RFC 822 的电子邮件中发送 Web 页面。要在自己实现的邮件程序中正确显示 HTML 内容，一般需要使用第三方提供的浏览器控件。随着可扩展标记语言（XML）在互联网上的流行，RFC 3023 又定义了一个子类型：text/xml。

3. Image 媒体类型

Image 媒体类型用于在电子邮件中传输静态图片，包括 gif 和 jpeg 两种子类型。

```
Content-type:image/gif
Content-type:image/jpeg
```

Image 媒体类型指示邮件的信体中包含了一幅静态图像，随后的子类型名说明了图像的格式。静态图像的存储和传输格式有许多种，可以是压缩的，也可以是非压缩的，在所有的浏览器中，都内置了对 GIF 和 JPEG 格式的支持。所以最初的 Image 类型定义了这两个子类型，但后来又加入了许多其他图像格式。图像数据是二进制的，一般采用 Base64 编码。

4. Audio 媒体类型

Audio 媒体类型有以下两种子类型。

```
①Content-type:autio/basic
②Content-type:autio/mpeg
```

Audio 媒体类型指示邮件的信体中包含了音频数据，随后的子类型名说明了音频信息的格式。它用于在邮件中传输声音，basic 子类型是最初定义的，当时人们对于在计算机上使用的音频数据格式还没有达成共识。autio/basic 媒体类型的内容，是单声道的音频，使用 8bit 的 PCM 编码，采样速率是 8000Hz，形成的就是基本的波形文件。人们一直在寻找质量更高、占用带宽更少的音频格式，后来在 RFC 3003 中又增加了新的音频子类型：audio/mpeg，从而使人们可以通过电子邮件来发送 MP3 音频文件。音频数据是二进制的，一般采用 Base64 编码。

5. Video 媒体类型

Video 媒体类型形式如下。

```
Content-type:video/mpeg
```

Video 媒体类型指示邮件的信体中包含了动态的视频图像，随后的子类型名说明了图像的格式，用于在电子邮件中传输运动的图像。MPEG 是由运动图像专家组定义的视频格式，在网络中广泛使用。但是要注意，video/mpeg 子类型只包含视觉信息而不包含音频轨道，如果要传输一部有声电影，需要分开传输视频和音频部分。

6. Application 媒体类型

Application 媒体类型用于那些不能归入上述类别的数据，尤其是那些需要由某种类型的应用程序处理的数据。只有经过特定应用程序的处理，这些信息才能被用户浏览或使用。此类型可以用于文件传输、账单、基于邮件的调度系统的数据，甚至动态的语言。例如，一个会议的调度者可能定义了一种关于会议日期信息的标准表示方法，一个智能的用户代理可能会使用这些信息生成一个对话框，与用户交互，也可以基于这个对话框，向用户发送其他信息。该媒体类型主要有 octet-stream 和 postscript 两种子类型。

（1）Content-type: Application/octet-stream。octet-stream 子类型用于在电子邮件中传输一个含有任意数据的实体。内容是一个未解释的字节序列。当内容类型未知或者对数据没有具体定义媒体类别时，通常使用它来描述。当用户代理接收到这个字节流时，一般会提示用户输入用户名，将它保存到一个文件中。接下来的操作由用户自行决定。

（2）Content-type: Application/postscript。postscript 子类型用于标识实体的内容是 postscript 代码。postscript 是由 Adobe 公司定义的用于描述打印页面的命令语言，因为其中含有可执行代码，因此它的内容必须毫无损失地到达目的地，通常使用 Quoted-Printable 编码，以避免因为长度限制或在通过互联网网关时被破坏。

7. Message 媒体类型

此类型用于消息的封装，主要包括 rfc822、partial 和 external-body 子类型。

（1）Content-type: Message/ rfc822。Message/rfc822 媒体类型提供了一种用于在一个信件中打包另外一个信件的简单方法。这种情况通常发生在转发邮件时，将原始邮件原封不动地打包，再转发给另一个收信人。对于这种情况，CONTENT-TRANSFER-ENCODING 信头字段的值一般被设置为 7 bit，不再进行编码，因为被转发的原信件已经做了编码处理，可能使用了 Quoted-Printable 编码，也可能使用了 Base64 编码，是符合 RFC 822 规范的文本，再次编码是多余的。

例如下面的代码。

```
Date: Tue, 08 Dec 2004 16:30:18 +0800        //转发的日期
From: Ye@sina.com                            //转发人
Subject: How are you                         //主题未变
To: zhang@163.com                            //转发的收信人
MIME-Version: 1.0                            //MIME 版本
Content-type: message/RFC822                 //说明以下部分是一封 RFC822 的信件
From: Li@sohu.com                            //原信的写作者
To: Ye@sina.com                              //原信的收信人
Date: Tue, 06 Dec 2004 16:30:00 +0800        //原信的发送日期
                                             //分隔信头和信体的空行
How are you!                                 //原信的内容
```

（2）Content-type: Message/partial。Message/partial 媒体类型为大型信件的传送，提供了一种分批传送的方法，可以把大的实体分成多个部件，并分开传输每个部件；在接收端，通过该类型的参数，可以将所有的部件按照正确的顺序重新组装起来。在发送和传递邮件的服务器间有信件尺寸限制的情况下，使用这种方法可以发送较大的信件。

这个类型有 3 个参数：ID 参数是信件标识，与 MESSAGE-ID 类似，用于标识哪些部件是属于同一组的，同属于一组的所有部件的该参数值必须是一样的。TOTAL 参数表示一共将大信件分成了多少部件。NUMBER 参数指出本部件是分割后的第几个实体，为接收端排序提供了信息。在收到信件后，就根据这几个参数重新组装信件。下面的例子来自 RFC 2046，将一封长信分成两封信件。

分隔后的第一封信（第一部分）如下。

```
X-Weird-Header-1: Foo
From: Bill@host.com
To: joe@otherhost.com
Date: Fri, 26 Mar 1993 12:59:38 -0500 (EST)
Subject: Audio mail (part 1 of 2)
Message-ID: <id1@host.com>
MIME-Version: 1.0
Content-type: message/partial; id = "ABC@host.com";
                   number = 1; total = 2
X-Weird-Header-1: Bar
X-Weird-Header-2: Hello
Message-ID: <anotherid@foo.com>
Subject: Audio mail
MIME-Version: 1.0
Content-type: audio/basic
Content-transfer-encoding: base64

//编码的音频数据的第一部分数据
```

分隔后的第二封信（第二部分）如下。

```
From: Bill@host.com
To: joe@otherhost.com
Date: Fri, 26 Mar 1993 12:59:38 -0500 (EST)
Subject: Audio mail (part 2 of 2)
MIME-Version: 1.0
Message-ID: <id2@host.com>
Content-type: message/partial;
            id = "ABC@host.com"; number = 2; total = 2

//编码的音频数据的第二部分
```

当分片的信件到达接收端，并被重新组装后，得到的信件如下。

```
TX-Weird-Header-1: Foo
From: Bill@host.com
To: joe@otherhost.com
Date: Fri, 26 Mar 1993 12:59:38 -0500 (EST)
Subject: Audio mail
Message-ID: <anotherid@foo.com>
MIME-Version: 1.0
Content-type: audio/basic
Content-transfer-encoding: base64

//编码的音频数据，包括第一部分和第二部分
```

值得注意的是，描述分隔前的信件的信头信息被放在第一封信件中，两封信都加上了与分隔相关的信头，在重新组装时，把分隔相关的信头去掉。因此，第一封信件的结构比第二封信件的结构要稍微复杂一些。

（3）Content-type: Message/external-body。Message/external-body 媒体类型用于非常长的邮件，例如，使用电子邮件传送一部视频电影。它不是将 MPEG 文件包含在邮件中，而是给出一个 FTP 地址，接收方的用户代理在需要时，才通过网络下载该文件，如果不需要，就不再下载。通常，如果信件采用了 Message/external-body 媒体类型，就说明邮件中并不包含真正的信体内容，而仅仅给出了获取信体内容的机制或方法。信体内容在另外一个地方，接收方的用户代理可以根据此邮件的指示，用相应的机制或方法获取真正的信体内容。此类邮件的典型格式如下。

```
Content-type:  message/external-body;      //第一部分信头
                access-type=local-file;
                name="/u/nsb/Me.jpeg"
                                            //空行，分隔两部分信头
Content-type: image/jpeg                    //第二部分信头
Content-ID: <id42@guppylake.bellcore.com>
Content-Transfer-Encoding: binary
                                            //空行，表示第二部分信头的结束
THIS IS NOT REALLY THE BODY!                //这里可以添加一些辅助信息，但不是真正的信体
```

从上面的例子中可以看出，使用 Message/external-body 媒体类型的邮件有两部分信头，中间用空行分开。第一部分信头只有一个 Content-type 字段，说明媒体类型是外部的，真正的信体在外部。它的参数交代了获取真正信体的机制或方法。在这一部分，只能使用 US-ASCII。第二部分信头用于说明信体的性质，包括媒体类型、标识和编码类型等。第二

部分信头必须包含 Content-ID 字段，来唯一标识外部被封装的实体。这个标识可能用于缓存机制，当参数 access-type 是“mail-server”时，也可能用于识别数据的接收者。第二部分信头的后面跟着一个空行，空行后面的部分称为“幽灵信体”，一般会被忽略，但有时也可以给出一些辅助信息。当参数 access-type 是“mail- server”时，就需要使用它。

① Message/external-body 媒体类型使用的基本参数。

- Access-type：访问类型，这是最基本的参数，每一个 Message/external-body 媒体类型一定要有此参数。其值是一个词，不区分大小写，指定获取文件或数据的访问机制。例如，Access-type = FTP，表 8.3 所示为此参数的取值。

表 8.3　Access-type 参数的取值

参数值	描述
FTP	访问方法是 FTP
ANON-FTP	访问方法是匿名的 FTP
TFTP	访问方法是 TFTP
LOCAL-FILE	引用本地机器的上一个文件
MAIL-SERVER	通过邮件服务器取得
URL	指明文件的 URL 地址，通常通过 HTTP 获取

- Expiration：过期日期，它的值是一个日期，超过该日期后，不能保证所指定的外部数据还存在。例如：Expiration：TUE，06 DEC 200116：29：02+0800。
- Size：数据的大小，指明外部数据在编码之前或解码之后的大小，接收者可以据此来准备必要的资源，例如接收缓冲区，以便接收外部数据。
- Permission：准许，它的值可以是“read”，也可以是“read-write”，不区分大小写。如果此参数的值是“read”，客户端不能试图重写数据，这也是默认值；如果值取“read-write”，则可以。

访问类型参数是必需的，而对于其他 3 个参数，无论选择的访问类型是什么，都可以使用，但它们总是可选参数。另外一方面，对于不同的访问类型，可能还需要一些其他的参数。下面说明各种访问类型的使用。

② FTP 访问类型：指明信体数据报含在一个文件中，可以使用 FTP 访问它。还必须有以下两个参数。

- NAME：包含实际信体数据的文件名。
- SITE：站点的完整域名，使用相应的协议可以从该站点获得指定的文件。

当然，要使用 FTP 来获得数据文件，首先要登录该站点，这就需要账户名和口令，但为了安全，访问 FTP 站点的账号和密码不在该字段的参数中，必须从用户处获得。

另外，还有以下几个参数是可选的。

- Directory：用于指定文件所在的目录。
- Mode：用于指定 FTP 传输模式，如果取值是“IMAGE”，就以二进制方式传输；如果取值是“ASCII”，就以文本方式传输。例如：

```
Content-type: message/external-body;
```

```
        Access-type = FTP;
        Site = ftp.cc.com;
        Name ="my.mpeg";
        Directory ="/pub/video";
        Size = 1234567
```

③ ANON-FTP 访问类型：与 Access-type=FTP 一样，唯一不同的地方是通过匿名 FTP 登录获得文件。匿名 FTP 的账号为 Anonymous，密码为登录者的电子邮件地址。

④ TFTP 访问类型：指明数据文件是通过 TFTP（简易文件传送协议）获取的，与 FTP 类似。

⑤ LOCAL-FILE 访问类型：用于引用本地机器上的一个文件夹。这种类型有两个常用的参数，NAME 参数用于指明文件名，一定要有。SITE 参数用于指定一个或一组计算机的域名，在这些计算机上可以访问指定的文件。例如：

```
Content-type: message/external-body;
       Access-type = LOCAL-FILE;
       Name ="/pub/video/my.mpeg";
       Site ="10.12.123.* "
```

在上面的例子中，SITE 参数使用了星号通配符，指定了一批机器，表示在 10.12.123.1～10.12.123.254 范围内的机器都可以访问。

⑥ MAIL-SERVER 访问类型：指明可以通过邮件服务器访问数据文件。必需的参数是 SERVER，用于指定邮件服务器的地址。参数 SUBJECT 是可选的，用于指定发送到该服务器的附加信息。

⑦ URL 访问类型：根据 URL 的意义，访问指定的文件，通常是通过 HTTP 取得，例如：

```
Content-type: message/external-body;
       Access-type = URL;
       URL ="http://×××.com/index.html"
```

8．Multipart 媒体类型

利用 Multipart 媒体类型可以将多个不同的数据集合组合成一个单一的信体，称为多部件信体。以下是一个包含两个部件的多部件信体的结构。

```
……
（这里省略了一些多部件邮件信头部分的字段）
Content-type: multipart/mixed; Boundary = 5566
（这里是其他信头字段）

--5566                                       //边界行
（部件一的信头部分，或者是空白行）
（部件一的信体部分）
--5566                                       //边界行
（部件二的信头部分，或者是空白行）
（部件二的信体部分）
--5566--                                     //结尾边界行
```

可以看到，一个多部件电子邮件有一个前导的信头部分，其中的 Content-type 字段指示该邮件的内容类型是 Multipart 媒体类型。该字段的 Boundary 参数指定了划分部件边界的特定字符串。实际的边界行由两个连字符后跟这个边界字符串组成。邮件体包含

多个部分，在每个部分的开始和结束处明确地划分出界线。每个部件有它自己的信头和信体，其结构与一个非复合的信件相同，其中部件的信头部分可以没有，但需要提供一个空白行，便于其他处理电子邮件的软件识别。

许多电子邮件程序允许用户在一个文本消息中，提供一个或多个附件，这些附件可以通过 Multipart 媒体类型来发送，往往邮件正文是它的第一个部件，附件是其他的部件。

Multipart 媒体类型的子类型很多，包括 mixed、alternative、digest、parallel 等，其中 mixed 和 alternative 最常用。下面做简单介绍。

（1）mixed 子类型允许单个报文含有多个子报文，每一个子报文是一个部件，有自己的类型和编码。每个部件都不相同，各个部件（实体）间没有特定的关系，通常是各自独立的。这个子类型使用户能够在单个邮件中附上文本、图像和声音，或者发送一个备忘录。发送电子邮件附件时，多半采用 mixed 子类型，将附件作为邮件的一个部件来发送。

（2）alternative 子类型允许将同一个消息包含多次，但以多种不同的媒体形式表示。也就是说，各部件的原始数据都是相同的，只是格式不一样。一般来说，首选的部件在最后。这种类型是为了使拥有不同硬件和软件系统的收信人都能以恰当的方式处理信件。例如，用户可以同时用普通的 ASCII 文本格式和格式化的 HTML 格式发送同一文本，拥有图形处理功能的计算机用户在查看信件时，就可以使用后一种格式，用浏览器查看。

（3）parallel 子类型允许单个邮件包含可以同时显示的多个子部分，例如，一部电影的图像和声音就必须同时播放。

（4）digest 子类型允许单个邮件含有一组其他报文。

下面是一个多部件信件的例子，每行后面给出了说明。

```
From: "=?GB2312?B?XXXXXXXXXX=?="                 //发信人，进行了编码
To: Li@163.com                                    //收信人
Subject: =?GB2312?B?XXXXXX=?=                     //主题，进行了编码
Date: Wed, 8 Apr 2004 16:16:16 +0800              //发信的日期时间
MIME-Version: 1.0                                 //MIME 版本
Content-type: multipart/mixed;                    //内容类型是多部分/混合型
    boundary ="NextPart_000_00A"                  //指定一级边界特征字符串
X_Priority: 3                                     //这里可以添加一些自定义的信头
…

--NextPart_000_00A                                //第一部分的边界
Content-type: multipart/alternative;              //部件 1 中又嵌套了一个多部分实体
    boundary ="NextPart_001_00B"                  //指定二级边界特征字符串

--NextPart_001_00B                                //二级边界
Content-type: Text/plain; charset ="GB2312"       //部件 1.1 是简单文本
Content-Transfer-Encoding: quoted-printable       //采用可打印的引用编码方式

 = A9 = ED = BF = C0 = BA = CF = BE = D6 = D3     //部件 1.1 的体部

--NextPart_001_00B                                //二级边界
Content-type: Text/HTML; charset ="GB2312"        //部件 1.2 是 HTML 文本
Content-Transfer-Encoding: quoted-printable       //采用可打印的引用编码方式

<HTML>                                            //部分 1.2 的体部
```

```
<HEAD>
<META……>
</HEAD>
<BODY bgColor = 3D#ffffff><DIV><FONT color = 3D#000000  size = 3>
= A9 = ED = BF = C0 = BA = CF = BE = D6 = D3     //仅这一行需要编码，内容与部件 1.1 的体部相同
</FONT></DIV></BODY></HTML>
--NextPart_001_00B                              //二级边界结尾
--NextPart_000_00A                              //一级边界
Content-type: Text/plain; charset ="GB2312"      //部件 2 是简单文本
Content-Transfer-Encoding:Base64                //采用 Base64 编码方式
Content-Disposition: attachment; file ="Index.txt"

MTK512……
(这里是文件内容的 Base64 编码)

--NextPart_000_00A                              //一级边界结尾
```

注意，部件 1 嵌套着另一个多部件实体，其媒体类型是 MULTIPART/ALTERNATIVE，这表明其他每个子实体的原始数据都一样，只是数据的格式不一样。很明显，部件 1.1 与部件 1.2 的原始数据都是经过 quoted-printable 编码后的字符串：=A9=ED=BF=C0=BA=CF=BE=D6=D3，但格式不一样。一个是 Text/plain，为直接可读文本；另一个是 Text/HTML，必须经过浏览器解释后才显现效果。部件 2 的数据是一个采用 Base64 编码的附件文件，名称为 Index.txt。

对 Multipart 媒体类型子类型的详细介绍，可参阅 RFC 2046。

8.4.4 MIME 邮件的编码方式

MIME 新增加的 Content-Transfer-Encoding 信头字段，用于指定邮件内容的编码方式。编码的最终目的，是将非 ASCII 信息转换为符合 RFC 822 格式的 ASCII 文本，并且解决超过允许长度的数据行的问题。该字段有 5 种取值，对应了 5 种编码方式：7bit、8bit、Binary、Base64 和 Quoted-printable。每个值都不区分大小写。符合 MIME 规范的邮件处理程序必须能对这些编码进行正确处理。

1. MIME 编码概述

（1）7bit 编码方式如下。

```
Content-Transfer-Encoding: 7bit
```

7bit 编码就是 RFC 822 规定的 ASCII 文本，行中可以包括小于 128 的任何 ASCII 值，不包括 0、CR 和 LF。一行的长度，包括行的结束符 CRLF 在内，不应超过 1000 字节。这是默认的编码方式，如果不提供 Content-Transfer-Encoding 字段，就使用 7bit 编码。

（2）8bit 编码方式如下。

```
Content-Transfer-Encoding: 8bit
```

8bit 编码也要遵守行的长度规定，即包括行的结束符 CRLF 在内，行长不应超过 1000 字节。与 7bit 编码不同的是，除了 CR 和 LF 字符，8bit 编码也可以使用 0～255 字节值。较少使用这种编码。

（3）Binary 编码方式如下。

```
Content-Transfer-Encoding: binary
```

Binary 编码用于任意二进制数据，对行的长度和允许的字符没有任何限制。可执行程序就属于这一类，但在 MIME 信件实体中包含这种数据是不合法的。这种方式可以显式地指出，接收的软件应进行适当的处理。

（4）Base64 编码方式如下。

Base64 编码方式可以把任何二进制数据编码成符合 RFC 822 的文本格式，使它们能够通过电子邮件在互联网上传送。在将二进制数据作为邮件实体内容发送时，这种编码方式应用最广泛。可以说，Base64 编码是 MIME 的基础和核心。后面会专门介绍 Base64 编码算法。

（5）Quoted-printable 编码方式如下。

这种编码称为可打印的引用编码，如果要发送的内容大部分都是 ASCII 字符，仅有少量非 ASCII 字符，或者要求行长度不要超过 80 个字符时，使用这种编码要比 Base64 编码的效率更高，并且易于实现。后面会专门介绍 Quoted-printable 编码算法。

2．Base64 编码算法

在进行 Base64 的编码时，首先要将被编码的数据看成一字节序列，不分行。然后按照以下 3 个步骤反复进行编码。

第一步：顺次从待编码的字节序列数据中，取出 3 字节，作为一组，该组包含 24 位。

第二步：将一组的 24 位，再顺次分为 4 个 6 位的小组，并在每个小组的前面补两个零，形成 4 字节。这 4 字节的值都在 0～63 范围内。

第三步：根据小组的每个字节的数值，按照表 8.4 的对应关系，将它们分别转换为对应的可打印 ASCII 字符。

表 8.4　Base64 编码的对应关系

值	字符	值	字符	值	字符	值	字符	值	字符	值	字符	值	字符
0	A	10	K	20	U	30	e	40	o	50	y	60	8
1	B	11	L	21	V	31	f	41	p	51	z	61	9
2	C	12	M	22	W	32	g	42	q	52	0	62	+
3	D	13	N	23	X	33	h	43	r	53	1	63	/
4	E	14	O	24	Y	34	i	44	s	54	2		
5	F	15	P	25	Z	35	j	45	t	55	3		
6	G	16	Q	26	a	36	k	46	u	56	4		
7	H	17	R	27	b	37	l	47	v	57	5		
8	I	18	S	28	c	38	m	48	w	58	6		
9	J	19	T	29	d	39	n	49	x	59	7		

顺次对要编码的数据字节序列，重复进行以上处理，直到所有的数据编码完成。

这个转换表很有规律，首先使用 26 个大写英文字母，用“A”代表 0，用“B”代表 1……然后是 26 个小写英文字母，接下来是 0～9 十个数字，最后用“+”代表 62，用“/”代表 63。这些字符都是可打印字符，选择这些字符是因为它们经过电子邮件网关传输时不会被破坏。

此外，编码过程中还需要注意以下两点。

（1）如何将编码后的文本行控制在 76 个字符以内。按照 RFC 822 的要求，应当将编码后的文本行控制在 76 个字符以内。这只需要在编码后的字符序列中，每 76 个字符插入一组 CRLF，然后就可以发送。在接收端解码时，应首先将遇到的 CRLF 删除，再按照 Base64 的方法解码。在原来要编码的数据中可能有 CR（0A）和 LF（0D）字符，但它们经过编码后，变成了“K”和“N”，不会与后来插入的 CRLF 混淆。

（2）处理 Base64 编码时最后一组不满 3 字节的情况。在进行 Base64 编码时，数据按照 3 字节一组进行，最后一组就有可能剩下 1 字节或 2 字节。编码时，一方面需要对有效的数据要进行编码，另一方面还需要让接收端能判断出最后一组中剩下的有效数据究竟有几字节。方法是，首先补充全零的填充字节，将最后一组数据补够 3 字节，然后按照上述方法进行编码。映射成字符后，需要将编码后的末尾 1 字节或 2 字节替换为“=”字符。如果最后一组只剩一个数据字节，那么在产生的 4 个编码数据中，只有前面 2 字节包含剩余数据字节的位，因此应将 4 个编码数据的后面 2 字节都替换成等号。如果最后一组剩下 2 字节，那么在产生的 4 个编码数据中，前 3 个带有剩余数据字节的位，这时只需将 4 个编码数据的最后 1 字节替换成等号。注意，等号并不包含在上面的转换表中。接收端根据等号的数目，就可以判知最后一组中有效的字节数，从而正确地译码。

3．Quoted-printable 编码算法

这种编码称为可打印的引用编码，被编码的数据以 8bit 的字节为单位。这种编码方法的要点就是对于所有可打印的 ASCII，除了特殊符号“=”以外，都不改变。编码算法的要点如下。

（1）如果被编码数据字节的值为 33～60（字符!至字符<），或为 62～126（字符>至字符～），这部分字符是可打印的，则该数据字节编码为 7bit 的对应 ASCII 字符，实际上就是将最高位去掉。

（2）其他的数据，包括“=”字符、空格和 ASCII 码在 0～32 的不可打印字符，以及非 ASCII 的数据，都必须进行编码。被编码的数据以 8bit 的字节为单位，先将每个字节的二进制代码用两个 16 进制数字表示，然后在前面加上一个等号“=”，就是该字节的编码。例如，字节值 12 被编码为“= 0C”，字节值 61 被编码为“= 3D”。再如，汉字“系统”的二进制代码是 11001111 10110101 11001101 10110011，其十六进制数字表示为 CFB5CDB3，相应的 Quoted-printable 编码表示为 = CF = B5 = CD = B3。等号的二进制代码是 00111101，它的 Quoted-printable 编码是 = 3D。回车符被编码为 = 0D，换行符被编码为 = 0A。

十六进制数据的表示用字母表“0 1 2 3 4 5 6 7 8 9 A B C D E F”，即必须用大写字母。

（3）如果要将编码后的数据分割成 76 个字符的行，可以在分割处插入等号“=”和 CRLF。此等号也要计算在 76 个字符中。例如：

```
ABCDEFGHEJKLMNOPQRSTUVWXYZ <CRLF>
```

经过编码后将此行变成较短的以下形式。

```
ABCDEFG = <CRLF>
HEJKLMNOPQRSTUV = <CRLF>
WXYZ<>
```

容易看出，接收端只要将插入的分割字符删掉，就可以轻松将它们恢复成原来的样子。

8.5 POP3 与接收电子邮件

8.5.1 POP3 概述

用于接收电子邮件的邮局协议（POP）的第三个版本（简称 POP3），在 RFC 1225、RFC 1460、RFC 1725 和 RFC 1939 中几经修订，其中 RFC 1939 确立了当前的 POP3 标准。

8.5.2 POP3 的会话过程

POP3 的会话过程如图 8.4 所示。

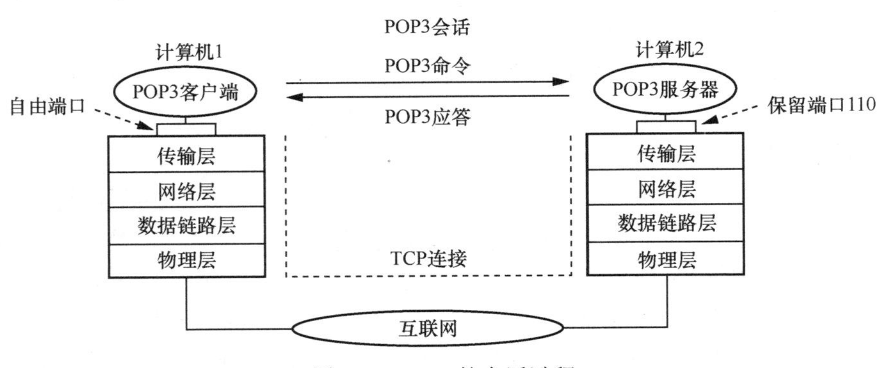

图 8.4 POP3 的会话过程

POP3 也使用 C/S 工作模式，在接收邮件的用户的计算机中，运行 POP3 客户端程序，而在用户所连接的互联网服务提供商（ISP）的邮件服务器上运行 POP3 服务器程序。这二者之间按照 POP3 相互发送信息。POP3 客户端发送给 POP3 服务器的消息称为 POP3 命令，而 POP3 服务器返回的消息称为 POP3 响应。这种交互的过程称为 POP3 会话。例如下面的代码。

```
(Connect to the POP3 Server ...)          //首先连接到 POP3 服务器
S: +OK POP3 server ready                  //服务器已经准备好
C: USER Wang                              //用户名是 Wang
```

```
S: +OK                                      //好
C: PASS vegetables                          //口令是 vegetables
S: +OK login successful                     //客户端登录成功了
C: LIST                                     //请列出信箱中的信件清单
S: 1 AAAA                                   //第一封信
S: 2 BBBB                                   //第二封信
S: 3 CCCC                                   //第三封信
C: RETR 1                                   //取回第一封信
S: +OK (send message 1)                     //好，（发送第一封信）
C: DELE 1                                   //删除第一封信
S: +OK                                      //好的
C: RETR 2
S: +OK (send message 2)
C: DELE 2
S: +OK
C: QUIT                                     //结束会话，再见
S: +OK POP3 server disconnecting            //好，POP3 服务器断开连接
```

从这个例子中可以看出 POP3 会话的特点。

① 会话采用交互式的请求—应答模式，会话过程通过相互发送文本来完成。

② 客户端发送的文本命令也采用命令字和参数的形式。

③ 服务器对于客户端的命令总是返回一定的响应码，指示客户端的请求是否被正确处理。

④ 会话过程所发送的命令遵循一定的顺序。

与发送邮件的 SMTP 会话一样，接收邮件的 POP3 会话也建立在 TCP/IP 连接的基础上。首先 POP3 客户端与服务器要通过三次握手建立连接，然后才能进行会话。连接 POP3 服务器可以通过 Winsock 来实现。与 POP3 服务器进行通信的客户端程序，应设置 Winsock 连接的 IP 地址或域名，并指定传输层端口号。POP3 的默认端口号为 110。

在 POP3 中，服务器的应答比 SMTP 应答简单得多。命令操作的应答状态码只有两个：“+ OK”表示成功，“- ERR”表示失败。

8.5.3　POP3 会话的 3 个状态

POP3 会话一共有 3 个状态：验证状态、事务状态和更新状态。每个状态都是会话过程中的一个特定阶段。

连接服务器后，POP3 会话首先进入验证状态。在这个阶段中，可以使用 USER、PASS 和 QUIT 这 3 个 POP3 命令。客户端提交用户名和口令，服务器验证其是否合法。

通过服务器验证后，服务器会锁定该用户的信箱，从而防止多个 POP3 客户端同时对此邮箱进行邮件操作，如删除、取信等；但是可以让新的邮件加入。这时会话过程转变为事务状态。在事务状态下，客户端可用的 POP3 命令有 NOOP、STAT、QUIT、LIST、RETR、TOP、DELE、RSET 和 UIDL。使用这些命令进行各种邮件操作，POP3 会话的大部分时间都处在事务状态中。

客户端发出 QUIT 命令后，结束事务状态，POP3 会话过程进入更新状态。在事务状

态进行的一些操作，最终在更新状态中才得以体现。例如，在事务状态中使用 DELE 命令删除邮件，实际上服务器并没有将邮件删除，只是做了一个删除标志；到了会话过程的更新状态，邮件才被删除。更新状态只是会话中的一个过程，该状态下没有可使用的命令，其目的是让用户在事务状态后确认已经进行的操作。进入该状态后，紧接着就完成了 POP3 的会话过程，并断开与服务器的连接。

异常原因可能会导致与服务器终止会话时未能进入更新状态。在这种情况下，事务状态中标记删除的邮件没有被删除，下次进入信箱时，邮件还是存在的。

8.5.4 POP3 标准命令

本小节详细介绍客户端常用的 POP3 标准命令见表 8.5。

表 8.5 常用的 POP3 标准命令

标准命令	说明
USER	提供登录验证的用户名
PASS	提供登录验证的口令
APOP	转换验证机制
NOOP	空操作
STAT	命令服务器提供信箱大小的信息
LIST	命令服务器提供邮件大小的信息
RETR	从服务器取回信件
TOP	取出信头和邮件的前 N 行
DELE	为邮件设置删除标记
RSET	复位 POP3 会话
UIDL	取出邮件的唯一标识符

1. 用户：USER

提供登录验证的用户名的语法格式如下。

```
USER 用户名  <CRLF>
```

成功连接 POP3 服务器后，POP3 会话进入验证状态，也称为登录状态。客户端提供用户名和口令，服务器验证完成后，POP3 会话进入事务状态。USER 命令只能在会话的验证状态时使用。USER 命令向服务器传递合法的用户名，以便服务器验证用户信箱。如果验证成功则返回“+OK”应答；如果失败，则返回“-ERR”应答，并附有出错原因的信息。客户端可以再次发送这个命令，以请求再次验证。例如：

```
C: USER
S: -ERR missing user name argument
C: USER ZHANG
S: +OK
```

2. 密码：PASS

提供登录验证的口令的语法格式如下。

```
PASS 口令  <CRLF>
```

该命令用于为USER命令指定的用户信箱提供密码。如果验证成功，则返回“+OK”，会话进入事务状态；如果失败，则返回“-ERR”，服务器仍保持验证状态。

除了密码和用户信箱不匹配的情况外，如果服务器不能获得信箱的独占访问锁，服务器也会返回一个错误应答，并保持在验证状态中。这样的情况通常是在已经有其他用户登录信箱进行操作时产生。POP3 服务器是不允许同时有两个进程访问同一个信箱的。

如果 PASS 命令失败，客户端不能直接再次发送另一个 PASS 命令进行验证，而是应在发送 PASS 命令前重新发送 USER 命令。

3．退出：QUIT

该命令用于终止会话并断开与服务器的连接。成功响应为“+OK”，失败响应为“-ERR”。

如果会话处于验证状态，QUIT 命令将导致服务器关闭连接；如果会话处于事务状态，POP3 服务器将进入更新状态，并在关闭连接前删除所有标记为删除的邮件。如果用户未通过 QUIT 命令关闭连接，而是在客户端进行强制关闭，则在事务状态中做了删除标记的邮件并没有被删除。

如果在更新状态时删除邮件遇到错误，服务器将返回一个错误信息。但不管 QUIT 命令成功与否，信箱锁都会被释放，连接也会被关闭。

4．空操作：NOOP

该命令只能在事务状态中使用，用于检测与服务器的连接是否正常，不执行其他操作。

5．状态：STAT

该命令请求服务器返回信箱中邮件的数量和所占用空间的大小，但是不包括做了删除标记的邮件。此命令仅在事务状态时可用。例如：

```
C: STAT
S: +OK 5 9086
```

6．列表：LIST

此命令请求服务器返回信箱中特定邮件的大小信息，或者返回邮箱中所有邮件的大小信息的列表，但不包括做了删除标记的邮件。命令有两种格式。

（1）格式一。

```
LIST <CRLF>
```

成功的应答先是“＋OK”，接着依次列出邮箱中每封邮件的序号和大小（字节数），最后以句点“.”作为结束行。例如下面的代码。

```
C: LIST
S: +OK
   1 2090
   2 4080
   ...
   .
```

（2）格式二。

```
LIST  邮件序号 <CRLF>
```

如果在 LIST 后面指定邮件序号，则返回该邮件的大小信息；如果指定的邮件做了删除标记或不存在，则返回错误信息。

7．取回邮件：RETR

取回邮件的语法格式如下。

```
RETR  邮件序号 <CRLF>
```

该命令用于取回指定邮件序号的邮件。如果请求成功，服务器返回的是多行应答，首先是“+OK”，表示响应成功，接着返回邮件的所有内容，包括信头、信体。如果有附件，附件的内容也将以文本的形式返回。最后以一个句点“.”表示结束。为了防止单个句点引起客户端提前结束邮件的读取，对 RETR 命令使用与前面介绍的 SMTP 标准命令 DATA 相同的点填补方法。例如下面的代码。

```
C: RETR 1
S: +OK  13100 octets
   Received: ...
   Date: ...
   From: ...
   ...

    信体内容
    ...
    .
```

8．取回邮件前几行：TOP

取回邮件前几行的语法格式如下。

```
TOP  邮件序列号   行数 <CRLF>
```

此命令仅在事务状态中可用，用于取回指定邮件的信头和信体的前几行内容。

例如，使用命令“TOP 1 2”取出的是 1 号邮件的信头和信体前 2 行的内容。与 RETR 命令一样，使用 TOP 命令时，服务器返回的内容结束标志也是句点“.”。信头包括邮件的发送日期、主题和接收人等信息。通常使用 TOP 命令取回信件之后进行分析，可以知道 E-mail 内容之外的信息。

如果指定的行数为 0 或不指定行数，则服务器将仅返回信头和一个空白行。

同样对于已经标记为删除的邮件和不存在的邮件，使用 TOP 命令，服务器将返回错误信息。需要注意的是，在有些服务器上并没有实现 TOP 命令，只有在实现了 TOP 命令的服务器上，才可以使用该命令。

9．删除邮件：DELE

删除邮件的语法格式如下。

```
DELE  邮件序号  <CRLF>
```

该命令在事务状态中使用，用于标记指定的邮件以供删除。只有发出 QUIT 命令并进入更新状态后，才会真正删除那些做了删除标记的邮件。如果指定的邮件不存在或已经标记为删除，服务器将返回错误提示。

10．复位：REST

该命令在事务状态中用于重置 POP3 会话。被标记为删除的邮件取消删除标记，这些邮件在发出 QUIT 命令后，不会被删除。

11．唯一 ID 列表：UIDL

取出邮件的唯一标识符的语法格式如下。

```
UIDL  邮件序号  <CRLF>
```

该命令用于请求返回邮件的唯一标识符。其中邮件序号是可选的，如果不带参数，则返回多行应答，最后以句点“.”作为结束。如果指定了邮件序号，则返回指定邮件的唯一 ID，且应答是单行的。

在与 POP3 服务器的会话中，仅使用简单的序号来标识邮件是不行的，因为邮件序号一般按照信箱中邮件时间的先后从 1 开始。假如信箱中一共有 3 封信，序号按时间先后分别是 1、2、3。如果在一次 POP3 会话中删除了序号为 2 的邮件，那么序号为 3 的邮件在下次会话中的序号将变为 2。因此，客户端仅根据序号标识邮件很困难。UIDL 命令可以返回该 POP3 服务器上邮件的唯一编号，根据这个编号，客户端可以在不同的 POP3 会话中识别邮件。

8.5.5　接收电子邮件的一般步骤

接收电子邮件时，首先利用 Winsock 连接到 POP3 服务器，然后执行以下操作。

（1）使用 USER 命令发送用户信箱名。

（2）使用 PASS 命令发送信箱密码。如果密码和信箱不匹配，必须从步骤（1）重新开始。

（3）对信箱中的邮件进行操作。此阶段称为事务状态，在这一阶段，有许多 POP3 命令可以使用，大体分为下面几类。

① 获取信箱及邮件状态的命令。

STAT：获取信箱大小信息。

LIST：获取邮件大小信息。

UIDL：获取邮件的唯一标识符。

② 获取邮件内容的命令。

RETR：从服务器取回邮件。

TOP：获取邮件信头和信体的前 N 行。

③ 对邮件进行操作的命令。

DELE：为邮件设置删除标记。

RSET：复位 POP3 会话。

（4）接收完邮件，发送 QUIT 命令，结束 POP3 对话。

8.6　接收电子邮件的程序实例

8.6.1　程序实例的目的和实现的技术要点

通过这个实例，读者可以进一步了解 POP3 的有关原理和内容。程序的用户界面如图 8.5 所示。

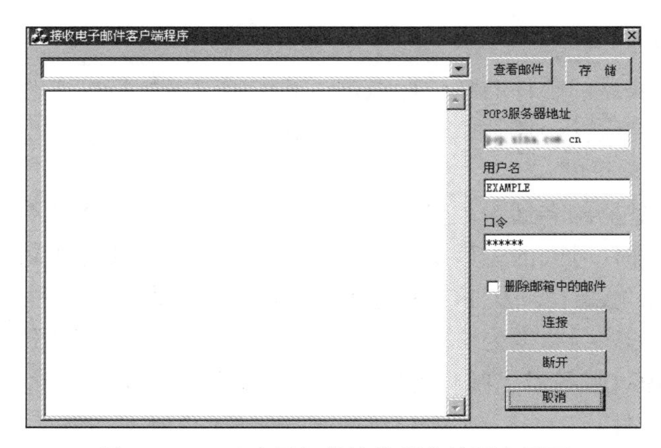

图 8.5　POP3 电子邮件接收程序的用户界面

这个实例不太复杂，用户可以利用某个网站的 POP3 电子邮件接收服务器来接收在该网站的电子邮箱中的信件。操作步骤：首先填入 POP3 服务器地址、邮箱用户名和口令，并决定是否要删除邮箱中的邮件；然后单击“连接”按钮，程序会与服务器建立连接，然后发送用户名和口令，经过验证，随后进入 POP3 会话。通过命令交互，程序将邮箱中的所有邮件取回。在此过程中，左下方的多文本列表框会显示全部的会话信息。下载完全部信件后，左上方的组合列表框将显示所有信件的标题字段。用户可以从中选择一封信件进行查看或者存储，之后可以断开连接。

本实例只介绍接收邮件和提取符合 RFC 822 规范的邮件信头标题字段的过程。由于目前邮件结构非常复杂，限于篇幅，程序没有对收到的信件进行深入分析，也没有对编码的信息进行译码。因此，读者看到的是邮件的原始信息。有兴趣的读者可以进一步扩展程序的功能，例如，对信件进行 MIME 格式分析、提取附件等。

程序实现的技术要点如下。

1. 运用 Windows 的消息驱动机制

程序除了使用 MFC 创建的应用程序类和对话框类以外，还从 CAsyncSocket 类派生了自己的套接字类，并为它添加了 OnConnect( )、OnClose( )和 OnReceive( )这 3 个事件处理函数。程序的会话过程完全是由 FD_READ 消息驱动的。建立连接后，服务器会返回信息，接到命令后，服务器也会返回信息。当信息到达客户端套接字的接收缓冲区时，会触发 FD_READ 消息，并自动执行 OnReceive( )函数。该函数接收服务器发回的信息，进行分析处理，然后发送相应的命令。这些命令会引发服务器的响应，进而再次触发客户端的 FD_READ 消息。如此周而复始，直到完成 POP3 会话的全过程。

2. 通过状态转换来控制会话命令的发布顺序

程序定义了一个枚举类型 STATE，并为套接字类定义了一个 STATE 类型的变量 state，用于表示 POP3 会话的实际状态。容易看出，枚举的成员符号是客户端向 POP3 服务器发送的命令。

```
typedef enum
   {FIRST=0,USER,PASS,STAT,LIST,RETR,ENDRETR,DELE,GOON} STATE;
STATE  state;
```

当用户单击“连接”按钮与服务器建立连接时，将 state 置为初值 FIRST；然后，每次收到服务器的信息，程序一方面根据当前会话状态做响应的分析处理，决定接下来应当继续发送哪条命令；另一方面发出下一条命令，并更新 state 的值，将它置为该命令的状态对应的值。这就实现了会话过程中的状态转换，并保证会话按照既定的顺序进行。

3．用结构向量来缓存信件信息

首先定义一个结构类型，用于缓存一封信件信息，代码如下。

```
typedef struct
{
    CString  text;          //存储信件的文本
    int  msgSize;           //信件的大小
    int  retrSize;          //信件实际下载的大小，在下载过程中动态变化
} MESSAGEPROP;
```

然后为套接字类定义一个向量型的成员变量，相当于一个数组，其成员是上述结构，代码如下。

```
vector<MESSAGEPROP> msgs;
```

在 POP3 会话中，程序将邮箱中所有邮件的信息一次性转入这个向量，然后可以查阅，存储到文件中，或者进行其他处理。

8.6.2　创建应用程序的过程

1．使用 MFC AppWizard 创建应用程序框架

工程名是 pop3，应用程序的类型是基于对话框的，对话框的标题是“接收电子邮件客户端程序”，需要 Windows Sockets 的支持，其他部分按系统的默认设置。向导自动为应用程序创建以下两个类。

① 应用程序类：CPop3App，基类是 CWinApp，对应的文件是 pop3.h 和 pop3.cpp。

② 对话框类：CPop3Dlg，基类是 CDialog，对应的文件是 pop3Dlg.h 和 pop3Dlg.cpp。

2．为对话框添加控件

在程序的主对话框界面中，按照图 8.5 添加相应的可视控件对象，并按照表 8.6 修改控件的属性。

表 8.6　对话框中的控件属性

控件类型	控件 ID	描述
静态文本	IDC_STATIC	POP3 服务器地址
静态文本	IDC_STATIC	用户名
静态文本	IDC_STATIC	口令
编辑框	IDC_EDIT_SERVER	—
编辑框	IDC_EDIT_USER	—
编辑框	IDC_EDIT_PASS	—
复选框	IDC_CHECK_DEL	删除邮箱中的邮件
多文本框	IDC_RICH_INFO	—
组合选择框	IDC_COMB_LIST	（Drop List 型）

续表

控件类型	控件 ID	描述
命令按钮	IDC_BTN_CONN	连接
命令按钮	IDC_BTN_DISC	断开
命令按钮	IDCANCAL	取消
命令按钮	IDC_BTN_VIEW	查看邮件
命令按钮	IDC_BTN_SAVE	存储

3．定义控件的成员变量

按照表 8.7，使用类向导为对话框中的控件对象定义相应的成员变量。

表 8.7　控件对象的成员变量

控件 ID	变量名称	变量类别	变量类型
IDC_EDIT_SERVER	m_strServer	Value	CString
IDC_EDIT_USER	m_strUser	Value	CString
IDC_EDIT_PASS	m_strPass	Value	CString
IDC_CHECK_DEL	m_bolDel	Value	BOOL
IDC_COMB_LIST	m_ctrList	Control	CComboBox
IDC_RICH_INFO	m_Info	Value	CString
	m_ctrlnfo	Control	CRichEditCtrl

4．为对话框中的控件对象添加事件响应函数

按照表 8.8，使用类向导为对话框中的控件对象添加事件响应函数。

表 8.8　对话框控件的事件响应函数

控件类型	对象标识	消息	成员函数
命令按钮	IDC_BTN_CONN	BN_CLICKED	OnBtnConn( )
命令按钮	IDC_BTN_DISC	BN_CLICKED	OnBtnDisc( )
命令按钮	IDC_BTN_VIEW	BN_CLICKED	OnBtnView( )
命令按钮	IDC_BTN_SAVE	BN_CLICKED	OnBtnSave( )

5．为 Cpop3Dlg 类添加其他成员

```
void Disp(LONG flag);            //在不同的会话阶段显示不同的信息
mySock pop3Socket;               //套接字类对象实例
```

6．创建从 CAsyncSocket 类继承的派生类

要想捕获并响应 Socket 事件，应利用类向导创建用户自己的套接字类。

Class Type 选择 MFC Class，类名为 mySock，基类是 CAsyncSocket，创建后对应的文件是 mysock.h 和 mysock.cpp。再利用类向导为 mySock 类添加 OnConnect( )、OnClose( ) 和 OnReceive( )这 3 个事件处理函数，并为它添加一般的成员函数和变量。

7．添加代码

手动添加包含语句、事件函数和成员函数的代码。

8．分阶段编译执行，进行测试

此处源代码可以参考本书配套电子资源。

8.7 发送电子邮件的程序实例

8.7.1　程序实例的目的和实现的技术要点

通过这个实例，读者可以进一步了解 SMTP 的有关原理和内容。程序的用户界面如图 8.6 所示。

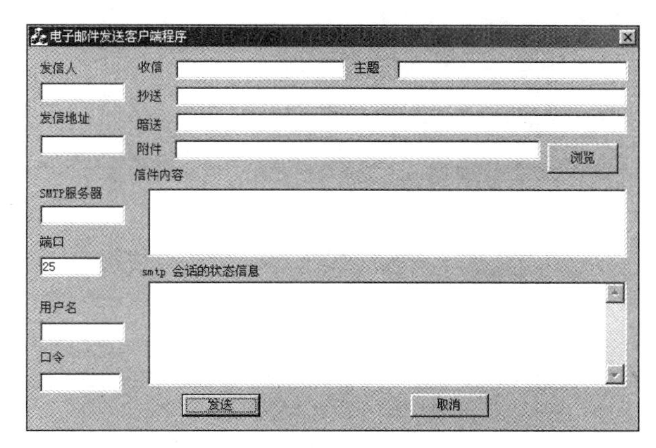

图 8.6　SMTP 电子邮件发送程序的用户界面

这个实例展示了如何实现 SMTP 电子邮件发送程序的核心功能。用户可以利用某个网站的 SMTP 电子邮件发送服务器发送电子邮件。首先必须是该网站的注册用户，并在该网站申请了免费邮箱。然后用户需要填写 SMTP 服务器地址、邮箱用户名和口令，端口号是 25，并填入发信人的姓名和在该网站的免费邮箱地址。在对话框的右侧填写发送电子邮件的相关信息，包括选择一个附件。然后单击“发送”按钮，程序会与服务器建立连接，然后按照 ESMTP 发送 EHLO 命令，并提供用户名和口令，进行验证。验证通过后，程序进入 SMTP 会话阶段。通过命令交互，将邮件和附件发送出去，然后断开连接。在此过程中，右下方的多文本列表框会显示全部的会话信息。

SMTP 服务器一般要经过身份验证，才能为用户提供传输邮件的服务。验证的方法有很多种，本例只实现了一种，以说明问题。程序实现的技术要点如下。

（1）运用 Windows 的消息驱动机制。

（2）通过状态转换来控制会话命令的发布顺序。

（3）实现 Base64 编码和译码。

8.7.2 创建应用程序的过程

1. 使用 MFC AppWizard 创建应用程序框架

工程名是 smtp，应用程序的类型是基于对话框的，对话框的标题是“电子邮件发送客户端程序”。需要 Windows Sockets 的支持，其他部分接收系统的默认设置就可以。向导自动为应用程序创建了以下两个类。

- 应用程序类：CSmtpApp，基类是 CWinApp，对应的文件是 smtp.h 和 smtp.cpp。
- 对话框类：CSmtpDlg，基类是 CDialog，对应的文件是 smtpDlg.h 和 smtpDlg.cpp。

2. 为对话框添加控件

在程序的主对话框界面中按照图 8.6 添加相应的可视控件对象，并按照表 8.9 修改控件的属性。

表 8.9 对话框中的控件属性

控件类型	控件 ID	控件标题
静态文本	IDC_STATIC	发信人
静态文本	IDC_STATIC	发信地址
静态文本	IDC_STATIC	SMTP 服务器
静态文本	IDC_STATIC	端口
静态文本	IDC_STATIC	用户名
静态文本	IDC_STATIC	口令
编辑框	IDC_EDIT_NAME	—
编辑框	IDC_EDIT_ADDR	—
编辑框	IDC_EDIT_SERVER	—
编辑框	IDC_EDIT_PORT	—
编辑框	IDC_EDIT_USER	—
编辑框	IDC_EDIT_PASS	—
静态文本	IDC_STATIC	收信
静态文本	IDC_STATIC	主题
静态文本	IDC_STATIC	抄送
静态文本	IDC_STATIC	暗送
静态文本	IDC_STATIC	附件
静态文本	IDC_STATIC	信件内容
编辑框	IDC_EDIT_RECEIVER	—
编辑框	IDC_EDIT_TITLE	—
编辑框	IDC_EDIT_CC	—
编辑框	IDC_EDIT_BCC	—
编辑框	IDC_EDIT_ATTACH	—

续表

控件类型	控件 ID	控件标题
编辑框	IDC_EDIT_LETTER	—
命令按钮	IDC_BTN_VIEW	浏览
静态文本	IDC_STATIC	SMTP 会话的状态信息
多文本框	IDC_RICH_LIST	—
命令按钮	IDOK	发送
命令按钮	IDCANCEL	取消

3．定义控件的成员变量

按照表 8.10，用类向导为对话框中的控件对象定义相应的成员变量。

表 8.10　控件对象的成员变量

控件 ID	变量名称	变量类别	变量类型
IDC_EDIT_NAME	m_Name	Value	CString
IDC_EDIT_ADDR	m_Addr	Value	CString
IDC_EDIT_SERVER	m_Server	Value	CString
IDC_EDIT_PORT	m_Port	Value	UINT
IDC_EDIT_USER	m_User	Value	CString
IDC_EDIT_PASS	m_Pass	Value	CString
IDC_EDIT_RECEIVER	m_Receiver	Value	CString
IDC_EDIT_TITLE	m_Title	Value	CString
IDC_EDIT_CC	m_CC	Value	CString
IDC_EDIT_BCC	m_BCC	Value	CString
IDC_EDIT_ATTACH	m_Attach	Value	CString
IDC_EDIT_LETTER	m_Letter	Value	CString
IDC_RICH_INFO	m_Info	Value	CString

4．为对话框中的控件对象添加事件响应函数

按照表 8.11，用类向导为对话框中的控件对象添加事件响应函数。

表 8.11　对话框控件的事件响应函数

控件类型	对象标识	消息	成员函数
命令按钮	IDC_BTN_VIEW	BN_CLICKED	OnBtnView( )
命令按钮	IDOK	BN_CLICKED	OnIDOK( )

5．实现 Base64 编码和解码

创建一个普通的类 CBase64，用于实现 Base64 编码和解码。

6．创建从 CAsyncSocket 类继承的派生类

为了能够捕获并响应 Socket 事件，应创建用户自己的套接字类，可利用类向导添加。

选择 Class Type 为 MFC Class，类名为 mySock，基类是 CAsyncSocket。创建后对应的文件是 mysock.h 和 mysock.cpp。再利用类向导为 mySock 类添加 OnConnect( )、OnClose( )和 OnReceive( )这 3 个事件处理函数，并为它添加必要的成员函数和变量。

7．添加代码

手动添加包含语句、事件函数和成员函数的代码。

8．分阶段编译执行，进行测试

此处源代码可参考本书配套电子资源。

习　题

1. 简述电子邮件系统的构成。
2. 说明电子邮件的发送和接收的过程。
3. 电子邮件系统具有哪些特点？
4. 简述 SMTP 客户端与 SMTP 服务器之间的会话过程，以及 SMTP 会话具有的特点。
5. 简述使用 Winsock 实现电子邮件客户端程序与服务器会话的步骤。
6. 说明电子邮件信件结构。
7. 建议在信头中的字段顺序是什么？
8. 说明 MIME 的基本思想。
9. 说明 Base64 编码算法。
10. 说明 Quoted-printable 编码算法。
11. 简述 POP3 会话的 3 个状态。
12. 接收电子邮件编程的一般步骤是什么？

第9章

SDN 网络编程

SDN 架构包括 3 个平面：数据平面、控制平面、管理平面。数据平面负责数据转发，控制平面负责计算和向数据平面下发转发规则，而管理平面负责提供相关网络管理策略，作为控制平面计算转发规则的依据。OpenFlow 协议是当前 SDN 中控制器与交换机之间实际使用的通信标准。目前支持 OpenFlow 的控制器有 Beacon、OpenDaylight、RYU、NOX、ONOS、Floodlight 等。本章首先介绍 OpenFlow 协议，然后在 Mininet VM 环境下，以 RYU 控制器为例，介绍如何编写管理平面的程序，以实现自学习交换机和流量监测的功能。

9.1 OpenFlow 概述

9.1.1 OpenFlow 简介

软件定义网络（SDN）是将白盒设计思想引入网络领域的重要成果，引起了学术界和产业界的广泛关注。在 SDN 中，网络交换机的功能非常简单，仅负责数据转发，控制功能则逻辑上集中于控制器，极大地简化了网络的管理。网络管理员不再需要根据网络状态变化，频繁地对网络设备进行逐个设置，仅需要在控制器上配置能够动态响应的高层策略。SDN 对网络创新也有着巨大的推动作用。通过在控制器上进行编程，研究人员可以快速部署新的网络功能。OpenFlow 综合考虑了 SDN 完全可编程的目标与实际部署 SDN 的复杂性，首次将 SDN 由理论变为现实。OpenFlow 协议也成为当前 SDN 中控制器与交换机之间实际的通信标准，为网络管理和科研人员提供了许多新的视角。

基于 OpenFlow 的 SDN 架构如图 9.1 所示。在 OpenFlow 网络中，转发设备被称为 OpenFlow 交换机。与传统的路由器或交换机不同，OpenFlow 交换机不是采用基于目的地址的分组处理方式，而是采用基于流的分组处理方式。流的粒度可以根据匹配域的选择灵活调整。每个 OpenFlow 交换机中包含多个流表，用于存储分组的处理规则。每条处理规则主要包括：匹配域、优先级、指令集、计数器和 Timeouts。匹配域用于匹配分组，包括入端口和分组报头。指令集规定了对匹配分组的处理方式，例如转发、丢弃、改写。计数器统计交换机根据当前规则处理的分组数量。OpenFlow 1.3 增加了对流优先级的支持，当有多条规则同时适用于同一分组时，OpenFlow 交换机将按照优先级最高的规则对分组进行处理。通常情况下，流表中设置一条优先级最低的规则作为漏表项，作用类似于路由器中的默认路由，用于处理与其他规则都不匹配的分组，例如将分组转发至控制器。交换机根据默认规则处理的分组通常被称为未命中规则的分组。为了提高分组处理的效率和灵活性，OpenFlow 1.1 及其后续版本增加了对多级流表的支持。为了提高可靠性，控制平面可以由单个或多个物理分布的控制器组成。控制器主要负责动态维护全网的状态信息，以及通过 OpenFlow 协议更新交换机的流表。支持 OpenFlow 的控制器提供路由、流表管理和拓扑发现等基本功能。但是，网络管理应用复杂多样，许多网络平台仍然需要管理员根据具体网络约束条件配置规则。

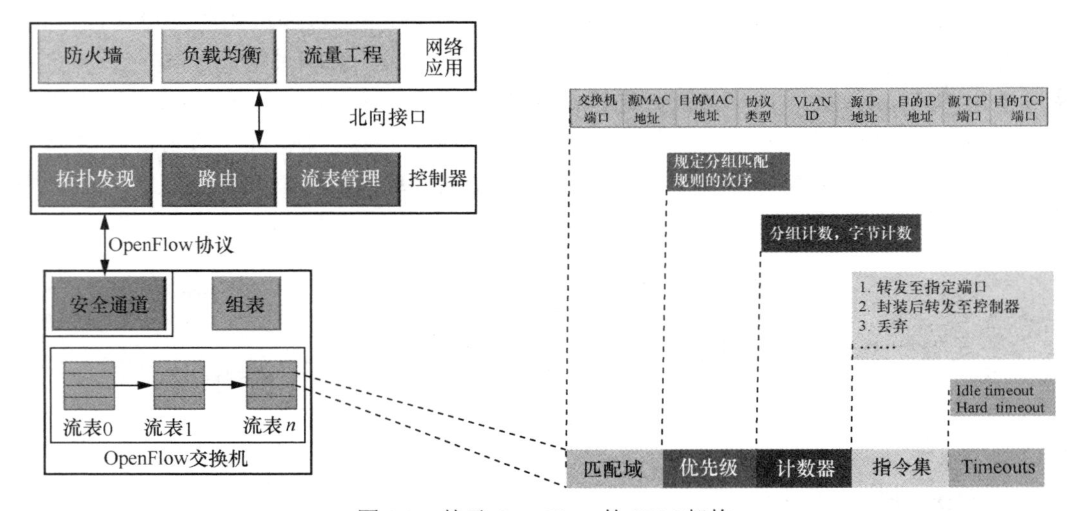

图 9.1　基于 OpenFlow 的 SDN 架构

9.1.2　流表

1．流水线机制

OpenFlow 交换机内部设计了一个由多个流表组成的流水线，用于处理和控制通过该交换机的数据报。使用流水线机制，配置不同的流表项，可以实现复杂的数据报处理逻辑，具有较高灵活性和可扩展性。在网络规模较小、数据报处理需求相对简单的场景下，可以使用单一流表的交换机。在这种情况下，数据报只需在一个流表中进行匹配和处理，无须在多个流表之间跳转。

在 OpenFlow 网络中，每个交换机的流表都是按顺序进行编号的，编号从 0 开始递增。当数据报进入 OpenFlow 交换机时，流水线处理随即启动，并且总是从编号为 0 的流表（即第一流表）开始。如果流表项中包含了跳转到另一个流表的指令（如 GOTO 指令），则数据报会根据指令跳转到编号更大的流表进行进一步的处理。跳转操作遵循流水线的单向性，即只能向前跳转到编号更大的流表，不能逆向跳转。

如果数据报在某个流表中没有匹配到任何流表项，即发生了“漏表”情况，那么将根据该流表的配置来决定如何处理该数据报。可能的处理方式包括丢弃数据报，将数据报发送到下一个流表继续处理，或者通过控制信道将数据报的相关信息发送给控制器进行决策。数据报在流水线中完成所有必要的处理（如没有更多的跳转指令，或者达到流水线的最后一个流表），就会执行与该流表项关联的最终行动。这些行动通常涉及数据报的转发或丢弃。

2．表项匹配

OpenFlow 交换机处理数据报的流程：首先，交换机接收来自网络的数据报，并对其解析以提取关键的头部信息，例如以太网源地址、以太网目的地址、IPv4 源地址、IPv4 目的地址等。然后，交换机基于数据报匹配字段从第一个流表开始查找匹配项，如果数据报在当前流表中找到了匹配项，则执行与该匹配项相关联的动作。匹配字段可能包括直接从数据报头部提取的信息，也可能包括数据报进入交换机的端口号（入端口）以及通过之前流表处理过程中设置的元数据。如果动作中包含修改数据报头部的指令，这些修改会立即反映在数据报的匹配字段中，以便后续的流表查找或处理能够基于最新的数据报的状态进行。

根据第一个流表的处理结果，数据报可能会继续在下一个流表中进行查找和处理。这个过程可能会重复进行，直到数据报被最终处理（如转发、丢弃）或达到流表链的末尾。

一旦数据报完成了对所有流表的查找和处理，交换机将根据最终的动作指令对数据报进行相应处理。例如，如果最终动作是转发到某个端口，则交换机会将数据报发送到指定的端口；如果最终动作是丢弃，则数据报会被丢弃而不进行任何转发。

如果数据报中的某个字段值与流表项中定义的字段值完全相符，或者流表项中对应字段的值被设置为 ANY（即字段被省略或表示接收任何值），则认为该数据报匹配了该流表项。为了提高匹配的灵活性，交换机可能支持对指定的匹配字段应用位掩码。位掩码允许进行更细粒度的匹配，即只有当数据报的字段值与流表项中定义的字段值在特定位上相匹配时，才认为匹配成功。这种方式增加了匹配的复杂性和准确性。

在交换机中，流表项通常具有不同的优先级。当数据报与多个流表项匹配时，交换机会选择优先级最高的流表项进行处理。这意味着只有优先级最高的匹配项会被选中，并执行其关联的操作。如果多个流表项具有相同的最高优先级，并且都与数据报匹配，则默认情况下，所选流表项会被视为未定义（即没有明确指定哪个应该被选择）。然而，这种情况通常可以通过配置来避免，例如通过控制器在添加流表项时设置适当的优先级或避免添加重复项。当控制器添加流表项时，如果设置了 OFPFF_CHECK_OVERLAP 标志，则交换机会检查新添加的流表项是否与现有项重叠，并据此决定是否允许添加。这有助于防止因重复或冲突的流表项而导致的未定义行为。

在某些情况下，如 IP 分片传输时，数据报可能会被分成多个较小的片段进行传输。如果交换机配置了 OFPC_FRAG_REASM 标志，则它会在处理流水线之前尝试将这些碎片重新组装成完整的数据报。

3．流表项

每一个流表都必须支持一个特殊的流表项，即 table-miss 流表项。这个流表项的主要作用是处理那些在流表中没有找到匹配项的数据报，例如把数据报发送给控制器、丢弃数据报或直接将数据报传递到后续的表。

table-miss 流表项在匹配字段上采用通配符机制，即它省略了所有字段的具体值，意味着它能够匹配任何到达交换机的数据报，无论其包头内容如何。table-miss 流表项被设计为具有最低的优先级（通常是 0），以确保只有在所有其他具有更高优先级的流表项都无法匹配数据报时，它才会被选中。

table-miss 流表项至少必须支持两种基本操作：一是利用 CONTROLLER 保留端口将数据报发送到控制器，以便控制器可以基于网络策略和状态作出决策；二是使用 Clear-Actions 指令（或等效机制）来丢弃数据报，避免在网络中进一步传播未处理的数据。

如果 table-miss 流表项的指令是将数据报发送到控制器，那么交换机通常会在发送给控制器的 Packet-In 消息中标识出导致数据报被发送的原因。这有助于控制器了解数据报是如何到达的，并据此作出适当的处理决策。

table-miss 流表项和其他普通表项也有相同的地方。默认不存在性：一个新的流表被创建时，它并不包含 table-miss 流表项。这个表项需要由控制器显式地添加到流表中，以确保交换机能够处理那些未能与流表中其他表项匹配的数据报。可管理性：控制器具有完全的控制权，可以在任何时候向流表中添加或删除 table-miss 流表项。这种灵活性使得网络管理员或控制器能够根据网络的状态和需求动态地调整未匹配数据报的处理方式。超时与失效：与流表中的其他表项一样，table-miss 流表项也可能受到超时机制的影响。如果设置了超时时间，并且在该时间内没有数据报与之匹配，那么该表项可能会自动失效并被从流表中删除。然而，由于 table-miss 流表项的特殊性，这种超时机制可能并不总是被启用或遵循。

默认情况下，如果流表中没有配置 table-miss 流表项，那么任何未能与流表中其他表项匹配的数据报都将被交换机丢弃。这种处理方式是一种安全措施，旨在防止未授权或未定义的数据报在网络中不受控制地传播。

4．删除表项

在 OpenFlow 协议的交换机中，流表项的删除可以通过两种主要机制实现：控制器的主动请求和交换机的流超时机制。

交换机的流超时机制是一种独立于控制器的自动清理机制。它根据流表项中的 idle_timeout 和 hard_timeout 两个关键参数来监控和决定何时删除流表项。如果 hard_timeout 非零，则表示流表项的最大生存时间（以秒为单位）。无论在此期间是否有数据报与该流表项匹配，一旦达到这个时间限制，交换机将删除该流表项。如果 idle_timeout 非零，则它表示在最后一个数据报与该流表项匹配之后，流表项可以保持未使用状态的最长时间（以秒为单位）。如果在这段时间内没有新的数据报匹配该流表项，则交换机将删除它。

控制器也可以通过发送特定的流表修改消息（如 OFPFC_DELETE 或 OFPFC_DELETE_STRICT）主动从流表中删除流表项。这种机制允许网络管理员或控制软件根据网络状态和需求实时调整流表内容。

当流表项被删除时（无论是由于超时还是控制器的请求），交换机必须检查流表项的 OFPFF_SEND_FLOW_REM 标志。如果流表项设置了 OFPFF_SEND_FLOW_REM 标志，交换机必须向控制器发送一个流删除消息。这个消息包含了被删除流表项的完整描述、删除的原因（超时或控制器请求）、删除时的持续时间以及相关的统计数据。

9.1.3　OpenFlow 通道

1．消息类型

OpenFlow 通道是交换机与控制器之间的桥梁。通过该通道，控制器可以配置、管理和监控交换机的行为，而交换机可以向控制器报告事件和状态变化。通过 OpenFlow 通道传输的消息都必须遵循 OpenFlow 协议规定的格式，以确保双方能够正确解析和处理信息。OpenFlow 通道通常使用 TLS（传输层安全协议）进行加密以保证通信安全，但在某些部署中，它也可能直接在 TCP 上运行，不进行加密。

OpenFlow 协议支持 3 种主要的消息类型，每种类型都服务于以下不同的通信需求。

① Controller-to-Switch 消息：由控制器发起，用于直接管理和查询交换机的状态。这些消息通常要求交换机执行特定的操作或返回其当前状态信息，但不总是需要交换机立即响应。该类消息的子消息类型及含义见表 9.1。

表 9.1　Controller-to-Switch 消息的子消息类型及含义

子消息类型	消息含义
Features	查询交换机的身份信息和基本功能，如制造商、型号、最大表项数、支持的动作类型、端口配置等
Configuration	设置、查询交换机的配置参数
Modify-State	用于管理交换机的状态，包括增加、删除、修改 OpenFlow 表中的流表项/组表项，以及设置交换机的端口属性
Read-state	收集交换机的各种消息，例如当前配置、统计数据和性能等
Packet-out	发送数据报到交换机特定的端口，并转发通过 Packet-in 消息收到的数据报。Packet-out 消息必须包括一个完整的数据报或者一个指向交换机中存储数据报缓冲区的 ID 和一个动作列表
Barrier	控制器（如 OpenFlow 网络中的控制器）发送 Barrier 请求时，它期望之前所有的消息都已被处理完毕，并且收到所有已完成操作的通知。交换机在接收到 Barrier 请求后，会处理所有待处理的消息，并发送 Barrier 回复以确认所有操作已完成
Role-Request	用于设置 OpenFlow 通道的角色，包括 MASTER、EQUAL、SLAVE、NOCHANGE 等，主要用于多控制器的场景
Asynchronous-Configuration	通过该消息配置交换机来过滤或选择性地接收来自交换机的异步消息。这对于管理交换机与多个控制器之间的通信至关重要，特别是在需要优化网络性能和减少不必要消息负载的场景中

② Asynchronous 消息（异步消息）：由交换机主动发起，用于在不需要控制器请求的情况下通知控制器重要事件。这些事件可能包括数据报到达、交换机状态变化（如端口上/下线）、错误条件等。异步消息使控制器能够实时响应网络中的变化，而无须不断轮询交换机状态。该类消息的子消息类型及含义见表 9.2。

表 9.2　Asynchronous 消息的子消息类型及含义

子消息类型	消息含义
Packet-in	Packet-in 事件是 SDN 中实现网络灵活性和可编程性的重要机制之一。交换机可以根据缓冲配置决定是否将无法处理的数据报（如流表项不匹配）的部分或全部进行缓存，并通过 Packet-in 事件发送给控制器
Flow-Removed	用于通知控制器流表中的某个流表项已经被移除，使控制器能够和交换机同步流表状态。前提是相应的流表项设置了 OFPFF_SEND_FLOW_REM 标志位
Port-status	用于通知控制器关于交换机端口状态的变化，如端口从关闭（down）状态变为开启（up）状态，或者从开启状态变为关闭状态，或者端口的配置发生变化[如速率限制、VLAN 设置、双工模式（全双工或半双工）等]，或者端口遇到硬件故障、链路故障或其他错误情况，使控制器能够实时地了解网络的物理连接状态，从而能够作出相应的反应或调整
Error	用于通知控制器出现问题

③ Symmetric 消息（对称消息）：既可以由交换机发起，也可以由控制器发起，且不需要事先请求或响应。这种消息类型用于支持双方之间的直接通信，例如，用于协商或同步某些参数。该类消息的子消息类型及含义见表 9.3。

表 9.3　Symmetric 消息的子消息类型及含义

子消息类型	消息含义
Hello	确认通信双方（即交换机和控制器）都支持 OpenFlow 协议，并且同意建立会话
Echo	用于验证控制器与交换机之间的连接是否活跃，也可用于测量延迟率和带宽
Experimenter	为 OpenFlow 修订预留的功能中转区，允许交换机制造商或开发者实现自定义的扩展功能，而无须等待 OpenFlow 协议本身的更新，增强 OpenFlow 协议的灵活性和可扩展性，满足不断变化的网络需求

2．OpenFlow 通道连接

每个 OpenFlow 通道通常连接一个控制器和一个交换机。这种一对一的连接模式简化了控制逻辑，但现代 SDN 架构也支持更复杂的连接模式，如多个控制器管理一个交换机或多个交换机由一个控制器管理。控制器和交换机既可以通过带内方式连接，也可以通过带外方式连接。带内方式连接是指控制器和交换机通过交换机管理的网络本身进行通信。这种方式的优点是部署简单，但可能会占用网络带宽，并可能引入安全风险。带外方式连接是指控制器和交换机通过独立的专用网络进行通信。这种方式可以提供更高的安全性和可靠性，但部署成本可能更高。

OpenFlow 通道既可以使用 TLS，也可以使用 TCP。TLS 能够提供加密的通信通道，确保数据在传输过程中的机密性和完整性。这对于保护网络免受中间人攻击尤为重要。TCP 虽然不如 TLS 安全，但在某些对性能要求更高或安全要求不那么严格的场景下仍然适用。

为了提高可靠性和吞吐量，OpenFlow 通道可以由多个网络连接组成，实现并行通信。这种设计使得即使某个连接出现故障，其他连接也能继续工作，从而保证了网络的稳定性和连续性。

交换机在启动时会根据预先配置的 IP 地址和端口信息，主动向控制器发起连接请求，以建立一个或多条 OpenFlow 通道。

由于 OpenFlow 通道的流量不经过交换机的流表检查，交换机需要在流表处理之前就能够识别并区分这些控制流量。这通常通过特定的端口号、VLAN 标签、MPLS 标签或协议类型来实现。一旦识别出控制流量，交换机就会将其转发到专门的处理逻辑中，而不是按照常规的流表项进行转发。

当控制器和交换机之间初次建立连接时，双方都需要发送一个 OFPT_HELLO 消息。这个消息包含了一个重要的字段——版本字段，它表示发送方支持的最高的 OpenFlow 协议版本。这允许双方了解对方的能力，并为后续的通信协商一个合适的协议版本。如果没有共同支持的版本或只有版本字段被提供，则接收方将使用接收到的版本字段中较小的版本号作为协商版本。如果双方都提供了 OFPHET_VERSIONBITMAP 且存在共同支持的版本，则选择这些共同版本中的最高版本作为协商版本。

如果接收方不支持协商后的版本，它必须立即回应一个 OFPT_ERROR 消息，并终止连接。OFPT_ERROR 消息包括类型字段（值为 OFPET_HELLO_FAILED）、错误码（值为 OFPHFC_INCOMPATIBLE），以及一个随机的 ASCII 字符串（用于解释连接失败的具体原因）。

建立连接后，控制器通常会先发送一个 OFPT_FEATURES_REQUEST 消息给交换机。这个请求的目的是让控制器了解交换机的各种特性，包括其数据路径 ID，它唯一标识了网络中的交换机。

3．连接中断

如果在启动过程中无法连接到控制器，交换机将根据配置进入“失败安全模式”或“失败独立模式”，直到成功连接到控制器。

在失败安全模式下，交换机将停止向控制器发送任何数据报或消息，但会继续根据现有的流表项处理网络流量。这意味着交换机将停止接收来自控制器的任何新指令或流表更新，但会继续按照已有的流表规则转发数据报。流表项会按照其设置的超时时间自然过期，但交换机不会主动与控制器同步流表状态。

失败独立模式通常用于 Hybrid 交换机，这种交换机在失去控制器连接时能够独立运行，模拟传统以太网交换机和路由器的行为。在失败独立模式下，交换机使用 OFPP_NORMAL 保留端口处理所有数据报，这意味着它将基于 MAC 地址表（或类似机制）进行转发，而不是依赖于控制器的流表项。这种模式确保了网络在控制器不可用时的基本连通性，但可能无法支持复杂的网络策略和动态流量管理。

9.2 SDN 仿真环境

9.2.1 Mininet 的安装和配置

1．Mininet 简介

Mininet 是由斯坦福大学基于 Linux Container 架构开发的一个进程虚拟化网络仿真

工具，它包括终端节点、OpenFlow 交换机和控制器等虚拟设备。Mininet 采用轻量级的虚拟化技术，可以很方便地创建一个支持 SDN 的网络，并测试相关的网络管理程序。Mininet 实现虚拟化主要是借助于 Linux 内核的 Network namespace 资源隔离机制，让每个 Network namespace 都拥有独立的网络设备、网络协议簇和端口等。Mininet 建立的网络拓扑的交换节点可以是 Open vSwitch、Linux Bridge 等软件交换机，交换节点之间的链路则采用 Linux 的 veth pair 机制实现。控制器可以部署在本地，也可以部署在网络可达的任意地方。网络拓扑可以通过命令或者 Python 脚本实现。

2. Mininet 的安装

Mininet 不能直接在 Windows 环境下运行，所以 Mininet 有以下几种安装方式：第一种方式是在 Windows 环境下安装 Mininet 的虚拟机镜像；第二种方式是在 Linux 环境下直接安装 Mininet 源代码；第三种方式是使用安装包进行安装。

（1）虚拟机镜像的安装。

首先，Windows 用户从官网下载镜像 mininet-2.3.0-210211-ubuntu-20.04.1-legacy-server-amd64.zip。然后，将镜像导入 VirtualBox。虚拟机的默认账号和密码都是 mininet。

（2）源代码的安装。

第一步：获取源代码，代码如下。

```
#git clone 镜像源地址.git
```

第二步：选择版本，代码如下。

```
#cd mininet
#git tag
#sudo git checkout -b  <new-branche>  <old-branch>
#例如 sudo git checkout -b mininet-2.3.0 2.3.0 表示选择 mininet-2.3.0 版本
```

第三步：安装 Mininet，用户可以使用以下命令查看参数的使用方法，然后根据需要选择相关参数。

```
#mininet/util/install.sh -h
```

安装 Mininet VM 中的所有工具，包括 Open vSwitch、OpenFlow Wireshark 和 POX。默认情况下，这些工具的源代码将建立在当前用户的 home 目录中。命令如下。

```
# mininet/util/install.sh -a
```

安装 Mininet 内核、OpenFlow1.3 和 Open vSwitch 的命令如下。

```
# mininet/util/install.sh -s mydir -n3V 2.5.0
```

其中，s 表示将源代码安装在一个指定的目录中，而不是在 home 目录中； n 表示安装 Mininet 依赖和内核文件，3 表示安装的是 OpenFlow 1.3 版本，V 表示安装 OVS 交换机，其为 2.5.0 版本。

第四步：安装完成后，使用以下命令测试 Mininet 是否安装成功。

```
# sudo mn --test pingall
```

（3）安装包的安装，命令如下。

```
#sudo apt-get install mininet
```

3. Mininet 的配置参数

Mininet 的主要配置参数如下。

（1）--topo 参数。

--topo 参数用于指定拓扑类型。常见的拓扑类型参数如下。

- --topo linear, n: 创建线性拓扑，其中 n 是主机数量。例如，--topo linear,3 表示创建一个线性拓扑，包含 3 个主机和一个交换机，主机按顺序连接。
- --topo single, n: 创建单交换机拓扑，其中 n 是主机数量。例如，--topo single,4 表示创建一个单交换机拓扑，包含 4 个主机和一个交换机。
- --topo tree, depth: 创建树状拓扑，其中 depth 是树的深度。例如，--topo tree,2 表示创建一个深度为 2 的树状拓扑。
- --topo custom, file: 使用自定义拓扑文件创建拓扑。即通过指定自定义拓扑文件的路径来创建自定义拓扑。例如，--topo custom,topo.py 表示使用名为 topo.py 的自定义拓扑文件来创建拓扑。

（2）--controller 参数。

--controller 参数用于指定控制器类型和地址。例如，--controller = remote,ip = 127.0.0.1, port = 6653 表示使用远程控制器，IP 地址为 127.0.0.1，端口为 6653，当然 ip 和 port 的具体取值要根据环境中对应的值来设置。

（3）--switch 参数。

--switch 参数用于指定交换机类型。例如，--switch ovs 表示使用 Open vSwitch 交换机。这是一种使用 OpenFlow 协议进行编程的灵活虚拟交换机。当没有指定--switch 参数时，默认的交换机类型是 ovsk，即使用 Open vSwitch Kernel 模式作为交换机。

ivs: 使用 Indigo Virtual Switch 作为交换机。Indigo Virtual Switch 是一种基于 OpenFlow 的虚拟交换机。

（4）--host 参数。

--host 参数用于指定主机类型。例如，--host cfs 表示使用基于 CFS 的主机。除了 cfs，Mininet 还提供了其他一些可用的主机类型（default: 默认，使用 Linux 当前宿主主机；CPULimitedHost: 使用 cgroups 限制主机的 CPU 使用率；Docker: 在 Mininet 主机中运行 Docker 容器；UserSwitchHost: 将主机作为 Open vSwitch 交换机的一个端口，可以根据实际项目背景选择）

（5）--link 参数。

--link 参数用于指定链路类型和属性。例如，--link tc,bw = 10,delay = 10ms 表示使用 TC 链路，带宽为 10 Mbps，延迟为 10 ms。常见的链路属性参数如下。

- delay：设置链路的延迟，可以指定为固定延迟或随机延迟。例如，--link delay = 10ms 表示设置链路的固定延迟为 10ms。
- bw：设置链路的带宽，可以指定为固定带宽或随机带宽。例如，--link bw = 10 表示设置链路的固定带宽为 10 Mbps。
- loss：设置链路的丢包率。例如，--link loss = 10%表示设置链路的丢包率为 10%。
- corrupt：设置链路的损坏率。例如，--link corrupt = 0.5%表示设置链路的损坏率为 0.5%。
- jitter：设置链路的抖动，即延迟的变化量。例如，--link jitter = 5ms 表示设置链路的抖动为 5 ms。

（6）--mac 参数。

--mac 参数用于指定主机的唯一的 MAC 地址。如--mac = 00:00:00:00:00:01。

（7）--ip 参数。

--ip 参数用于指定主机的 IP 地址。例如，使用--ip 选项可以为主机分配静态 IP 地址信息，如--ip = 192.168.0.1/24 --gateway = 192.168.0.254。

（8）--innamespace 参数。

--innamespace 参数用于将主机放置在单独的网络命名空间中。

（9）--custom 参数。

--custom 参数表示使用自定义脚本启动拓扑。例如，--custom my_topology.py 表示使用名为 my_topology.py 的自定义脚本来启动拓扑。

4．内部交互命令

在 Mininet CLI 中，可以使用相关命令进行网络管理和测试，主要包括以下几类。

（1）查看信息的命令如下。

① nodes：显示网络中的所有节点（包括主机、交换机、控制器）。

② net：显示网络链接情况。

③ dump：显示每个节点的接口设置和进程 ID。

④ links：查看链路连通性。

⑤ intfs：列出所有的网络接口。

（2）测试连通性的命令如下。

① pingall：测试网络中所有主机之间的连通性。

② pingpair h1 h2：测试两个特定主机（如 h1 和 h2）之间的连通性。

③ iperf h1 h2：测试两个主机之间的 TCP 带宽。

④ iperfudp h1 h2：测试两个主机之间的 UDP 带宽。

（3）修改网络结构的命令如下。

① py：执行 Python 表达式，如添加主机、交换机、链路等。例如，py net.addHost('h3') 表示添加一个新主机 h3。

② link s1 s2 up/down：启用或禁用两个节点（如交换机 s1 和 s2）之间的链路。

③ dpctl：对所有交换机执行流表操作，如查看流表、添加流表项等。例如，dpctl dump-flows 用于查看流表信息。

（4）其他命令如下。

① xterm h1：在主机 h1 上启动一个 xterm 终端。

② quit 或 exit：退出 Mininet CLI。

9.2.2 RYU 的安装和配置

SDN 控制器是软件定义网络中的核心组件，它的主要功能是实现网络的集中控制和管理。SDN 控制器可以通过控制网络设备的流量转发，实现网络的灵活性和可编程性，从而满足不同应用场景的需求。SDN 控制器的主要功能如下。

（1）网络拓扑发现和管理。

SDN 控制器可以通过网络拓扑发现和管理功能，自动发现网络中的拓扑结构，并对网络拓扑进行管理。这样可以帮助网络管理员更好地了解网络的结构和状态，从而更好地进行网络管理和维护。

（2）流量控制和管理。

SDN 控制器可以通过流量控制和管理功能，帮助网络管理员更好地控制网络中的流量，从而提高网络的可靠性。

（3）网络安全管理。

SDN 控制器可以通过网络安全管理功能，对网络中的安全问题进行管理和控制。这样可以帮助网络管理员更好地保护网络的安全，从而提高网络的可靠性和安全性。

总之，SDN 控制器的主要功能是实现网络的集中控制和管理，从而提高网络的灵活性和可编程性，满足不同应用场景的需求。在未来的网络发展中，SDN 控制器将会扮演越来越重要的角色，成为网络管理和控制的核心组件。

（4）RYU 控制器。

RYU 是一款基于 Python 的开源 SDN 控制器。它简单易用，可扩展性高，并支持多个版本的 OpenFlow 协议。可以直接使用 pip install ryu 命令安装 RYU 控制器。在命令行中输入“ryu-manager”，如果输出结果如图 9.2 所示，即代表安装成功。

```
root@amax:/home# ryu-manager
loading app ryu.controller.ofp_handler
instantiating app ryu.controller.ofp_handler of OFPHandler
```

图 9.2　测试 RYU 控制器

9.3 编程实验

9.3.1　基于 MiniEdit 的可视化操作

MiniEdit 是 Mininet 网络仿真工具中的一个可视化界面工具，它允许用户在图形界面上直接编辑网络拓扑，包括设备的数量、类型以及它们之间的连接关系。用户还可以在全局配置中设置一些参数，如 OpenFlow 协议版本等，以满足不同的网络仿真需求。在创建并配置好网络拓扑后，MiniEdit 可以自动生成一个 Python 脚本，用于在 Mininet 中创建和运行该拓扑。

1．启动 MiniEdit

MiniEdit 的启动脚本 miniedit.py 通常位于 Mininet 安装目录下的 examples 文件夹中。在 Linux 系统下，用户需要进入 Mininet 的安装目录，然后执行 sudo python miniedit.py 命令以 root 权限执行 miniedit.py 脚本。用户也可以通过完整的路径来执行该脚本。

2. MiniEdit 的界面与操作

如图 9.3 所示，MiniEdit 的界面通常包含工具栏、设备列表、画布区域以及属性设置窗口等部分。在 MiniEdit 的左侧工具栏中，有各种网络组件可供选择，如主机、交换机、路由器（如果可用）、控制器等。单击所需的组件，然后在右侧的空白区域中拖动以添加该组件。MiniEdit 会自动为这些组件分配名称（如 h1、h2、s1 等）。在已添加的设备（如主机、交换机、控制器）上单击鼠标右键，在弹出的快捷菜单中选择“Properties”来配置其属性，如控制器的 IP 地址、交换机的类型、主机的 IP 地址等。拖曳左侧的链路工具可以将各个设备连接起来。在 MiniEdit 的左上角菜单中，可以选择“Edit”来进行全局配置，如设置 OpenFlow 协议版本、启动 CLI 等。配置完成后，单击界面中的“Run”按钮来运行网络拓扑。Mininet 将在后台配置网络，并在终端中显示相关信息。如果需要保存当前的拓扑配置，可以选择“File”>“Export Level 2 Script”，将其保存为 Python 脚本。以后可以直接运行这个 Python 脚本来重现拓扑。

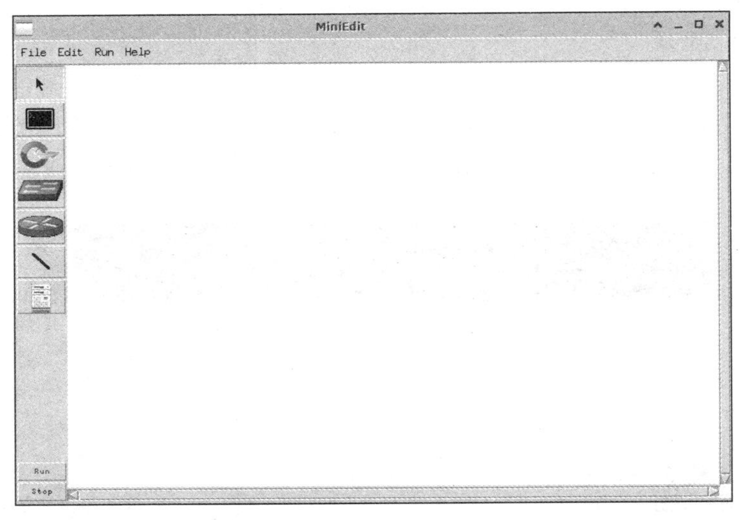

图 9.3　MiniEdit 的界面

3. 使用 MiniEdit 构建网络拓扑

下面使用 MiniEdit 构建一个简单的网络拓扑，包括 4 台主机、2 台交换机和 1 台控制器，并对各设备进行配置。

（1）启动 MiniEdit。打开终端，并切换到 mininiet/examples 目录下，然后执行“sudo python miniedit.py 命令”。

（2）构建网络拓扑。分别添加控制器（c0）、交换机（s1、s2）、主机（h1、h2、h3、h4）和链路，构建图 9.4 所示的网络拓扑。

（3）配置网络。在主机、交换机、控制器上单击鼠标右键，在弹出的快捷菜单中选择“Properties”即可设置其属性。控制器 c0 的属性配置如图 9.5 所示。主机 h1 的属性配置如图 9.6 所示。在“Edit”中选择“Preferences”，进入图 9.7 所示界面，勾选“Start CLI”，以便在命令行界面直接对主机等进行命令操作，并选择交换机支持的 OpenFlow 协议版本。

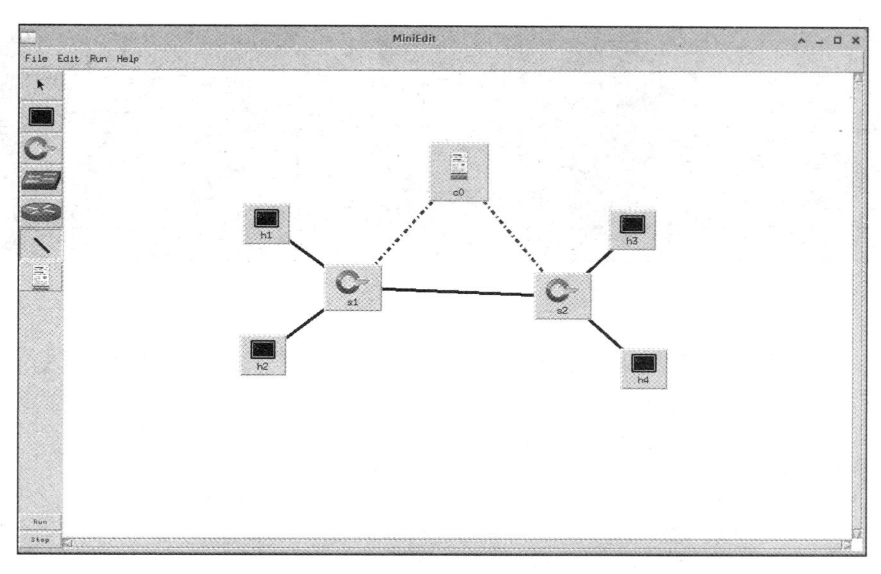

图 9.4　构建网络拓扑

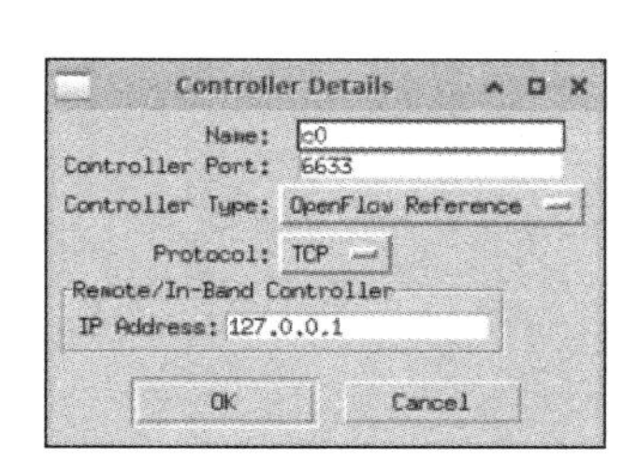

图 9.5　控制器 c0 的属性配置

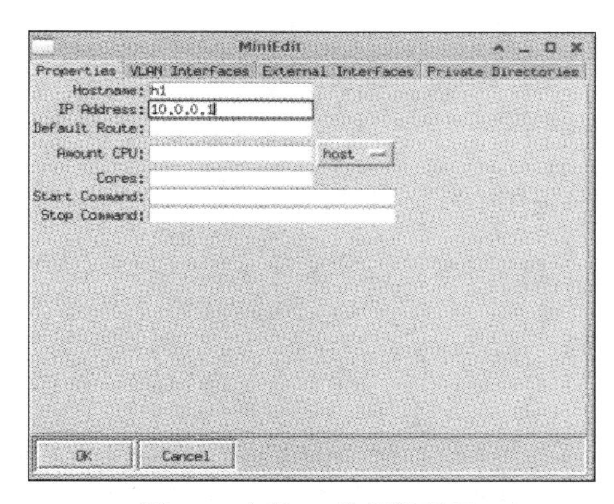

图 9.6　主机 h1 的属性配置

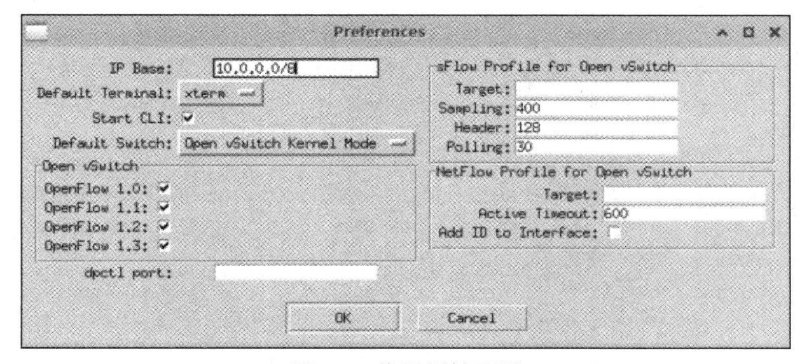

图 9.7　偏好属性配置

（4）单击“网络拓扑”界面的“Run”按钮，可在命令行界面显示图 9.8 所示的运行结果。

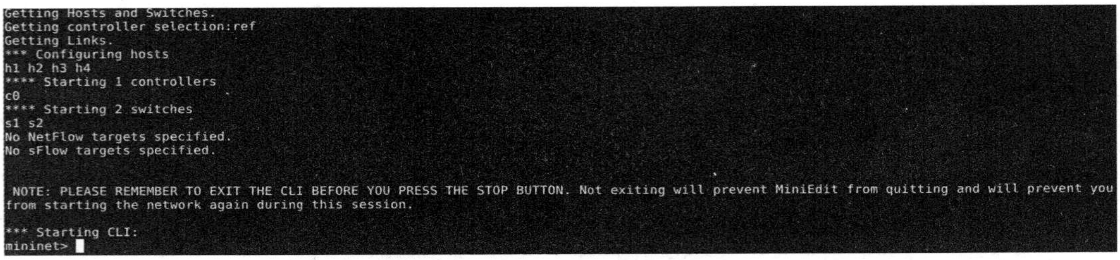

```
Getting Hosts and Switches.
Getting controller selection:ref
Getting Links.
*** Configuring hosts
h1 h2 h3 h4
**** Starting 1 controllers
c0
**** Starting 2 switches
s1 s2
No NetFlow targets specified.
No sFlow targets specified.

 NOTE: PLEASE REMEMBER TO EXIT THE CLI BEFORE YOU PRESS THE STOP BUTTON. Not exiting will prevent MiniEdit from quitting and will prevent you
from starting the network again during this session.

*** Starting CLI:
mininet>
```

图 9.8　运行结果

（5）导出文件。选择“File” > “Export Level 2 Script”，可以得到以下 Python 脚本。

```
#!/usr/bin/env python

from mininet.net import Mininet
from mininet.node import Controller, RemoteController, OVSController
from mininet.node import CPULimitedHost, Host, Node
from mininet.node import OVSKernelSwitch, UserSwitch
from mininet.node import IVSSwitch
from mininet.cli import CLI
from mininet.log import setLogLevel, info
from mininet.link import TCLink, Intf
from subprocess import call

def myNetwork():

    net = Mininet( topo = None,
                   build = False,
                   ipBase = '10.0.0.0/8')

    info( '*** Adding controller\n' )
    c0 = net.addController(name = 'c0',
                      controller = Controller,
                      protocol = 'tcp',
                      port = 6633)

    info( '*** Add switches\n')
    s2 = net.addSwitch('s2', cls = OVSKernelSwitch)
    s1 = net.addSwitch('s1', cls = OVSKernelSwitch)

    info( '*** Add hosts\n')
    h3 = net.addHost('h3', cls = Host, ip ='10.0.0.3', defaultRoute = None)
    h1 = net.addHost('h1', cls = Host, ip ='10.0.0.1', defaultRoute = None)
    h4 = net.addHost('h4', cls = Host, ip ='10.0.0.4', defaultRoute = None)
    h2 = net.addHost('h2', cls = Host, ip ='10.0.0.2', defaultRoute = None)

    info( '*** Add links\n')
    net.addLink(h1, s1)
    net.addLink(h2, s1)
    net.addLink(s2, h3)
    net.addLink(s2, h4)
```

```
    net.addLink(s1, s2)

    info( '*** Starting network\n')
    net.build()
    info( '*** Starting controllers\n')
    for controller in net.controllers:
        controller.start()

    info( '*** Starting switches\n')
    net.get('s2').start([c0])
    net.get('s1').start([c0])

    info( '*** Post configure switches and hosts\n')

    CLI(net)
    net.stop()

if __name__ == '__main__':
    setLogLevel( 'info' )
   myNetwork()
```

9.3.2　自学习交换机

在传统的计算机网络中，交换机根据交换表进行数据帧转发。交换表中记录了各端口与相关主机 MAC 地址的对应关系。交换机通过自学习过程生成交换表。假设主机 A 和主机 B 与同一台交换机相连。当主机 A 向主机 B 发送数据时，交换机会先记录或刷新主机 A 的 MAC 地址和对应的交换机端口之间的映射关系，然后查找交换表中是否有主机 B 的 MAC 地址。如果没有找到相关记录，会以广播方式向其他所有端口发送数据帧。否则，则根据记录以单播方式将数据帧发送给主机 B。

SDN 交换机根据流表进行数据转发，流表由控制器通过运行代码生成，并由控制器将表项下发给相应的交换机。所以，如果希望 SDN 交换机具备类似于传统交换机的交换表自学习能力，需要进行相应的代码开发。RYU 控制器提供了能够模拟交换表自学习的应用，文件名为 simple_switch_13.py 命名，具体代码如下。

```
from ryu.base import app_manager
from ryu.controller import ofp_event
from ryu.controller.handler import CONFIG_DISPATCHER, MAIN_DISPATCHER
from ryu.controller.handler import set_ev_cls
from ryu.ofproto import ofproto_v1_3
from ryu.lib.packet import packet
from ryu.lib.packet import ethernet
from ryu.lib.packet import ether_types

class SimpleSwitch13(app_manager.RyuApp):
    OFP_VERSIONS = [ofproto_v1_3.OFP_VERSION]    #将 OpenFlow 协议的版本设置为 1.3

    def __init__(self, *args, **kwargs):
```

```
        super(SimpleSwitch13, self).__init__(*args, **kwargs)
        self.mac_to_port = {}

    #处理 SwitchFeatures 报文，SwitchFeatures 报文是交换机对控制器的回应
@set_ev_cls(ofp_event.EventOFPSwitchFeatures, CONFIG_DISPATCHER)
    def switch_features_handler(self, ev):        datapath = ev.msg.datapath
        ofproto = datapath.ofproto
        parser = datapath.ofproto_parser

        #install table-miss flow entry
        #We specify NO BUFFER to max_len of the output action due to
        #OVS bug. At this moment, if we specify a lesser number, e.g.,
        #128, OVS will send PacketIn with invalid buffer_id and
        #truncated packet data. In that case, we cannot output packets
        #correctly.  The bug has been fixed in OVS v2.1.0.
        match = parser.OFPMatch()                  #设置规则的匹配域
        actions = [parser.OFPActionOutput(ofproto.OFPP_CONTROLLER,
                                          ofproto.OFPCML_NO_BUFFER)]        #设置规则的行为
        self.add_flow(datapath, 0, match, actions)

    def add_flow(self, datapath, priority, match, actions, buffer_id = None):#下发规则
        ofproto = datapath.ofproto
        parser = datapath.ofproto_parser

        inst = [parser.OFPInstructionActions(ofproto.OFPIT_APPLY_ACTIONS,
                                              actions)]
        if buffer_id:
            mod = parser.OFPFlowMod(datapath=datapath, buffer_id=buffer_id,
                                    priority=priority, match=match,
                                    instructions=inst)
        else:
            mod = parser.OFPFlowMod(datapath=datapath, priority=priority,
                                    match=match, instructions=inst)
        datapath.send_msg(mod)
#处理 PacketIn 报文，PacketIn 报文是因为分组在交换机中匹配失败，由交换机主动上报的消息
    @set_ev_cls(ofp_event.EventOFPPacketIn, MAIN_DISPATCHER)
    def _packet_in_handler(self, ev):
        # If you hit this you might want to increase
        # the "miss_send_length" of your switch
        if ev.msg.msg_len < ev.msg.total_len:
            self.logger.debug("packet truncated: only %s of %s bytes",
                              ev.msg.msg_len, ev.msg.total_len)
        msg = ev.msg
        datapath = msg.datapath
        ofproto = datapath.ofproto
        parser = datapath.ofproto_parser
        in_port = msg.match['in_port']

        pkt = packet.Packet(msg.data)
```

```
        eth = pkt.get_protocols(ethernet.ethernet)[0]     #获取数据报的以太网帧首部

        if eth.ethertype == ether_types.ETH_TYPE_LLDP:
            # ignore lldp packet
            return
        dst = eth.dst                                     #获取目的以太网地址
        src = eth.src                                     #获取源以太网地址

        dpid = datapath.id                                #获取交换机的 ID
        self.mac_to_port.setdefault(dpid, {})

        self.logger.info("packet in %s %s %s %s", dpid, src, dst, in_port)

        # learn a mac address to avoid FLOOD next time.
        self.mac_to_port[dpid][src] = in_port         #记录 MAC 地址和端口的对应关系

        if dst in self.mac_to_port[dpid]:
            out_port = self.mac_to_port[dpid][dst]    #根据记录设置转发端口
        else:
            out_port = ofproto.OFPP_FLOOD      #泛洪

        actions = [parser.OFPActionOutput(out_port)]

        # install a flow to avoid packet_in next time
        if out_port != ofproto.OFPP_FLOOD:
            match = parser.OFPMatch(in_port=in_port, eth_dst=dst, eth_src=src)
            # verify if we have a valid buffer_id, if yes avoid to send both
            # flow_mod & packet_out
            if msg.buffer_id != ofproto.OFP_NO_BUFFER:    #如果已将分组保存在交换机缓存中
                self.add_flow(datapath, 1, match, actions, msg.buffer_id)
                return
            else:
                self.add_flow(datapath, 1, match, actions)
        data = None
        if msg.buffer_id == ofproto.OFP_NO_BUFFER:
            data = msg.data

        out = parser.OFPPacketOut(datapath=datapath, buffer_id=msg.buffer_id,
                                  in_port=in_port, actions=actions, data=data)
        datapath.send_msg(out)
```

（1）启动 RYU 控制器，并运行 simple_switch_13.py。如果希望得到可视化的网络拓扑，可以运行 RYU 控制器自带的可视化 App，即 gui_topology.py。

```
#cd ryu/app
#sudo ryu-manager simple_switch_13.py gui_topology/gui_topology.py --observe-links
```

（2）启动 Mininet，并按照图 9.9 所示创建实验拓扑。拓扑中包括两台主机和两台交换机，控制器和交换机通过带外方式连接。

```
#sudo mn --topo=linear,2 --controller=remote,ip=controller_ip,port=6653
```

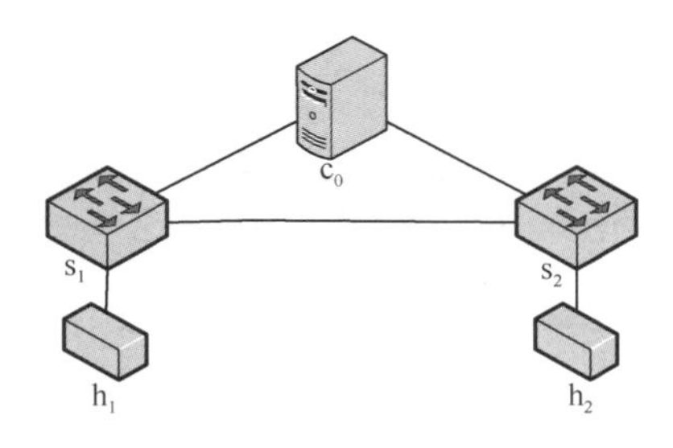

图 9.9　网络拓扑

（3）使用 dpctl dump-flows 查看流表，可以看到图 9.10 所示的结果。在交换机 s1 和 s2 中，仅存在将数据报转发至控制器的表项。

```
mininet> dpctl dump-flows
*** s1 ---------------------------------------------------------------
 cookie=0x0, duration=4.561s, table=0, n_packets=6, n_bytes=360, priority=65535,dl_dst=01:80:c2:00:00:0e,dl_type=0x88cc actions=CONTROLLER:65535
 cookie=0x0, duration=4.563s, table=0, n_packets=20, n_bytes=2655, priority=0 actions=CONTROLLER:65535
*** s2 ---------------------------------------------------------------
 cookie=0x0, duration=4.565s, table=0, n_packets=5, n_bytes=300, priority=65535,dl_dst=01:80:c2:00:00:0e,dl_type=0x88cc actions=CONTROLLER:65535
 cookie=0x0, duration=4.568s, table=0, n_packets=23, n_bytes=2983, priority=0 actions=CONTROLLER:65535
```

图 9.10　查看交换机流表初始状态

（4）运行 pingall 命令后再次查看流表。如图 9.11 所示，可以发现交换机 s1 和 s2 各增加了两条表项。这两条表项就是控制器根据 simple_switch_13.py 文件生成并下发的，表明实验成功模拟了传统交换机的流表自学习功能。

```
mininet> pingall
*** Ping: testing ping reachability
h1 -> h2
h2 -> h1
*** Results: 0% dropped (2/2 received)
mininet> dpctl dump-flows
*** s1 ---------------------------------------------------------------
 cookie=0x0, duration=96.211s, table=0, n_packets=108, n_bytes=6480, priority=65535,dl_dst=01:80:c2:00:00:0e,dl_type=0x88cc actions=CONTROLLER:65535
 cookie=0x0, duration=5.331s, table=0, n_packets=3, n_bytes=238, priority=1,in_port="s1-eth2",dl_src=c6:be:f1:6d:01:ae,dl_dst=b2:69:6d:9f:39:8e actions=output:"s1-eth1"
 cookie=0x0, duration=5.328s, table=0, n_packets=2, n_bytes=140, priority=1,in_port="s1-eth1",dl_src=b2:69:6d:9f:39:8e,dl_dst=c6:be:f1:6d:01:ae actions=output:"s1-eth2"
 cookie=0x0, duration=96.213s, table=0, n_packets=39, n_bytes=4617, priority=0 actions=CONTROLLER:65535
*** s2 ---------------------------------------------------------------
 cookie=0x0, duration=96.218s, table=0, n_packets=106, n_bytes=6360, priority=65535,dl_dst=01:80:c2:00:00:0e,dl_type=0x88cc actions=CONTROLLER:65535
 cookie=0x0, duration=5.342s, table=0, n_packets=3, n_bytes=238, priority=1,in_port="s2-eth1",dl_src=c6:be:f1:6d:01:ae,dl_dst=b2:69:6d:9f:39:8e actions=output:"s2-eth2"
 cookie=0x0, duration=5.335s, table=0, n_packets=2, n_bytes=140, priority=1,in_port="s2-eth2",dl_src=b2:69:6d:9f:39:8e,dl_dst=c6:be:f1:6d:01:ae actions=output:"s2-eth1"
 cookie=0x0, duration=96.221s, table=0, n_packets=40, n_bytes=4677, priority=0 actions=CONTROLLER:65535
```

图 9.11　查看交换机的 MAC 地址自学习结果

9.3.3　SDN 流量监测

网络流量监测是监测网络流量异常的重要手段，也是进行路由策略制定、链路带宽设置、负载均衡等网络优化措施的重要依据。在传统网络中，主要采用基于硬件探针或者流量镜像的方式进行流量监测。而在 SDN 中，流量监测则可以通过编程实现。RYU 控制器也提供了流量监测的应用，其文件名为 simple_monitor_13.py，具体代码如下。

```
from operator import attrgetter
from ryu.app import simple_switch_13
from ryu.controller import ofp_event
from ryu.controller.handler import MAIN_DISPATCHER, DEAD_DISPATCHER
from ryu.controller.handler import set_ev_cls
from ryu.lib import hub

#由于部分功能和 simple_switch_13.py 类似，所以首先继承 simple_switch_13.py
```

```
class SimpleMonitor13(simple_switch_13.SimpleSwitch13):

    def __init__(self, *args, **kwargs):
        super(SimpleMonitor13, self).__init__(*args, **kwargs)
        self.datapaths = {}
        self.monitor_thread = hub.spawn(self._monitor)

    @set_ev_cls(ofp_event.EventOFPStateChange,
                [MAIN_DISPATCHER, DEAD_DISPATCHER])

def _state_change_handler(self, ev): #该函数用于判断交换机与控制器的连接状态
        datapath = ev.datapath
if ev.state == MAIN_DISPATCHER:        #如果是 MAIN_DISPATCHER，说明该交换机已经连接到控制器
            if datapath.id not in self.datapaths: #该交换机的 ID 没有在 datapahts 字典中
                self.logger.debug('register datapath: %016x', datapath.id)
                self.datapaths[datapath.id] = datapath
#将其信息保存到控制器的 datapahts 字典中
        elif ev.state == DEAD_DISPATCHER:
#如果是 DEAD_DISPATCHER，说明该交换机已经从控制器中断开连接
            if datapath.id in self.datapaths: #该交换机的 ID 还在 datapahts 字典中
                self.logger.debug('unregister datapath: %016x', datapath.id)
                del self.datapaths[datapath.id]
#将其信息从控制器的 datapahts 字典中删除

    def _monitor(self):
        while True:
            for dp in self.datapaths.values():
                self._request_stats(dp)
            hub.sleep(10)

    def _request_stats(self, datapath):          #主动向交换机下发请求
        self.logger.debug('send stats request: %016x', datapath.id)
        ofproto = datapath.ofproto
        parser = datapath.ofproto_parser

        req = parser.OFPFlowStatsRequest(datapath)
        datapath.send_msg(req)    #请求交换机的数据流信息

        req = parser.OFPPortStatsRequest(datapath, 0, ofproto.OFPP_ANY)
        datapath.send_msg(req)  #请求交换机的端口信息

    @set_ev_cls(ofp_event.EventOFPFlowStatsReply, MAIN_DISPATCHER)
    def _flow_stats_reply_handler(self, ev):          #获取交换机的数据流响应信息
        body = ev.msg.body

        self.logger.info('datapath         '
                         'in-port  eth-dst           '
                         'out-port packets  bytes')
        self.logger.info('---------------- '
                         '-------- ----------------- '
```

```
                                  '-------- -------- --------')
        for stat in sorted([flow for flow in body if flow.priority == 1],
                          key=lambda flow: (flow.match['in_port'],
                                            flow.match['eth_dst'])):
            self.logger.info('%016x %8x %17s %8x %8d %8d',
                             ev.msg.datapath.id,
                             stat.match['in_port'], stat.match['eth_dst'],
                             stat.instructions[0].actions[0].port,
                             stat.packet_count, stat.byte_count)

    @set_ev_cls(ofp_event.EventOFPPortStatsReply, MAIN_DISPATCHER)
    def _port_stats_reply_handler(self, ev): #获取交换机的端口响应信息
        body = ev.msg.body

        self.logger.info('datapath         port     '
                         'rx-pkts  rx-bytes rx-error '
                         'tx-pkts  tx-bytes tx-error')
        self.logger.info('---------------- -------- '
                         '-------- -------- -------- '
                         '-------- -------- --------')
        for stat in sorted(body, key=attrgetter('port_no')):
            self.logger.info('%016x %8x %8d %8d %8d %8d %8d %8d',
                             ev.msg.datapath.id, stat.port_no,
                             stat.rx_packets, stat.rx_bytes, stat.rx_errors,
                             stat.tx_packets, stat.tx_bytes, stat.tx_errors)
```

（1）启动 RYU 控制器，并运行 simple_monitor_13.py。如果希望得到可视化的网络拓扑，可以运行 RYU 控制器自带的可视化 App，即 gui_topology.py。

```
#cd ryu/app
#sudo ryu-manager  simple_monitor_13.py  gui_topology/gui_topology.py --observe-links
```

（2）启动 Mininet，并按照图 9.9 所示创建实验拓扑。拓扑中包括两台主机和两台交换机，控制器和交换机通过带外方式连接。

```
# sudo mn -topo = linear,2 -controller = remote,ip = controller_ip,port=6653
```

（3）在控制器界面可以看到流量统计的结果，并且结果会周期性更新。图 9.12 展示了某次来自交换机 s2 命中规则的数据的统计情况。in-port 和 eth-dst 为两个规则中的两个匹配项，分别表示数据报的入端口和目的 mac 地址；out-port 表示数据报的出端口；packets 表示符合条件的数据报数量；bytes 表示符合条件的总字节数。图 9.13 为某次来自交换机 s2 各端口收发数据的统计情况。datapath 代表交换机的编号，port 代表交换机的端口，rx-pkts 和 rx-bytes 分别代表接收的数据报的数量和字节的数量，rx-error 代表接收的差错数据报的数量，tx-pkts 和 tx-bytes 分别代表转发的数据报的数量和字节的数量，tx-error 代表转出的差错数据报的数量。

datapath	in-port	eth-dst	out-port	packets	bytes
0000000000000002	1	ee:b8:1c:b0:9d:05	2	20	1792
0000000000000002	2	4e:1c:e1:29:22:23	1	19	1694

图 9.12　命中规则的数据统计示例

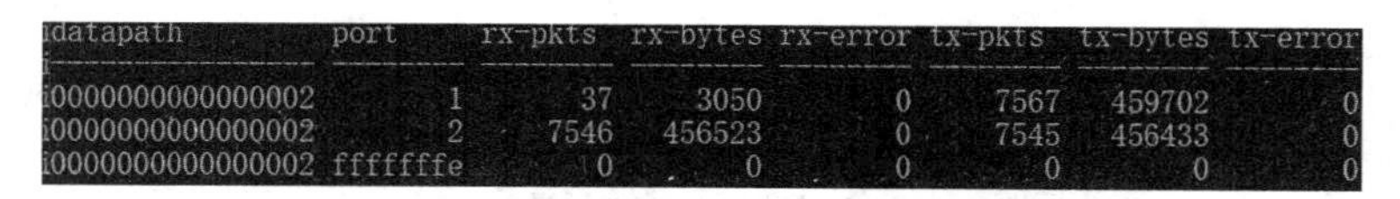

datapath	port	rx-pkts	rx-bytes	rx-error	tx-pkts	tx-bytes	tx-error
0000000000000002	1	37	3050	0	7567	459702	0
0000000000000002	2	7546	456523	0	7545	456433	0
0000000000000002	fffffffe	0	0	0	0	0	0

图 9.13　交换机各端口的数据统计示例

习　题

1. SDN 和传统网络的区别是什么？
2. 在 SDN 中模拟 MAC 地址学习时，交换机和控制器之间的交互过程是什么？
3. 请在 SDN 中编程实现流量均衡功能。

参考文献

[1] 谢希仁. 计算机网络[M]. 8 版. 北京：电子工业出版社，2021.

[2] 杨秋黎，金智. Windows 网络编程[M]. 2 版. 北京：人民邮电出版社，2016.

[3] 梁伟. Visual C++网络编程案例实战[M]. 北京：清华大学出版社，2013.

[4] 尹圣雨. TCP/IP 网络编程[M]. 金国哲，译. 北京：人民邮电出版社，2014.

[5] 朱晨冰.Visual C++ 2017 网络编程实战[M]. 北京：清华大学出版社, 2019.

[6] 刘江，黄韬，魏亮，等. 软件定义网络（SDN）基础教程[M]. 北京：人民邮电出版社，2022.

[7] 黄韬，刘江，魏亮，等. 软件定义网络核心原理与应用实践[M]. 3 版. 北京：人民邮电出版社，2018.